入門
電波応用

[第2版]

藤本 京平 著

共立出版

序　　文

　元々本書は講義で学生諸君に電波は世の中でどのように使われているかを尋ねたのがきっかけで生まれた．学生たちがあまりにも貧弱な知識しか持たなかったから，電波は実際にはこのようにいろいろ応用され，使われているのだ，ということを知らせる書があれば，と考えたのである．

　本書が出されて以来，十数年になる．電波応用の進展は著しく，本書には機会あるごとに新しい事柄を加えてきたが，ここにきて内容を大きく改めた方がよいと思われ，第2版の出版となった．

　いうまでもなく，電波の利用は今や人間社会に欠かせない．日常においても，携帯電話があり，TV放送があり，また調理への利用などいろいろで，一般的にも広く産業，経済，工業，科学，教育など，あらゆる面で電波の応用がみられる．

　第1章と第2章は基礎的な事柄なので第2版では大きな変更はなく，第1版で不足と思われた事柄を追加している．応用を記述している第3章以降は，新しい事柄を多く加えている．第1版で3様に分類していた電波の利用を，第2版では，電力を送る利用を加え，4様にした．

　第3章，情報の伝送では，携帯電話に代表される移動通信の進展や最新の通信システムを多く紹介した．たとえば，携帯電話では，電話だけでなく，いろいろな機能が付け加えられ，ゲームやTV放送，音楽などを楽しむエンターテインメントにも使われる他，写真撮影や映像の受信，電子決済，リモコン，自動改札通過，など10年前には想像もされなかった利用がなされるようになっている．また，RFID, UWB, 無線LANなどの説明も加えられた．放送でもディジタル化が進み，地上ディジタルTV放送も始まったので，その仕組みやOFDMなどの説明もされている．衛星によるモバイル放送や開発中の衛星通信の紹介も加えられた．

　第4章，情報を探る，では，マイクロ波によるレーダ映像や，遺跡探査，宇

宙のロマンを探る電波天文，その中でミリ波，サブミリ波の大型電波干渉計による観測などが追加した．

第5章，作用の利用，に関しては，プラズマの利用，素粒子加速，核融合反応，放射光の利用，などの説明を増した．第6章，電波で電力を送る，では最近の動向を説明している．最後の第7章，電波の有効利用，では，基本的な事柄に加え，多元接続の説明や，電波吸収体についての記述を加えた．

演習は，本文を参考にして説明するのでなく，考察を加える解答を多くしてある．

電波の利用はこれからも限りなく発展するであろう．たとえばユビキタス環境を形成するのは所詮電波利用である．本書を執筆中ですら新しい応用が次々と生まれ，できるだけそれらを取り上げるようにしたが，書き残された事柄は多い．一方で電波応用に関する書はそれほど多くはない．そして本書のように広い分野から，多くの内容を取り上げ，それらを比較的やさしく説明している書は見当たらない．内容的には専門学校や，大学初年次を対象に考えたが，ほとんど数式など使わないでできるだけ読みやすくしたので，一般的な読み物にもなると考える．

本書の執筆に当たり，いろいろ資料を御提供頂いた方々，それに資料の引用を御許可下さった機関の関係各位，あるいは著者の皆様に深謝する．また，共立出版(株)の瀬水勝良氏には，初版の出版以来，一方ならぬお世話になり，心からお礼申し上げる．

本書が多くの方々に読まれ，かつ参考になって世の中に役立つようであればこの上ない幸いである．

2007年5月

著　者

目　　次

第1章　電波とは

1.1　電波はどのように利用されているか …………………………………… *1*
1.2　電波はいつ頃から利用されるようになったか ………………………… *4*
1.3　電波は何なのか …………………………………………………………… *4*
1.4　電波にはどんな性質があるか …………………………………………… *6*
1.5　電波は今までどのように利用されてきたか …………………………… *9*
　　　演習問題 ………………………………………………………………… *12*

第2章　電波利用の基礎

2.1　電波はなぜ利用できるのか …………………………………………… *15*
2.2　電波はどのように発生するのか ……………………………………… *16*
2.3　電波はどのように伝わっていくのか ………………………………… *18*
　　2.3.1　開いた空間をどのように伝わっていくのか ………………… *19*
　　2.3.2　地表上をどのように伝わるか ………………………………… *19*
　　2.3.3　閉じた空間ではどのように伝わるのか ……………………… *21*
2.4　電波の送り出しと受け ………………………………………………… *28*
　　2.4.1　アンテナと整合 ………………………………………………… *28*
　　2.4.2　アンテナの特性 ………………………………………………… *30*
2.5　アンテナにはどんな種類があるか …………………………………… *35*
　　2.5.1　線状アンテナ …………………………………………………… *36*
　　2.5.2　板状アンテナ …………………………………………………… *41*
　　2.5.3　開口面アンテナ ………………………………………………… *44*
　　2.5.4　進行波アンテナ ………………………………………………… *47*
　　2.5.5　アレイアンテナ ………………………………………………… *48*
2.6　MIMO …………………………………………………………………… *52*
　　　演習問題 ………………………………………………………………… *53*

目　次

第3章　情報を送る

- 3.1 電波でなぜ情報を送れるか ……………………………………………… *55*
- 3.2 電波で情報を送る特長は何か ……………………………………………… *56*
- 3.3 情報を電波にどのようにしてのせるか ……………………………………… *58*
- 3.4 変　調 ………………………………………………………………………… *59*
  - 3.4.1 アナログ変調 ……………………………………………………… *61*
  - 3.4.2 ディジタル変調 …………………………………………………… *67*
  - 3.4.3 パルス変調 ………………………………………………………… *76*
  - 3.4.4 PCM ………………………………………………………………… *76*
  - 3.4.5 スペクトル拡散方式 ……………………………………………… *78*
  - 3.4.6 多重通信 …………………………………………………………… *80*
- 3.5 遠くへ情報を送る …………………………………………………………… *87*
  - 3.5.1 基本的技術は何か ………………………………………………… *87*
  - 3.5.2 代表的なものは何か ……………………………………………… *89*
- 3.6 広く情報を伝える …………………………………………………………… *102*
  - 3.6.1 基本的な技術は何か ……………………………………………… *102*
  - 3.6.2 代表的なものは何か ……………………………………………… *103*
- 3.7 動く対象に情報を送る ……………………………………………………… *122*
  - 3.7.1 基本的技術は何か ………………………………………………… *125*
  - 3.7.2 代表的なシステム ………………………………………………… *128*
- 3.8 ワイヤレスシステムのいろいろ …………………………………………… *163*
- 3.9 次世代衛星移動通信システム ……………………………………………… *176*
- 演習問題 ………………………………………………………………………… *179*

第4章　情報を探る

- 4.1 電波でなぜ情報を探れるか ………………………………………………… *185*
- 4.2 電波を送り情報を探る方法—能動方式 …………………………………… *186*
  - 4.2.1 基本的技術は何か ………………………………………………… *186*
  - 4.2.2 代表的能動方式：リモートセンシング ………………………… *189*
- 4.3 電波を受けて情報を知る方法—受動方式 ………………………………… *205*
  - 4.3.1 基本的技術は何か ………………………………………………… *205*

  4.3.2 代表的利用にはどんなものがあるか ……………………… *206*
演習問題 ………………………………………………………………… *225*

第 5 章 電波の作用の利用

5.1 電波の作用がなぜ利用できるか ……………………………………… *229*
5.2 基本的技術は何か ……………………………………………………… *232*
  5.2.1 誘電加熱 ………………………………………………… *232*
  5.2.2 プラズマ加熱 …………………………………………… *236*
  5.2.3 粒子加速 ………………………………………………… *240*
  5.2.4 プラズマの計測 ………………………………………… *242*
5.3 電波の作用の応用 ……………………………………………………… *243*
  5.3.1 加温・加熱の利用 ……………………………………… *243*
  5.3.2 医療・ハイパーサーミヤ ……………………………… *247*
  5.3.3 プラズマの利用 ………………………………………… *248*
  5.3.4 粒子加速装置 …………………………………………… *252*
  5.3.5 その他 …………………………………………………… *257*
演習問題 ………………………………………………………………… *257*

第 6 章 電波で電力を送る

6.1 基本技術 ………………………………………………………………… *261*
6.2 SPSS あるいは SPS …………………………………………………… *262*
演習問題 ………………………………………………………………… *264*

第 7 章 電波の有効利用

7.1 電波を有効に利用するには …………………………………………… *267*
7.2 電波環境と電波利用 …………………………………………………… *275*
  7.2.1 電波雑音 ………………………………………………… *275*
  7.2.2 電磁環境 ………………………………………………… *278*
  7.2.3 電磁環境と生体 ………………………………………… *285*
演習問題 ………………………………………………………………… *288*

演習問題略解 ……………………………………………………………… *291*

付表1　周波数帯別の主な用途 …………………………………………302
付図1　電磁波の分類と電波の領域 ……………………………………303
付図2　電波の自由空間減衰量 …………………………………………303
付図3　円形開口アンテナの利得 ………………………………………304
付図4　dB計算表 …………………………………………………………304
索　引 …………………………………………………………………305

第1章 電波とは

1.1 電波はどのように利用されているか

　最も身近なところではラジオやTV放送があげられる．最近では何といっても携帯電話であろう．わが国では2006年にはその加入者数が9,500万を超え，都会では絶え間なく使用者を見かける．さらに携帯電話はメール，TV視聴，音楽配信，ショッピング，お財布など電話ではない利用が増えてきて情報端末の様相を呈している．振り返って家庭では，調理や加熱など電子レンジがあり，街へ出ればタクシー無線やカーナビ，ETC（高速道路自動料金所システム）など，そして航空機や船舶など安全航行のための通信，航法無線，レーダ等あらゆる面で電波の利用がみられる．さらに牛乳の殺菌や癌の治療など，医療，食品や衣料などへの応用のほか，将来のエネルギー源と期待される核融合反応装置や原子核物理などへの利用もある．使う周波数帯も次第に高い領域に移り，ミリ波やTHz（テラヘルツ波）の利用へと広がってきている．

　電波の利用はこのように限りなくあり，これからもますます増えていくであろう．その理由の1つはごく近くで，どこでも，いつでも，誰とでも，何とでも，情報がやり取りされるといういわゆるユビキタス環境が電波利用によって形づけられるということである．ビジネスの環境に限らず，家庭でも商店でもどこでもユビキタス環境は生まれる．電波利用は，なければ近代社会は成り立たないといっても過言ではないであろうし，逆に新しい社会を創成する大きな源になっているともいえよう．

電波の利用は次の4様に大きく分けられる．

(1) 電波で情報を送る
(2) 電波で情報を探る
(3) 電波の作用を利用する
(4) 電波で電力を送る

情報とは対象とするものの状態，内容等をいい，音や文字，図形，映像，コンピュータデータ等により表現される．

(1) **電波で情報を送る**（図1.1(1)）

電波に情報をのせて，遠くへ，あるいは広い地域に，また動く対象へ情報を伝える．離れた地点へ情報を無線で送る通信手段としては音波や光波による手段もあるが，遠くへ情報を伝えるには電波が主に用いられる．

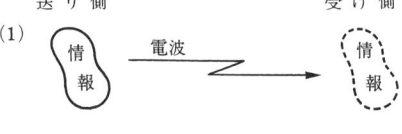
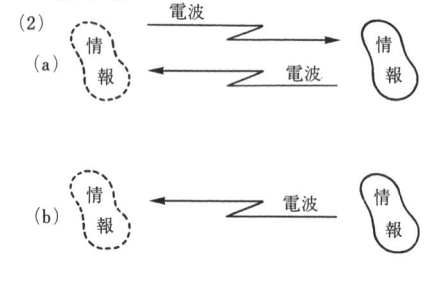
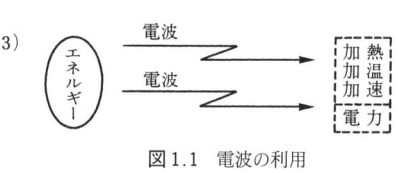

図1.1 電波の利用

(2) **電波で情報を探る**（図1.1(2)）

離れた場所にある物体の検知やその状態を探るのに電波が有効に利用される．その代表的なのはレーダで，航空機や船舶などの位置を知る．そのほか，雨雲の状態を知る気象レーダ，それに地球の資源を探る探査レーダ等がある．これらは電波を発射し，物体から反射して返ってくる電波を受けて，その存在や様子を知るのである（図1.1(2)(a)）．物体そのものから出ている電波を受けて物体の情報を得る場合もある（図1.1(2)(b)）．天体からくる電波を受けて観測を行う電波天文などがこの例である．

(3) **電波の作用の利用**（図1.1(3)）

情報に関係のない電波の利用法として，電波を物質に作用させて加熱したり，殺菌したりするほか，電子や陽子など素粒子を加速して大きなエネルギーを得る，などがある．これらは電波のエネルギーによる作用あるいは反応を利用するものである．また，大きな電力を電波を利用して遠く離れたところに送

表 1.1 電波の性質と代表的利用例

性質		代表的利用			備考
遠く広く伝わる	情報を送る	離れた2点間	通信	宇宙，衛星，国際 マイクロ波等 見通し外通信 短波通信	一般無線通信 電離圏などの反射，散乱を利用
		広く	放送		
		動く対象へ	移動通信 陸上 海上 航空	業務用通信 携帯電話 タクシー無線，PHS MCA 船舶通信，電話 航法 業務用通信 航空電話 航法	それぞれ対衛星通信がある
光速 直進 反射 干渉	情報を探る	能動	レーダ 計測	無線標定，気象 船舶・航空	発射電波の反射を受信
		受動	探査　（地表，地中，天体） 観測　（電波天文） 測位 計測　（VLBI, GPS）		対象からの放射電波を受信
作用	物質に作用する		加熱　（加工，殺菌，溶接） 加温　（医療，乾燥） 加速　（素粒子加速）		
伝わるエネルギーをもつ	エネルギーを運ぶ		太陽熱エネルギーの転送		マイクロ波による

り電力を使う研究もされている．

(4) **電波で電力を送る**(図 1.1 (3))

　情報や作用に関係せず，電力を無線で送るにも電波が使われる．至近距離で使う RFID (3.8 (1) a) などでは送り込んだ電力で回路を動作させ，データを送り返す．これを拡張して遠方にマイクロ波を使って電力を送る，という研究がなされている．

　電波はその性質を使っていろいろ利用される(表 1.1)．また周波数によってもほぼ使い分けがされている(電波の周波数および名称は巻末付図 1)．

1.2 電波はいつ頃から利用されるようになったか

19世紀の終わり頃から20世紀初めにかけてである．マクスウェル(Maxwel，英)が電波(厳密には電磁波．次節に説明)の存在を数学的に予測したのが1864年頃である．その20数年後の1886年から1888年にかけて，ヘルツ(Hertz，独)がそれを実験で確かめた．そしてさらにその約10年後にマルコーニ(Marconi，イタリア)とポポフ(Popov，ソビエト)がそれぞれ別々に，しかしほぼ時を同じくして電波の受信に成功し，無線通信の基礎を築いた．1901年には画期的な大西洋横断通信実験に成功し，以後無線通信は急速に進歩したのである．

1.3 電波とは何なのか

静かな水面に小石を投げると，そこを中心として丸く波紋が広がっていく(図1.2)．波紋は，石が落ちたところの水が凹み，その分だけ隣の水が上がり，またその隣の水は凹む，という振動の現象が伝

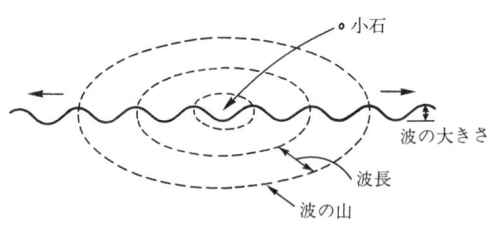

図1.2 水の波紋

わってできる．これと同じように，電荷を周期的に変化させると，電界の大きさが変化(振動)し，電界に直交して存在する磁界とともに振動が空間を波として伝わるようになる(2.2節参照)．これを電磁波(electromagnetic wave)という．電波は電磁波の波長の長い方の一部分である(光も電磁波の一部で，電波より波長は短い)．

波は普通，時間的に正弦波状に変化する．このような波の山と山，あるいは谷と谷の間の距離を波長(wave length)という．

電波は電磁波のうちの波長の長い部分をいい，0.1mm程度の波長までをいう．波長がこれより短くなると赤外線，可視光線そして波長0.1μm程度以下

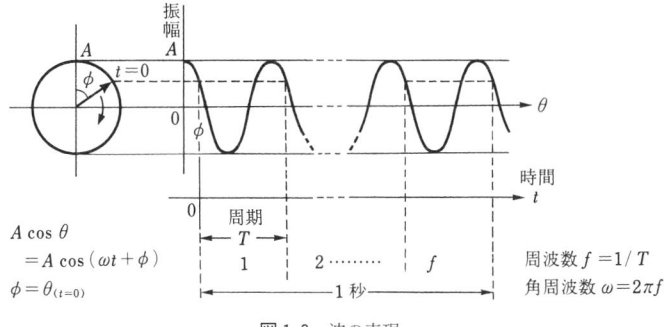

図 1.3 波の表現

の紫外線，1Å以下のX線と続いて粒子の性質をもつガンマ線となる(巻末付図1)．真空中を進む電磁波の速さは光速($c=2.9979\times10^8$ m/s)と同じである．1秒間に地球を7回半回る速さである．

波の形が繰り返す時間を周期(period)と呼び，単位時間内に繰り返す数，振動数を周波数(frequency)という．周波数 f は周期 T の逆数($1/T$)である*（図1.3）．また，波は1振動で1波長 λ[m] 進むので，波の速さは(周波数)×(波長)になり，電波の場合自由空間では光速 c，したがって

$$f\times\lambda=c \quad [\text{m/s}] \tag{1.1}$$

波の速さは波の位相の進む速さ，位相速度 v_p で表される．波は形を変えないで進むので，ある一点の位相は変わらず，その位置が時間 Δt の間に距離 Δz だけ進むとすると $\Delta z/\Delta t$ は位相の進む速さを示している．すなわち，位相速度 v_p である（図1.4(a)）．もし波がいくつかの周波数成分を含んでいる場合は，周波数によって位相速度が違う場合があり，この場合は，波の包絡線の位相が進む速さを波の速さとする．この場合は群速度 v_g という（図1.4(b)）．

電波には，波長100 km(周波数 $f=3$kHz)から1/10ごとに長波，中波などの呼び名がつけられており，それぞれLF，MFなど略記も使われている(巻末付図1)．

---

* 振幅(amplitude)を A とすると波は $A\sin(2\pi ft+\phi)$ と表される．$2\pi f=\omega$ を角周波数，$\theta=(\omega t+\phi)$ を位相（phase）という．ϕ は $t=0$ のときの位相である(図1.3)．

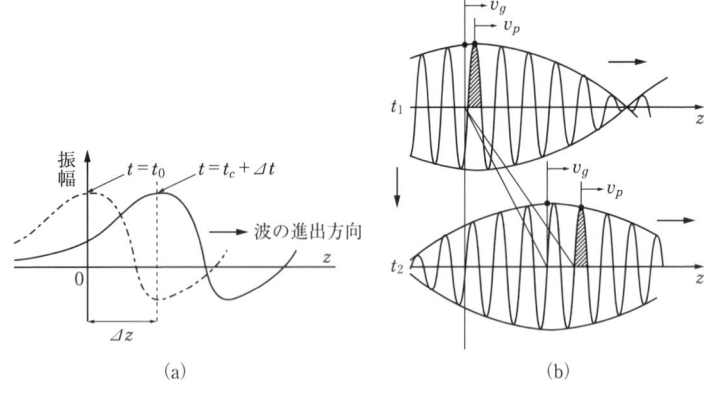

図 1.4 波の進む速さ（位相速度 v_p，群速度 v_g）

1.4 電波にはどんな性質があるか

　無限に広い真空の中で，電波を発生する源がない空間を考える．このような空間を自由空間(free space)と呼ぶ．空気中も一般的には自由空間と考えてよい．自由空間では一点から出た電波は，あらゆる方向に一様の強さで進む．その波面は球状なので(図 1.5)，このような電波を球面波(spherical wave)と呼ぶ．また，波源を等方性波源(isotropic source)という*．波源より遠く離れると球面は近似的に平面で扱えるようになる．波面が平面状の場合，電波は平面波(plane wave)といい，一般的に電波を扱う場合は平面波とすることが多い．

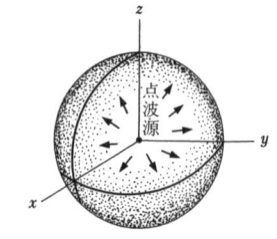

図 1.5 点波源からの放射

　一点から出た電波の強さは，遠くになるほど弱まる．
　平面波の主な性質をあげてみよう．

＊ 電波を全方向に一様放射する等方性の点波源は実際にはない．実際の波源からの電波はある方向性をもって放射される．等方性波源はアンテナの利得の基準など計算の便宜上用いられる（2.4.2項，図 2.34 参照）．

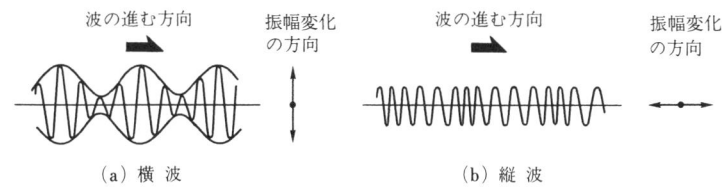

図1.6 縦波と横波

① 横波である．

強さが波の進行方向に対し垂直方向に変化する．同じ波動でも空気や物質の振動である音波は，強さの変化が波の進行方向に変化する縦波である(図1.6)．

② 自由空間中では，光波と同じ速さで進む．

誘電率 ε，透磁率 μ の媒質中では，$1/\sqrt{\varepsilon\mu}$ の速さである．

自由空間中では誘電率 $\varepsilon_0=8.854\times10^{-12}$ [F/m]および透磁率 $\mu_0=4\pi\times10^{-7}$ [H/m]なので光速 $c=1/\sqrt{\varepsilon_0\mu_0}\fallingdotseq 2.9979\times10^8$ [m/s]である．

③ 直進する．

媒質が一様に均質であれば直進する．

④ 反射，屈折，回折の現象を呈する．

異なる媒質の境界で反射したり，屈折したり，陰の部分に回り込む回折をする(図1.7)．

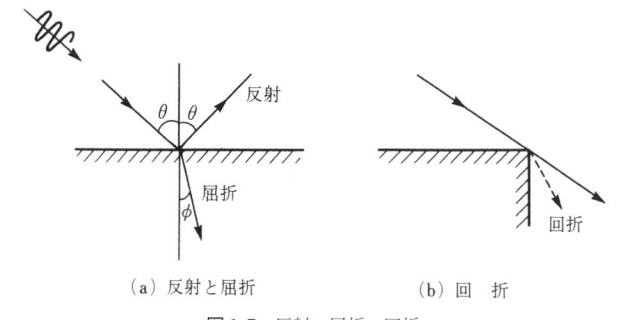

図1.7 反射，屈折，回折

⑤ 自由空間では，電力密度は (距離)² に比例して小さくなる．

波長 λ[m]の電波は，d[m]だけ離れるとその電力密度が

$$L = (4\pi d/\lambda)^2 \tag{1.2}$$

だけ減衰(attenuation)する(式(3.32))．これを自由空間減衰量 L という(巻末付図2)．

⑥ 干渉する．

波動であることから，2つの波が同じ場所に同時に存在すると互いに影響し合う．2つの波の位相よって互いに強め合ったり，逆に弱め合ったりする（図1.8(a)波 C）．振幅が同じ2つの波の位相差が0°(同相)であれば2つの波が加わり合って波の大きさは2倍になり（図1.8(b)波 C），180°(逆相)であれば互いに打ち消し合って零になる（図1.8(c)波 C）．

⑦ 電界と磁界は互いに同相で直交している(図1.9)．

⑧ 電界(磁界)の向きが一定の場合と回転している場合とがある．

電界(あるいは磁界)の向きが一方向で，時間および場所によらず一定の電波は直線偏波(linearly polarized wave)，あるいは平面偏波と呼ぶ（図1.10(a)）．

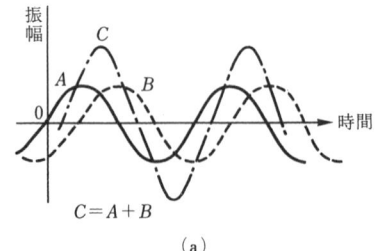
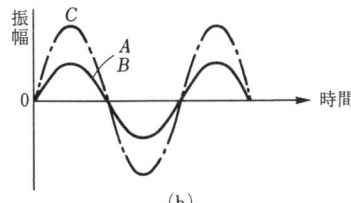
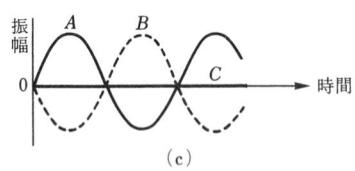

図1.8 波の干渉

電界の方向が時間および場所とともに変化する電波を楕円偏波(elliptically polarized wave)と呼ぶ．その場合，振幅が一定であれば円偏波(circularly

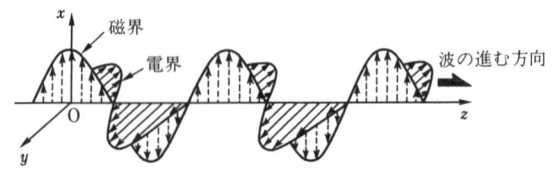

図1.9 電界と磁界

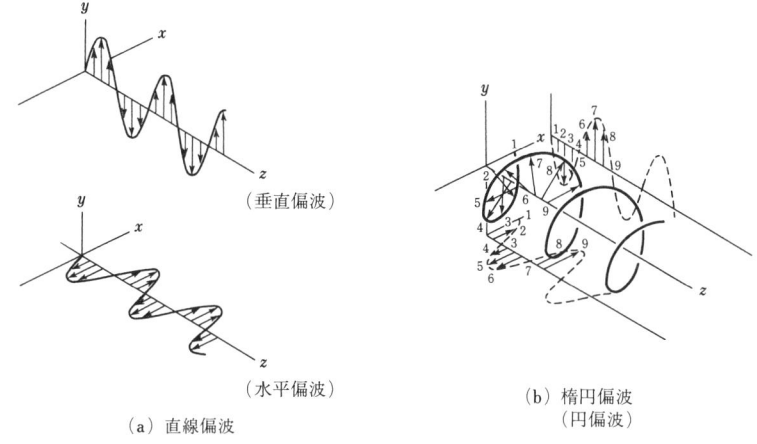

図 1.10 直線偏波と楕円(円)偏波

polarized wave)という(図 1.10(b)).

　電界と電波の伝わる方向とのなす面を偏波面と呼ぶ.偏波面が大地に平行な場合は水平偏波(horizontally polarized wave),垂直な場合は垂直偏波(vertically wave polarized)と呼ぶ.

　楕円偏波は,電波が進む方向に対して電界が回転しており,それが右回りであれば右旋偏波(right-hand circularly polarized wave),左回りであれば左旋偏波(left-hand circularly polarized wave)と呼ぶ(図 2.49 参照).

1.5　電波は今までどのように利用されてきたか

　電波は,情報を送ったり,探ったり,また電波の作用を利用したりする.1つの技術が発展して新しい技術を生み,さらにその組合せや波及効果により進んだ技術が開発される.このような変遷が繰り返され,今日に至っている(図 1.11).

　電波利用の最初は無線電信である.1880 年代後半には電磁誘導を利用した無線通信が行われていたが,マルコーニやポポフ等が電波を使って通信することに成功して以来,無線通信は電波によるのが主体となった.無線電信はマルコーニが 1896 年に,無線電話は 1903 年にプールゼン(Poulsen,英)がそれぞ

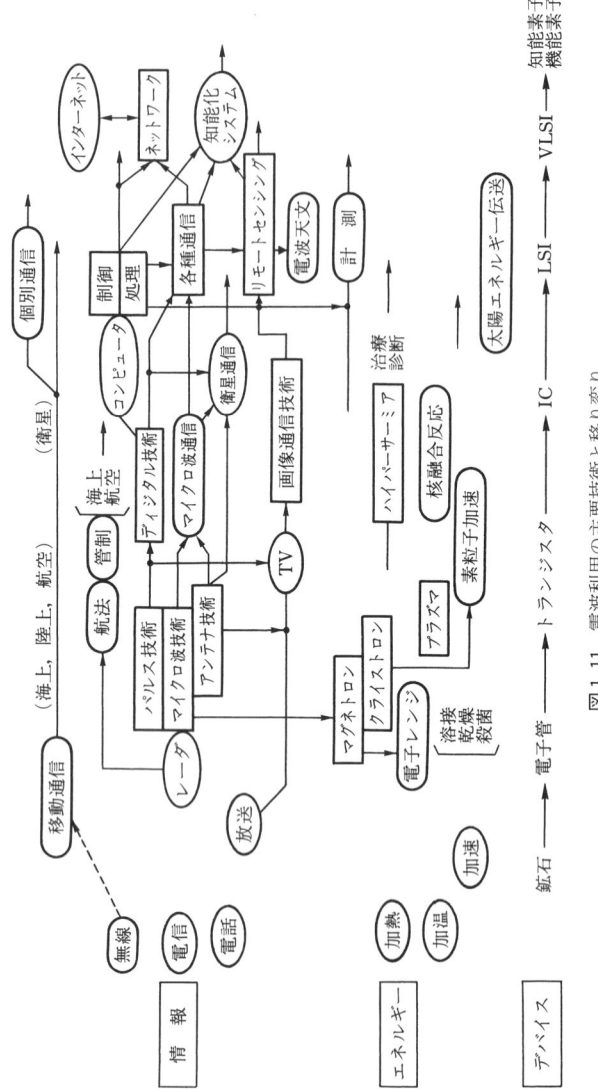

図 1.11 電波利用の主要技術と移り変り

れ発明した．電波を検知する検波器の改良が進み，アンテナや同調器も改良され，無線通信の通達距離は次第に伸びた．1901 年にはマルコーニが大西洋横断通信に成功し，画期的な遠距離通信実用化の歴史を飾った．さらにフレミン

グ(Fleming, 英)やド・フォレスト(de Forest, 米)による真空管の発明が, それまで不安定な火花発振器などを用いた無線通信を飛躍的に進歩させるきっかけになった. 真空管の利用により安定した連続発振ができ, 検波感度が著しく向上し, さらに電波の増幅ができるようになったからである.

電波により情報を探る利用は1930年代に始まった. 発射した電波が航空機により反射して返るのを利用して航空機の存在や位置を知るレーダが発明され, 第2次大戦中に活躍した. レーダは第2次大戦後, 船舶や航空機の安全航行や, 遠隔地の情報を探るリモートセンシング(遠隔探知)に利用されるようになった.

レーダには短い波長の超高周波技術, 電波を間欠的に発射するパルス技術などが用いられた. その技術の波及効果は大きい. 超高周波技術による電子管やアンテナなどは後のマイクロ波通信に応用された. 全国に電話が即時に通じるのはマイクロ波通信の網が全国に張られ, 多くの電話を同時に伝送できるようになったからである. また衛星通信が可能になったのもマイクロ波通信ならびにそのアンテナ技術の進歩によるところが大きい. 一方パルス技術は, TV回路に応用され, 映像の伝送を進歩させた. さらにパルス技術はディジタル技術の確立を促し後にコンピュータの開発, 発展に大きく貢献し, コンピュータ社会の今日ある基礎となった.

衛星通信の発展は情報伝達に画期的な進歩をもたらした. 1963年に初めて行われた衛星による太平洋横断TV中継は偶然ケネディ米国大統領暗殺の実況を送る劇的なスタートをきった. また宇宙探査機ボイジャからは数億〜数10億kmと離れた惑星の近くからその映像を送ってきた. 衛星通信により, 遠くで今起きている事件をそのまま茶の間で見ることができ, またはるか宇宙の彼方の映像も見られるようになったのである.

デバイスに関してはどうであろうか. 電子管に次いでトランジスタの出現(1953年頃)が電波利用に変革をもたらした. 機器は小型化し, 軽くなり, そのうえ信頼性が高くなりラジオや無線機器が使いやすく, 安く, 寿命長く使われるようになった. とくに移動通信の発展に拍車がかかり, 自動車無線や人が携帯して使用するポケットベルなどに続いて携帯電話など個人通信の手段が急激に増加した. 携帯電話にはいろいろ機能が加えられ情報端末として進化して

きている．生活や経済活動にも変化を与え，社会に対する影響は大きい．

続いてIC(集積回路)が現れ(1961年頃)，さらにLSI，VLSIと超小型化が進み，集積度も高まり，電子機器の性能が高まり，かつ非常に小さくなってきた．マイクロウェーブIC(MIC)等も開発され，電波機器の超小型化，機能化がいっそう進んできている．コンピュータの導入(1960年頃)も電波利用の様相を変えた．コンピュータのもつ蓄積，制御，処理等の機能と通信の情報伝達，交換等の機能の融合により，電波機器の性能が向上し，システム化が進んだ．通信の面では，多くの情報を速く送る技術や個別通信の技術が発展してきた．また計測の面では精度が向上し，精密な探査等ができるようになった．

エネルギー面での電波利用もいろいろある．工業的には溶接や乾燥等に，医療面では超短波治療器や加温治療(ハイパーサーミヤなど)へ利用されてきた．また家庭では電子レンジが使われている．レーダに用いられてきた電子管(マグネトロン)を利用して電波を発生し，誘電体である食料品を加熱調理する．身近にある食品の加工や牛乳殺菌等にも使われている．その他物理への応用では，素粒子を加速して核融合反応を起こさせる装置への利用がある．

このように電波の利用は多方面にわたり，これからも大きな展開がみられるであろう．近年注目されるようになった，波長のごく短いテラヘルツ波帯*(波長3mm〜3μm)の利用もその1つである．

演習問題

1.1 電波とは何だろう．
1.2 電波にはどんな性質があるか，主なものをあげてみよう．
1.3 電波はどのように利用されているか，主要な4様に分類し，それぞれ電波のどのような性質が利用されているか考察してみよう．
1.4 (a) 周波数1 [GHz] の電波の波長は何 [cm] か．
    (b) 波長7.5 [cm] の電波の周波数は何 [Hz] か．
    (c) 比誘電率 $\varepsilon_r(=\varepsilon/\varepsilon_0,\ \varepsilon$：物質の誘電率$)=2.3$，比透磁率 $\mu_r(=\mu/\mu_0,\ \mu$：物質の透磁率$)=1$ の誘電体の中を伝わる電波の速さは，自由空間中の速さの何分の1であろう．
    (d) 周波数1 GHzと60 GHzの電波をそれぞれ同じ電力で放射した際，10 m

---

* 電波利用の未開拓の領域として，波長3mm〜0.3μm，周波数0.1〜100 THz (T：テラ，10^{12}) の範囲をいうことが多い．

遠方での電波の強さ(電力密度)の比を求めてみよう．
1.5　レーダの技術は現代技術の発展にどのような波及効果を及ぼしてきているであろうか．

[参考図書]
a. 徳丸　仁：光と電波，森北出版（2000）
b. 若井　登編：電波ってなあに？，電気通信振興会（1989）
c. 山下榮吉：応用電磁波工学，近代科学社（1992）
d. 徳丸　仁：電波に強くなる，講談社（1979）
e. 鹿子嶋憲一：光・電磁波工学，コロナ社（2003）

第2章　電波利用の基礎

2.1　電波はなぜ利用できるのか

　静かな水面に小さな石を投げ入れると波が輪のようになって水面に広がっていく．自由空間内の一点から放射された電波も同様に広がっていく．3次元の空間では球面状に伝わっていく．したがって広い範囲に電波を送ることができる．放送に利用されるのはこのためである．

　電波の強さは距離に比例して弱まる（電力では距離の2乗，式 (1.2)）．そこで遠くに伝わらせるには目的の方向に集中して電波を放射し，また集中して電波を受けるようにする．地球から遠く離れた宇宙からの電波を受信するにはとくにその技術が必要である．

　電波は広く，また遠くに届かせることができるので，電波に情報をのせれば情報を広い範囲に，あるいは遠くに送ることができる．情報を電波にのせるには，電波の波形を情報に応じて変化させればよい．音声や画像，コンピュータデータ等の情報を電気信号に変え，それによって電波の波形の大きさ，周波数，あるいは位相等のいずれかを変化させる（変調する）のである．

　電波は自由空間内では光速で直進し，物体に当たれば反射する．この性質を利用すれば，遠くにある物体を探り当てることができる．また遠くにある物体自身から出ている電波を受信すれば，その物体の位置だけでなく状態がわかる．これらはリモートセンシング（遠隔探知，遠隔探査等）と呼ばれている．航空機や船舶で使われているレーダ，衛星からの地球探査等がその例で，電波により情報を探る利用例である．

電波は波動であるから，2つの波が重なると干渉を起こす．2つの波のずれ具合によって強め合ったり，弱め合ったりする（図1.8）．この性質を利用した電波干渉計があり，高い分解能が必要な天体観測や，地球上2点間の距離を精密に測定するのに利用されている．

電波を物質に当てると物質内の電荷の状態を変え，分子が運動する．その運動が分子の結合に反応すると熱が発生する．この性質の利用により物質の加温，加熱等が行える．また素粒子に電波を照射してエネルギーを与えその運動を速める．これは原子核物理の実験や素粒子を加速して衝突させ，その際発生するエネルギーを取り出し利用しようとする核融合反応装置等に応用される．

2.2 電波はどのようにして発生するのか

電気振動を空間に波として送り出すと電波になる．閉じた電気回路で単純に電気的な振動を起こしてもその状態は空間の遠くには伝わらない．いま閉じた回路の中を正負等量の電荷を行ったり来たり（電気振動）させ，その速さを次第に速くしていく場合を考える．電荷の移動の速さがあまり大きくなければ電気力線は静電場と同様であるが，次第に速くしてそれが電磁気的な変化の伝わる速さより大きくなると電気力線は導線から離れるようになる．これは電界の時間的変化により変位電流（displacement current）が生じ，それにより磁界が発生し，その磁界の時間的変化により新しい電界が発生する現象である．こうして電界と磁界が交互に連鎖的に発生し，周期的に繰り返しを続け，電磁波動となる．

微小ダイポールの電気振動による電気力線の広がりは振動の半周期ごとの繰り返しが空間を伝わっていく（図2.1）（磁力線は電気力線に直交している）．空間に電波を送り出すにはアンテナ（2.4.1項）を使用する．

電波の存在を実験的に確かめたヘルツは，火花放電により電磁波を発生させた（図2.2）．火花間隙は，小さい導体球を対向させてつくる．それに誘導コイルを接続し，コンデンサを形成する導体平板の電荷を放電させる．火花は瞬時に導体球間を交互に無数に飛び，コンデンサ放電が振動的に行われる．このような放電を利用した1900年代初めの頃の電波の発生は不安定であり，持続

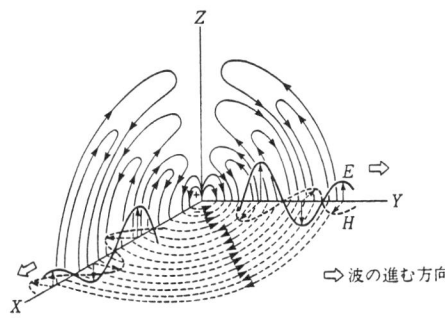

図 2.1 微小ダイポールからの放射*
(電気力線(実線)は X-Z, Y-Z 面内,磁気力線
(点線)は X-Y 面内のそれぞれ一面内のみを示す)

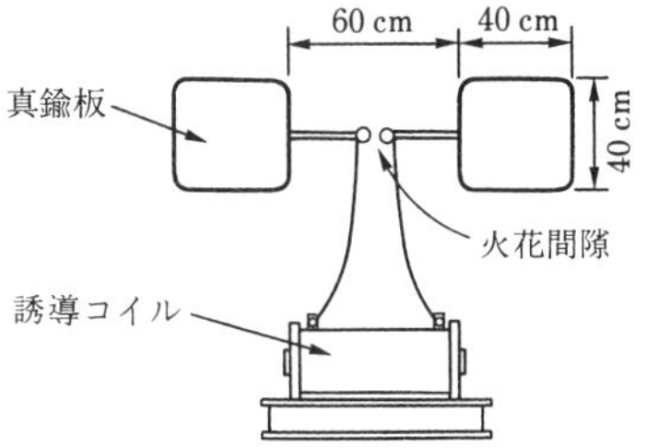

図 2.2 ヘルツの電波発生実験装置

性がなかった．テスラ（Tesla，クロアチア共和国）は高圧変成器（テスラコイル）を用い，高周波（数 MHz）の強い電気振動を発生させた．これを電力の無線輸送や通信へ利用することを試みたが結局成功しなかった．一方で交流発電機が超長波（10 kHz 程度）の発生に用いられ，通信に実際に使われた（1910～20 年）．その後電子管の出現により高周波を連続的にかつ安定して電波を発生できるようになった．3 極管に続いて多極管が開発され，増幅，変調などの技術が発達した．マイクロ波領域では，電子を周期的に加速して電子流の疎密をつくるバンチング（bunching）を行って，電波を発生させるマグネトロン（magnetron）が現れた．

1953 年頃になると真空中でなく固体（半導体）の中でも真空管と似た原理で電子の働きを制御できることがわかり，トランジスタ（transistor）が出現した．トランジスタは真空管ほどの大電力を出せないが，小型で，熱電子によらない，寿命の長い電波発生素子として用いられる．

電波の発生は，このように電子運動を直接利用する方法のほかに，量子効果を利用する方法もある．たとえば，原子や分子の拘束電子が，高いエルギー準

---

* この説明に図 A が用いられているのをみかけるが，これは定在波を表しているのに注意しなければならない．

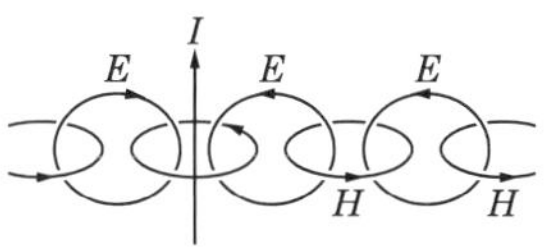

図 A 電波の伝わり方（誤りの例）

位から低いレベルに移る際失うエネルギーがマイクロ波となる現象を利用するメーザ（maser）や光波の領域でのレーザ（laser）などがある．

　電波は，このように人工的に発生する以前から，実は自然界に存在していた．それは今から140億年ほど前といわれる宇宙の起源，ビッグバンにさかのぼる．超高温，超高密度の状態にあった宇宙が爆発した瞬間に放射されたという電波（宇宙背景放射）が現在観測されているのである．これは1965年にペンジャス（Penzias，米）とウィルソン（Wilson，米）が，マイクロ波帯で天体からの電波の強さを観測していた際，発見した（その19年前にはガモフ（Gamow，旧ソビエト）が宇宙創成の理論を提唱し，かつ宇宙背景放射の存在を予言していた）．太陽などのほか強い電波を放射している天体は多くある．このような天体から発する電波の観測による電波天文学が発達し，今では宇宙の未知の現象の解明に大きく役立っている．

　自然界で発生する電波のうち，身近なものは雷である．雷は放電現象である．ラジオにガリガリと雑音が入るのは，雷に伴い不規則な電波が放射されているからである．ネオン管や蛍光灯など放電を利用して発光する機器からも電波は発生している（7.2.1項，表7.3参照）．

2.3　電波はどのように伝わっていくか

　電波が伝わるのは自由空間ばかりではない．閉ざされた空間の中や媒質の内部や表面に沿って伝わる場合がある．自由空間など開いた空間では電波は遠くまで到達するが，閉ざされた空間や媒質の表面では電波は比較的速く弱まる（減衰）．閉じた空間を利用する例としては導波管，同軸線路，平行線路等の伝送線路，それに誘電体や磁性体の内部などがあり，表面を伝わる例では地球の表面や，歯形線路などの表面波線路がある．地表上では，大地の反射や回折などがあり，また建物など反射物体が多くあるところでは複雑な伝わり方をする．

　電波の伝わり方について次のような場合に分けて考えてみよう．
(1)　開いた空間での伝わり方
(2)　地表上での伝わり方

(3) 閉じた空間での伝わり方
(4) 媒質の表面に沿っての伝わり方

2.3.1 開いた空間をどのように伝わっていくか

電波の性質の説明（1.4節）で述べたように，電波は自由空間中では光速で直進し，強さは距離とともに弱まる（式(1.2)）．進路をさえぎる物体があれば反射し，屈折や回折もする．電波が目的点に直接到達するのを直接波（direct wave）という．反射によって目的点に到達するのは反射波（reflected wave），反射する面が波長と同程度の凹凸または粗さをもつ場合，入射した電波が多くの方向に散るように反射する．これを散乱波（scattered wave）という（反射は散乱が一方向に行われる場合と考えてよい）．目的点が直進の陰になっていても回り込んで到達するのは回折波（diffracted wave）と呼ぶ（図2.3）．

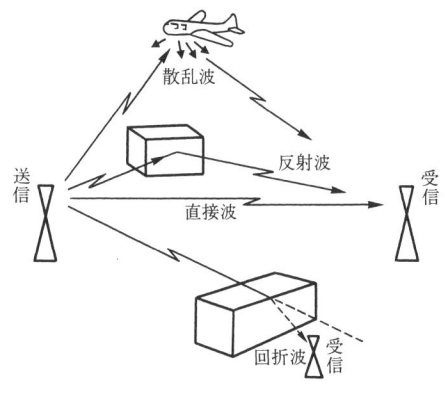

図2.3　電波の伝わり方

2.3.2 地表上ではどのように伝わるか

電波の進む経路に障害物がなければ直進波であるが，直進をさえぎる地形や建物があって反射する反射波，その陰に回り込んで進む回折波，反射体の表面の粗さによって多方向に反射する散乱波等がある．地球上の湾曲に沿って進む波は地表波（surface wave）である．地表波は低い周波数ほど遠くまで伝わるが，高さ方向には数波長程度で大きく減衰する．また地上50 kmから数百kmのところに存在する電離圏（ionosphere layer）* で反射して遠方に到達する波は空間波（space wave）ともいう（図2.4）．

---

* 太陽からの紫外線，X線等の放射線の影響により，地表上大気圏上層部の主成分である水素がイオン化され電子が分離して存在する領域．

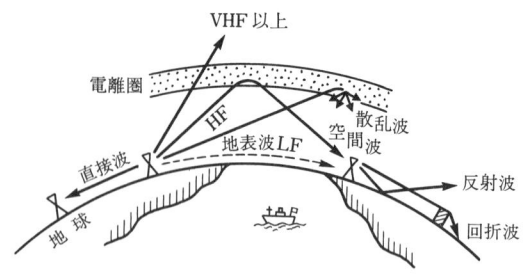

図 2.4 地表上での電波の伝わり方

電波の伝わり方は周波数により異なり，地表波は主に長波帯，空間波は短波帯等である．電離圏の反射の状態は，季節，日時等により変動する．

反射波と直接波の合成電界は気象条件など変動があると両者の位相差が変動して互いに強め合ったり（同位相），あるいは弱め合ったり（逆位相）し，受信レベルが変動するいわゆるフェージング（fading）を発生する．このような現象は電離圏の状態変化により中波帯や短波帯でよく発生する．

フェージングは移動体との通信に際しても発生する．通信する局が動いていれば直接波，反射波ともに振幅，位相などが変動するので受信レベルに大きな変動を生じ，断続的な落ち込みを生じる．とくに市街地では，建物，大地，樹木等による反射波や散乱波，回折波などが加わる．電波はいくつかの経路，すなわち多重経路（マルチパス，multipath）を通って到達する複数波の合成受信になる場合が多い（図 2.3 参照）．このような場合，受信電力が不規則に変化し（図 2.5），急激に低下するフェージングを生じる．いわゆるマルチパスフェージングである．海上伝搬でも，海面の波によるマルチパスフェージングを生じる．

電離圏は層をなしているので電離圏層または電離層と呼ばれ，地表からの高さの順に D（50〜90 km），E（90〜150 km），F（150〜350 km（F_1 と F_2 の 2 層に分かれることあり））層という．電離層の状態は季節，時刻，太陽活動等によって変化するが，一般

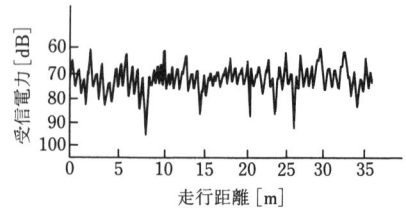

図 2.5 受信電力の変動

的にいってD層は夜なくなり，夜間はE層のみになる（図2.6）．電波の波長が長いほど下層部で反射される．中波の電波はD層で反射され遠方に達するが，夜間はD層より高いE層の反射になるため，より遠くに到達する．夜間に遠方のラジオ放送が聞こえやすくなるのはこのためである．F_2層はイオン電子密度が高く短波帯の電波をよく反射する．地表上より遠く電波が到達し，地球の反対側でも届く．したがって国際通信や国際放送に利用される．しかし電離層の状態は変化しやすく，通信も不

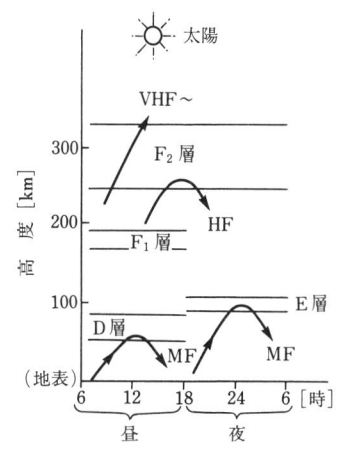

図2.6　電離層と電波の伝わり方[1]

安定になりやすい欠点がある．このため国際通信では海底ケーブルや衛星通信の利用が主になってきている．しかし，音声だけの国際放送には簡易なラジオで聞ける利点があって短波帯の利用は貴重である（3.6.2項）．

2.3.3　閉じた空間ではどのように伝わるのか

金属導体等で囲まれた空間の中を電波は伝わる．代表的なものは同軸ケーブル（coaxial cable），導波管（wave guide）等である．電磁界が閉じ込められているのでその分布は断面の寸法や形状，周波数等によって決まるモード（mode）を形成する．また側面が開いている導波路として平行平板（parallel plate）がある．

(1)　同軸ケーブル

中空円筒導体（外導体）内部に同心円状に円筒導体（内導体）をおいた構造（図2.7）で，電磁界は2つの導体内に閉じ込められ軸方向（z軸）に伝わっていく．それは主に電波の進む方向に電界，および磁界成分がないTEM波（transverse electromagnetic wave）である（図2.8）．周波数が高くなるほど減衰は大きくなる（図2.9）．ケーブルには固有のインピーダンスZ_0（特性インピーダンス）があり，外導体の直径Dと内導体の直径dの比で決まる．

$$Z_0 = 138 \log (D/d) \tag{2.1}$$

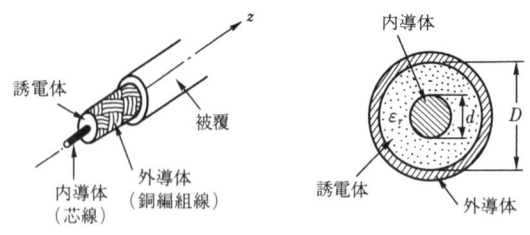

図 2.7 同軸ケーブル

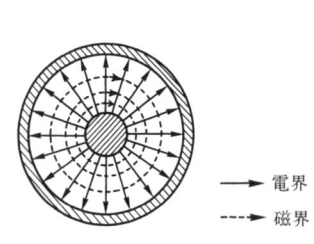

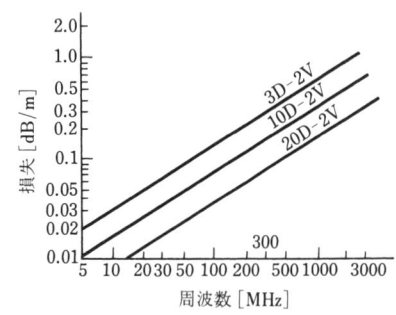

図 2.8 同軸ケーブル断面の電磁界分布　　図 2.9 同軸ケーブル減衰特性(例)

通常，特性インピーダンスが 50 Ω，75 Ω のものがよく使われる．外導体がシールド（遮蔽）の役目をしているので雑音電波を拾わず，また内部の電波の漏れは小さい．VHF 帯や UHF 帯で主に使う．

(2) 導波管

導体で囲まれた円形または方形の導波管が代表的（図 2.10(a)，(b)）で，内部の電磁界は導波管の形状，寸法，周波数等により決まる．最も基本となるモードは円形導波管では TM_{01}，方形導波管では TE_{10} である（図 2.11）．周

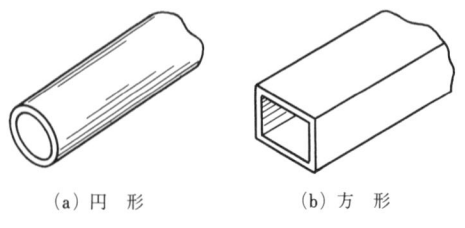

図 2.10 導波管

2.3 電波はどのように伝わっていくか

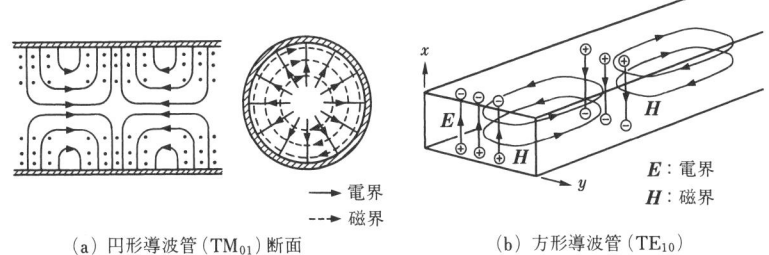

(a) 円形導波管（TM$_{01}$）断面

(b) 方形導波管（TE$_{10}$）

図 2.11 導波管内電磁界分布

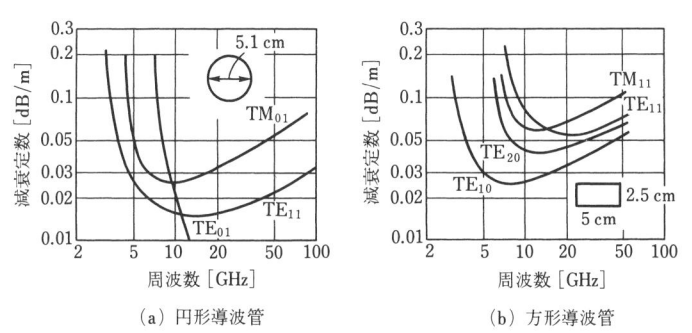

(a) 円形導波管

(b) 方形導波管

図 2.12 導波管の減衰定数(例)

波数やモードにより減衰量が違う（図 2.12）．周波数により減衰量が急激に落ちるところがあり，これを遮断周波数（cut off frequency）という．通常この周波数より高い周波数で使用する．

(3) 平行平板，マイクロストリップ線路（microstrip line）

導波管のように空間を完全に覆うものでなく側面を空けた，平行平板内の空

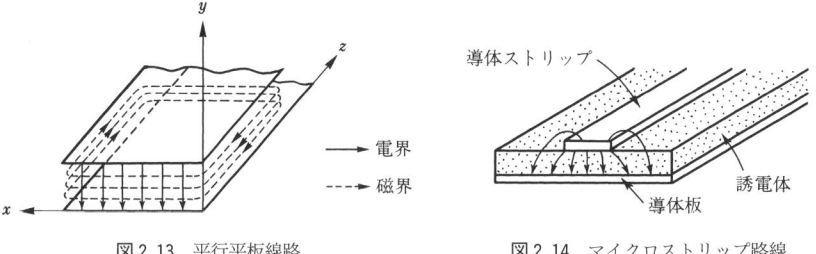

図 2.13 平行平板線路

図 2.14 マイクロストリップ路線

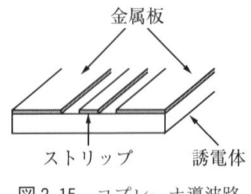
図2.15 コプレーナ導波路

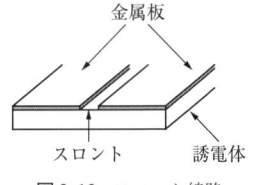
図2.16 スロット線路

間（図2.13）や，無限導体板とその上においた細い導体線（ストリップ）との間でも電波は伝わる．前者は平行平板線路，後者はマイクロストリップ線路と呼ばれる．マイクロストリップ線路では，ストリップの上面は空間であるが，電磁界の大部分は基板内に閉じ込められる（図2.14）．このほかコプレーナ線路（図2.15），スロット線路（図2.16）などがある．これらはマイクロ波回路やミリ波集積回路に利用されている．

(4) 平行二線線路

完全に閉じた空間ではないが，平行な2本の導線も電波を導く（図2.17）．平行二線線路と呼び，導線の半径がr，間隔がDの場合，特性インピーダンスZ_0は

$$Z_0 = 276 \log(D/r) \tag{2.2}$$

である．実用的にはポリエチレンで被覆した平行二線ケーブルがある（図2.18）．TV受像用には特性インピーダンスが300Ωのケーブルがよく用いられていた．しかしノイズ妨害を受けやすいので，同軸ケーブルが用いられている．

(5) 誘電体線路

ミリ波になると波が金属を伝わる際の損失は無視できなくなり，金属導体の

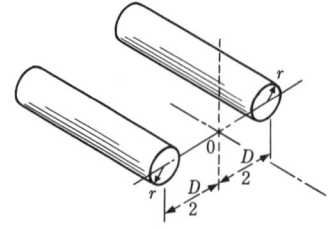
図2.17 平行二線線路

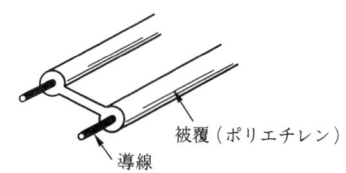
図2.18 平行二線線路の例

導波管より損失の小さい誘電体線路が利用される．導波管内では電波（平面波）は金属壁で全反射し，それを繰り返しながら進む（図2.19）が，誘電体線路の中でも同じように誘電体と外部の境界面で反射を繰り返しながら進む．この際，誘電体の比誘電率 ε_r は，外部の媒質の比誘電体の誘電率（空気の場合 ε_0）より大きい必要がある（$\varepsilon_r > \varepsilon_0$）．

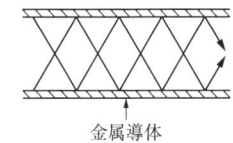

図 2.19　導波管の電波の進み方

代表的な線路は誘電体導波路で（図 2.20），ミリ波より短い波長領域の線路によく用いられ，細い円筒線状（図 2.20(b)）は光ファイバの基本となっている．

誘電体線路では，電磁界が完全に誘電体内に閉じ込められないで境界面の外に漏れる．しかし急

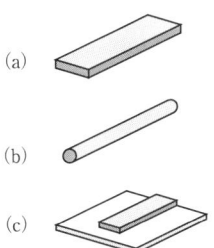

図 2.20　各種誘電体導波路

激に減衰し，放射には至らず（このような波をエバネセント波という），境界面に沿って誘電体内と同じ速さで軸方向に伝搬する．このような波を表面波といい，これを利用する導波路を表面波線路という．

表面波の現象は，地球表面を伝わる長波にもみられる．これは地表波と呼ばれている．

(6) 表面波線路

表面波線路で代表的なのは，G-line や導体板上の細いリボン状の誘電体などである．

(a)　G-line

導線の表面に薄く誘電体を被せた線路を G-line（Goubaut-line）という（図 2.21(a)）．電磁界が導線に近くに集中し（図 2.21(b)），波は誘電体の表面に沿って進む．

(b)　周期構造線路

歯形やらせん状の周期構造をもった線路（図 2.22）も表面波を伝える．

表面波線路はその構成条件によって電磁波が表面を伝わるだけでなく，空間に放射する．これを漏れ波という．漏れ波を利用したアンテナがあり，漏れ波アンテナとして実用されている．誘電体線路は比較的損失が小さいとはいえ，

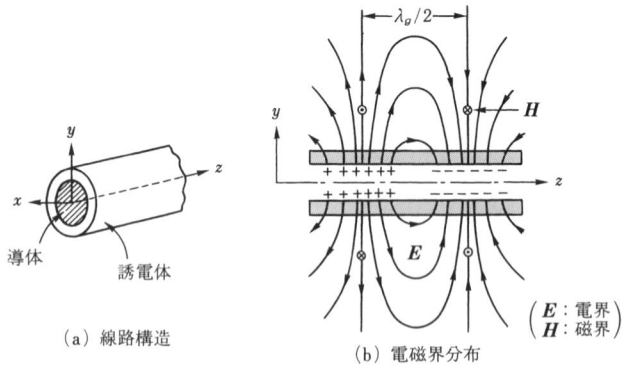

(a) 線路構造　　(b) 電磁界分布

図 2.21　誘電体表面波伝送線路

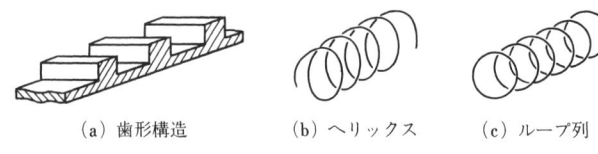

(a) 歯形構造　　(b) ヘリックス　　(c) ループ列

図 2.22　表面波線路の例

このような放射は損失となり，波長が短くなるにつれ無視できなくなる．そのため漏れ波が少なくなるような構成がいろいろ考えられている．H ガイドやNRD などである．

(c)　H ガイド（導波路）[1]

H ガイドは誘電体側面を金属板で挟み構成した線路で（図 2.23），電波は側壁にほぼ平行して伝わっていく．断面が H の形なので H ガイド呼ばれている．この線路は，周波数が高くなっても減衰が小さい特徴がある．一方で，半開放型なので漏れ電波による損失がないわけではない．このような損失をなくした導波路が NRD ガイドで，ミリ波集積回路などに応用されている．

(d)　NRD ガイド[2]

導波管の横幅が半波長以下になると遮断周波数以下の周波数の波は伝搬できない．いま H ガイドの側壁の間隔 a を半波長以下（$a<\lambda/2$）にすると（図2.23），誘電体内部では波長が短く（遮断周波数以上）波は伝搬するが，開放されている空間側は遮断周波数以下で伝搬しなくなる．つまり H ガイドでは

2.3 電波はどのように伝わっていくか

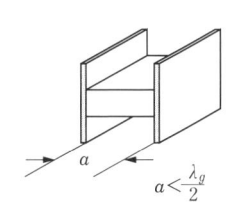

図 2.23 H(NRD)ガイド断面

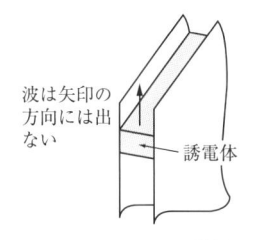

図 2.24 NRD ガイドから放射はない

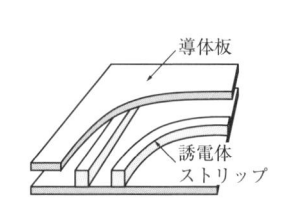

図 2.25 実用的 NRD ガイドの例

図 2.26 ミリ波による映像伝送例[4]

漏れる電波があったが，この場合はそれがなくなる（図 2.24）．したがって，漏れ放射による損失がなくなる．このような導波路を NRD（nonradiative dielectric waveguide：非放射性誘電体導波路）という．

実際に使用する際は，金属壁は誘電体の上下に設ける（図 2.25）．図には，直線路と曲線路の例が示されている．

NRD 内部では金属壁で反射しながら波は伝わっていくが，これは平面波でなく誘電体に沿って進む表面波である．この線路の損失は小さく，誘電体にテフロンを使用した場合，50 GHz 帯で約 3 dB/m である．マイクロストリップ線路の場合は 50 dB/m なので非常に小さいといえる．

NRD 線路の応用としてミリ波帯高速伝送があり，たとえば 50 GHz 帯で数 100 Mbps を伝送する実験がなされている．ASK 変調で符号長 $2^{11}-1$ の擬似ランダム 2 値符号を 100〜400 Mbps で伝送し，誤り率 BER（bit error rate）が 10^{-9} 程度という低い値で得られている[3]．同様に，ハイビジョン映像信号の伝送実験もあり，ミリ波帯での NRD ガイドの有用性が実証されている（図

2.26)[4].

2.4 電波の送り出しと受け

2.4.1 アンテナと整合

空間に電波を送り出し，かつ受けるにはアンテナ（antenna）を使う．送信アンテナは電気エネルギーを空間に放射（radiation）し，受信アンテナは電波を捕足して受信系の負荷（load）に電力を供給する（図 2.27(a)）．送信側では発振器の電力を送信アンテナに最も効率よく送り出し，受信側では受信アンテナで受けた電力を最も効率よく負荷に伝えるために，アンテナと送信機，あるいは受信機は整合（matching）させる．整合している状態ではアンテナと送信機，あるいは受信機との間で電力の反射はない．そのためには，アンテナ入力（または給電点）インピーダンス $Z_a(=R_a+jX_a)$ と送信機のインピーダンス $Z_t(=R_t+jX_t)$，あるいは受信機の負荷インピーダンス $Z_r(=R_r+jX_r)$ との間にそれぞれ抵抗成分が等しく，かつリアクタンス成分の大きさが等しく，符号が反対という条件がなければならない（図 2.27(b)）．すなわち

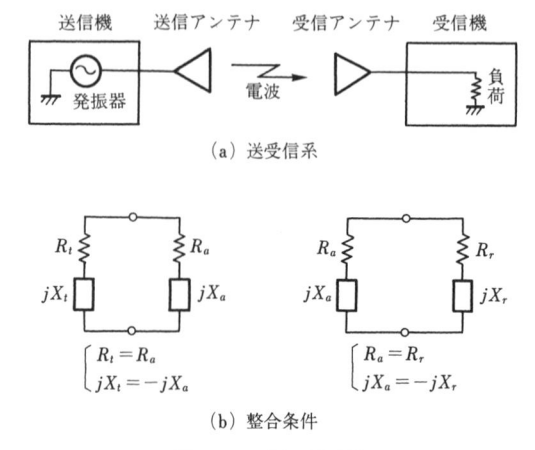

(a) 送受信系

$\begin{cases} R_t = R_a \\ jX_t = -jX_a \end{cases}$
 $\begin{cases} R_a = R_r \\ jX_a = -jX_r \end{cases}$

(b) 整合条件

図 2.27 電波の送受信

$$R_a = R_t \text{ (または } R_r\text{)}$$
$$jX_a = -jX_t \text{ (または } -jX_r\text{)} \quad (2.3)$$

アンテナに損失があるとき，R_aにはアンテナの放射抵抗（radiation resistance）R_{rad}だけでなく損失抵抗（loss resistance）R_{loss}が含まれる．

$$R_a = R_{\text{rad}} + R_{\text{loss}} \quad (2.4)$$

アンテナと送信機の間の整合がとれていない場合，アンテナに供給する電力の一部は反射して戻ってくる．その反射電力P_{ref}は供給電力P_iならびに反射係数（reflection factor）Γを使えば，$P_{\text{ref}} = |\Gamma|^2 P_i$と表されるので，反射することなく入っていく電力は$P_a = P_i - P_{\text{ref}} = P_i(1-|\Gamma|^2)$となる．ここで

$$M = 1/(1-|\Gamma|^2) \geq 1 \quad (2.5)$$

を不整合係数といい，整合がとれていれば$M=1$（$\Gamma=0$）である．

反射係数Γの逆数$1/\Gamma$をリターンロス（return loss）といい，$-20\log(|\Gamma|)$ [dB]がよく実用される．

アンテナに入っていく電波と不整合により反射して戻ってくる電波とが重なると電圧の山谷すなわち定在波（standing wave）を生じる．その電圧の最大値$V_{\max}$と最小値$V_{\min}$との比を電圧定在波比（VSWR：voltage standing wave ratio）Sと呼ぶ（図2.28）．反射係数ΓとSおよびMの関係は

$$S = \frac{1+|\Gamma|}{1-|\Gamma|} \quad (2.6\text{ a})$$

$$M = \frac{(1+S)^2}{4S} \quad (2.6\text{ b})$$

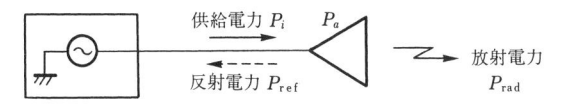

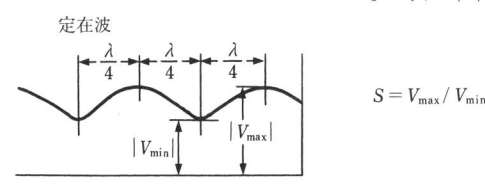

図2.28　アンテナへの電力供給と定在波

$S≧1$ であり，$Γ≦1$ である．

これらは，アンテナに電力が入ってくる受信の場合にも同様なことがいえる．電力の 10% 程度が反射する場合を目安にして $S≦2$ を整合の条件にすることがある．リターンロスでは $-10\,\mathrm{dB}$ である．

2.4.2 アンテナの特性

電力がアンテナに供給されても，アンテナ内部でその一部が消費され，アンテナに入った電力 P_a すべてが放射されない場合がある．アンテナ内部で電力の損失 P_loss がある場合（図 2.29），放射される電力 P_rad とアンテナに入った電力 P_a の比を，放射効率 (radiation efficiency) $η$ という．

（アンテナの放射効率）$η=$（放射電力）/（アンテナ入力電力）

$$= P_\mathrm{rad}/P_a = 1-(P_\mathrm{loss}/P_a) \qquad (2.7)$$

アンテナ内部の損失抵抗 R_loss を使えば放射効率 $η$ は次のように表される．

$$η = R_\mathrm{rad}/(R_\mathrm{rad}+R_\mathrm{loss}) \qquad (2.8)$$

空間に電力を全方向に一様に放射するアンテナは点波源 (point source) で，これを等方性 (isotropic) アンテナと呼ぶ (1.4 節)．放射の強さが波源より遠く離れた球面上で一様である（図 2.30）．実際にはこのように全方向に放射する点波源アンテナは存在しないが，アンテナの特性を評価する際の基準の 1 つとして用いる．

一般にアンテナからの放射には方向性がある．放射の強さを図で表現したものを放射パターン (radiation pattern) という（図 2.31）．

送信アンテナからの放射の強さを遠方の点においた受信アンテナを使って球

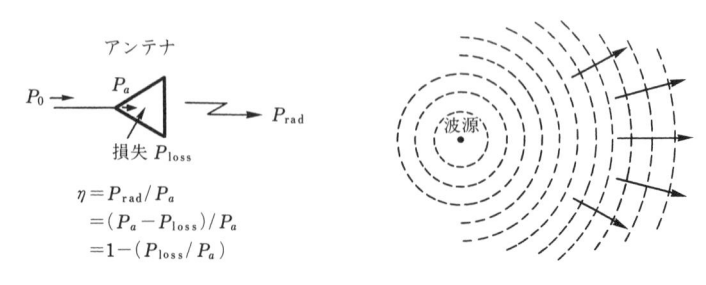

図 2.29　アンテナの効率

図 2.30　点波源からの放射

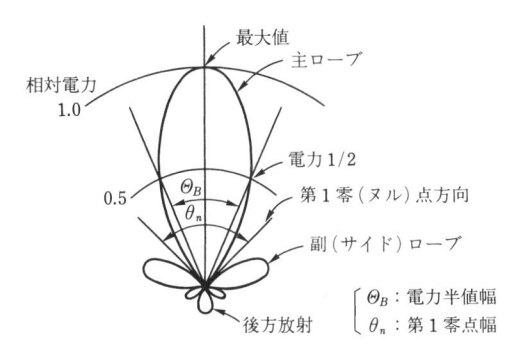

図 2.31 放射パターン

面上で検知すれば放射パターンを極座標上で表せる。強さは，電界強度（field strength）または電力（power）で表す。放射がいくつもの方向に分かれて行われると放射パターンが木の葉（lobe）のように描かれる。その中で放射の最も大きいものを主ローブ（main または major lobe），他を副ローブ（sub lobe）またはサイドローブ（side lobe）と呼ぶ。放射パターンは，放射の最大値を基準（1 または 0 dB）にして表す場合と，他の基準アンテナ，たとえば半波長標準ダイポール*の放射の強さを基準にして表す場合とがある。主ローブの放射電力が最大値の 1/2 になる方向を挟む角度を電力半値角（halfpower beam width）Θ_B といい，アンテナの指向性を評価する 1 つの尺度として用いる（電界強度の場合は最大値の $1/\sqrt{2}$）。半値角が小さい場合，すなわち主ローブが細く鋭くなると，光線になぞらえてビーム（beam）と呼ぶ。ローブとローブの間で放射が零になる，あるいは急激な低下があると零点またはヌル点（null point），主ローブの強さとその反対方向にある後方のローブの放射の強さの比を前後比（F/B：front-back ratio）などと呼ぶ。

非常に細く，波長に比べ非常に短い線

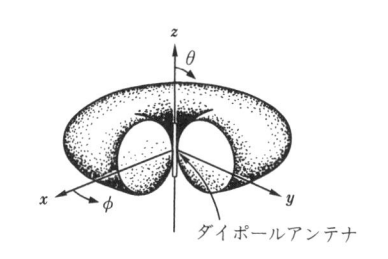

図 2.32 ダイポールアンテナからの放射

---

* 損失のないアンテナで，使用周波数で整合をとり，利得の基準として使う．

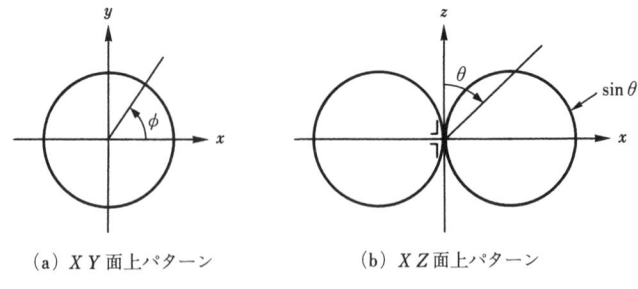

(a) XY 面上パターン　　(b) XZ 面上パターン

図 2.33　微小ダイポールアンテナ・放射パターン

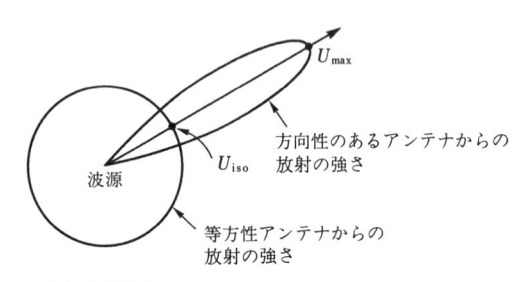

図 2.34　指向性利得

状のダイポールアンテナ（微小ダイポールアンテナ）からの放射の強さを 3 次元で表すとドーナツ状になる（図 2.32）。このアンテナを直交座標の原点に z 軸に沿っておいた場合の放射パターンは，x-y 面上では円状で，垂直面断面では 8 の字になる（図 2.33）。x-y 面内のパターンのように全方向に一様に放射している場合，全方向性（omni-directional）パターンという。これは無指向性ともいわれる。

　アンテナからの放射の強さは，最大放射の方向の電界強度または電力で評価する。この場合，アンテナに供給する電力が目的方向に有効に放射される度合を示す尺度として指向性利得（directivity）D_i を用いる。指向性利得は，方向性のあるアンテナの最大放射強度 U_{max} と同じ電力を供給した等方性アンテナの放射の強さ U_{iso} との比である（図 2.34）。

$$D_i = U_{max}/U_{iso} \tag{2.9}$$

1/2 波長ダイポールアンテナの指向性利得 $D_{\lambda/2}$ は 1.64 であり，微小ダイポ

ールアンテナの指向性利得 D_{dlp} は1.5である（表2.1）．

表2.1 代表的なアンテナの指向性利得

		D_i	D_i[dB]
等方性アンテナ	D_{iso}	1	0
微小ダイポール	D_{dlp}	1.5	1.76
半波長ダイポール	$D_{\lambda/2}$	1.64	2.15

1つのアンテナは，構造，寸法，給電方法等が決まると放射パターンも定まる．指向性利得は放射パターンだけで決まるのでそのアンテナの放射能力の最大値を示すものともいえる．整合がとれていない場合や放射効率が1より小さければ放射の強さは小さくなる．アンテナの利得（gain）G は指向性利得 D_i，反射係数 Γ，および放射効率 η を使って（図2.35）

$$G = \eta(1-|\Gamma|^2)D_i \tag{2.10}$$

で表される．

損失のない等方性アンテナを基準とした利得を絶対利得（absolute gain）G_i と呼び，他の基準アンテナを用いる場合を相対利得という．半波長標準ダ

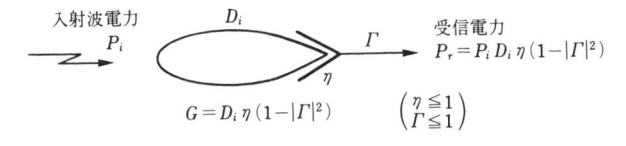

図2.35 アンテナ利得の定義

図2.36 アンテナの利得

イポールを基準にする場合は半波長ダイポール比利得（$G_{\lambda/2}$）という（図 2.36）．

あるアンテナの 1/2 波長ダイポール比利得 $G_{\lambda/2}$ は（$\Gamma=1$，$\eta=1$，すなわち整合がとれ，アンテナに損失がない場合）

$$G_{\lambda/2} = U_{\max}/U_{\lambda/2} = D_i/D_{\lambda/2} \tag{2.11 a}$$

一方

$$G_i = U_{\max}/U_{\mathrm{iso}} = D_i \tag{2.11 b}$$

$D_{\lambda/2}=1.64$ なので

$$G_{\lambda/2} = G_i/1.64 \tag{2.11 c}$$

または

$$G_{\lambda/2} = G_i - 2.15 \;[\mathrm{dB}] \tag{2.12}$$

アンテナの 1/2 波長ダイポール比利得は，絶対利得から 2.15 dB 差し引いた値である（デシベル表現で $\mathrm{dB_d}$ と表すことがある．等方性アンテナを基準とする場合は $\mathrm{dB_I}$）．

アンテナには一般的に可逆性，あるいは相反性（reciprocity）があり，利得，放射パターン等の送信の特性は受信の場合にも同じである．受信の場合は放射パターンといわず受信パターン（recieving pattern）と呼ぶ場合がある．

アンテナが電波を送信したり受信したりする際，ある面積を通して行うと考えられる．お椀形のパラボラアンテナでは，受けた電波がパラボラ（回転放物面）の焦点に集まるように精密につくられている．しかしお椀の開口面積（A）全体を通して電波を有効に受信できず，損失がある．一般的には実際の面積 A の 70% 程度が有効な場合が多く，これを実効開口面積（effective aperture）A_e と呼ぶ．実効開口面積と実際の面積の比を開口効率 e という（$e=A_e/A$）（図 2.37）．

アンテナの指向性利得 D_i は A_e を使って

$$D_i = \frac{4\pi}{\lambda^2} A_e \tag{2.13 a}$$

逆に

$$A_e = \frac{\lambda^2}{4\pi} D_i \tag{2.13 b}$$

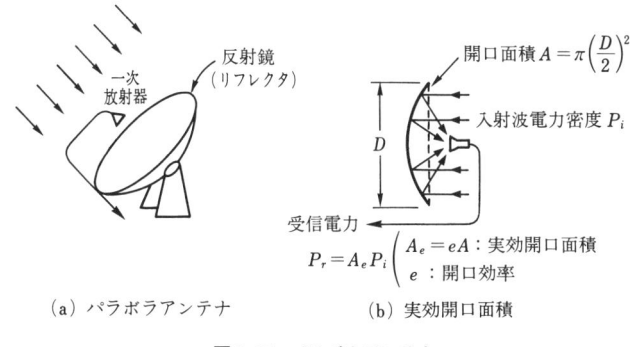

図 2.37　パラボナアンテナ

　実効開口面積は，ダイポールなどの線状のアンテナに対しても使われる．1/2波長ダイポールアンテナでは $A_e=0.13\lambda^2$ である．この場合は，アンテナ素子の表面積ではなく，電波を有効に受ける等価的な面積である．

2.5　アンテナにはどんな種類があるか

　放射に用いる素子の構成や放射の機構から次のように大別される．アンテナによっては複数の分類に属するものもある．
　(a)　線状アンテナ：　放射体が線状導体からなるもので，ダイポール，ループ，ヘリックス等がある（"線状"は必ずしも"直線状"を意味しない）．
　(b)　板状アンテナ：　放射体が"板状"に構成されているアンテナをいう．金属導体板上にあけた長く幅の狭い開口から放射させるスロットアンテナは，通常開口アンテナで扱われるが，アンテナの構造からいえば板状である．また板状逆Ｆアンテナ（PIFA）や，マイクロストリップアンテナ（MSA）なども代表的な板状アンテナである．これらは一般的に厚さが薄いので薄形アンテナと呼ばれる．
　(c)　開口面アンテナ：　放射が開口状の面を通じて行われるアンテナで，①直接開口から放射するホーンアンテナや，②反射鏡を用いるリフレクタアンテナなどがある．また③開口面に電磁レンズ（EM lens）をおき，一次放射器で励振するレンズアンテナもある．

(d) 進行波アンテナ： 電波を媒質の表面や配列した素子に沿って進ませ放射させるアンテナである．八木・宇田アンテナや導波管スロットアンテナはこれに属する．

(e) アレイアンテナ： アンテナ素子を複数個配列して構成するアンテナ系である．各素子へ電力を供給する給電（feed）の仕方（振幅や位相），素子の配列の仕方や間隔などにより，指向性や利得は変わる．素子の配列には線状（linear），円形（circular），平面および立体（2次元，3次元）など種々ある．

八木・宇田アンテナもアレイアンテナである．

(f) その他

電磁材料，たとえばフェライトをコイルに挿入してアンテナとして用いるフェライトアンテナ（図2.38）や，棒状の誘電体を使うロッドアンテナ（図2.39），さらに円筒状誘電体の共振を利用してアンテナとして動作させる誘電体共振アンテナ（DRA：dielectric resonance antenna）（図2.40）などがある．

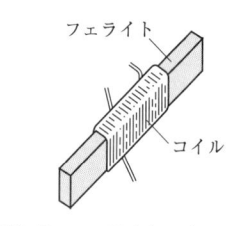

図2.38　フェライトコイルアンテナ

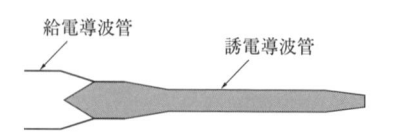

図2.39　誘電体棒装荷アンテナ

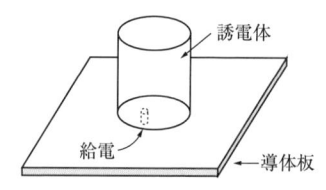

図2.40　誘電体共振型円筒アンテナ

2.5.1　線状（linear）アンテナ

代表的なのは直線状ダイポールアンテナ，同モノポールアンテナ，ループアンテナ，ヘリカルアンテナなどである．また直線状素子を折り曲げた逆Lアンテナやその変形である逆Fアンテナ等もある．線状アンテナは構成が簡単で使いやすく，いろいろな用途に多数使われている．素子単体で使われたり，アレイアンテナ（2.5.5項）の構成素子として

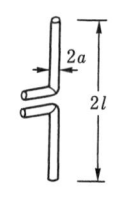

図2.41　細い直線状ダイポールアンテナ

(a) 抵抗成分   (b) リアクタンス成分

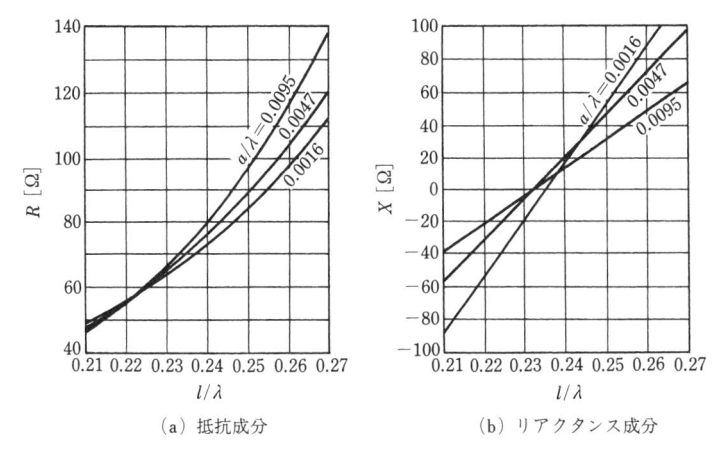

図2.42 ダイポールアンテナの給電点インピーダンス（計算例）

使われる．

(1) 直線状ダイポール (dipole) アンテナ

長さが1/2波長の細い直線状ダイポールアンテナ（図2.41）は最も代表的で多く用いられる．厳密に整合したアンテナは標準アンテナとして利得などの基準に使われる．ちょうど長さが1/2波長のときの放射抵抗は約73Ωである．この場合，リアクタンス成分は0ではない．太さによりダイポールアンテナのインピーダンスは変わる（図2.42は計算例）．

給電には，平行2線などを使い平衡給電を行う．平行2線の相対する線上では電流の大きさが等しく反対方向である（図2.43(a)）．同軸ケーブルのような不平衡系の線路（電流の往路と帰路の形状が異なる）を直接接続すると同軸ケーブルの外導体部の外側に電流が流れ（同図(b)のi_2），それが好ましくない放射の原因になったり，雑音を受ける原因となる場合がある．これを防ぐため，平衡系を不平衡系に変換するバラン（balun）を用いる．代表的なバランとしてスペルトップ（spertopf）がある（同図(c)，2.5.4項参照）．バランはインピーダンス変換の役目もする[5]．

長さが1/4波長の直線状モノポール（monopole）アンテナは，接地板上あるいは大地上に設置した形で多く実用されている（図2.44(a)）．接地板上にある直線状モノポールアンテナは影像（image）の原理から，ダイポールアン

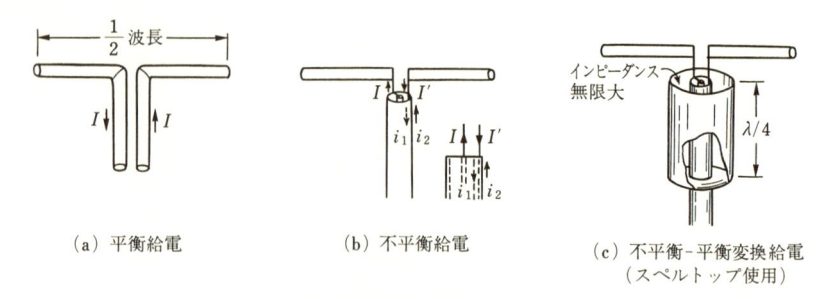

(a) 平衡給電　　　　(b) 不平衡給電　　　　(c) 不平衡-平衡変換給電
　　　　　　　　　　　　　　　　　　　　　　　（スペルトップ使用）

図2.43　1/2波長直線ダイポールアンテナの給電

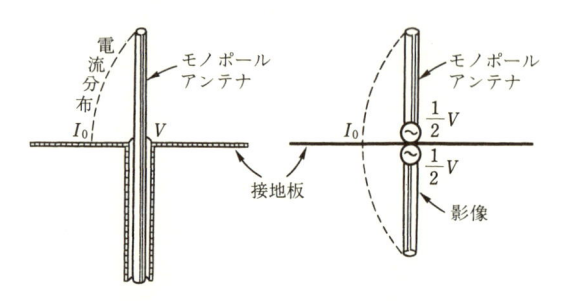

(a) モノポールアンテナ　　(b) モノポールアンテナとその影像
　　（接地板上）

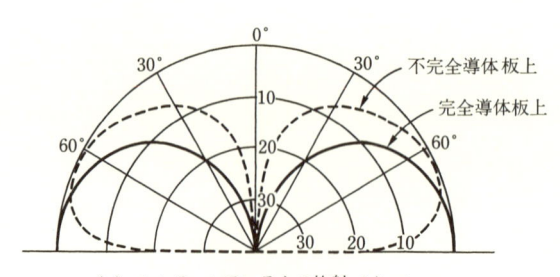

(c) モノポールアンテナの放射パターン

図2.44　1/4波長モノポールアンテナ

テナと等価になる（図2.44(b)）．この場合入力インピーダンスはダイポールアンテナの1/2,放射パターンは接地板の上方向だけになる（図2.44(c)）．通常接地板は無限大ではないのでその大きさにより放射パターンは変わる．モノポールアンテナは車上に取り付けて移動通信や放送用に用いられてきた（図

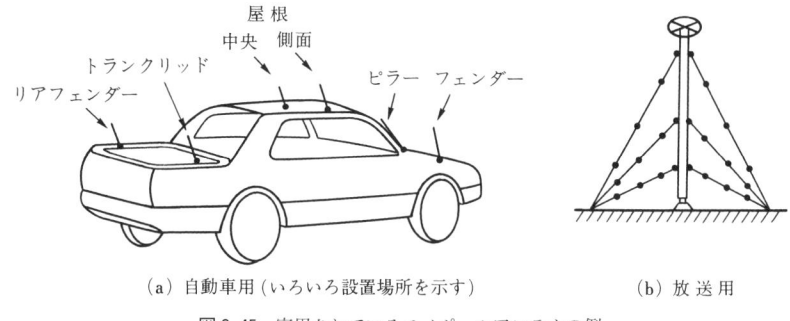

(a) 自動車用（いろいろ設置場所を示す）　　(b) 放送用

図 2.45　実用されているモノポールアンテナの例

2.45).

(2) ループ (loop) アンテナ

導線を輪の形にしたアンテナをループアンテナという．円状だけでなく方形状もある（図 2.46）．ループ面を磁束が切れば起電力を発生する．ループ面積 A，巻数 N などが大きいほど誘起起電力 V は大きい．放射パターンは，ループの中心にある磁気ダイポールによるパターンと同じである（図 2.47）．

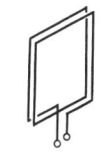

(a) 円形ループ　　(b) 方形ループ

図 2.46　ループアンテナの例

コイルを磁心たとえばフェライトコア上に巻くと端子電圧はその実効透磁率 μ_{eff} 倍になる．これをアンテナとして使うフェライトアンテナは中波 AM ラ

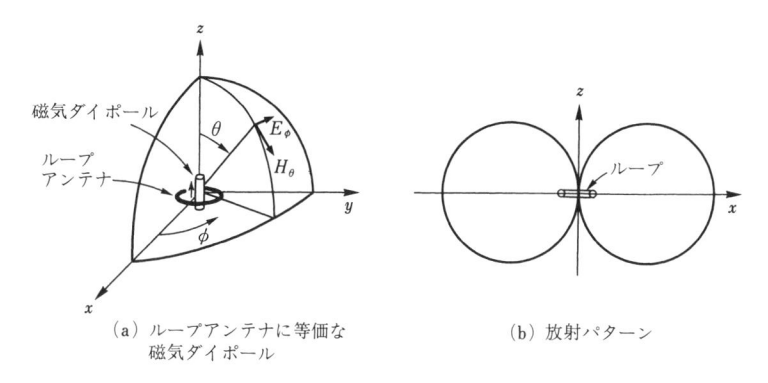

(a) ループアンテナに等価な磁気ダイポール　　(b) 放射パターン

図 2.47　ループアンテナの指向性

(a) 軸モード　　　　　(b) ノーマルモード
　　ヘリカルアンテナ　　　ヘリカルアンテナ

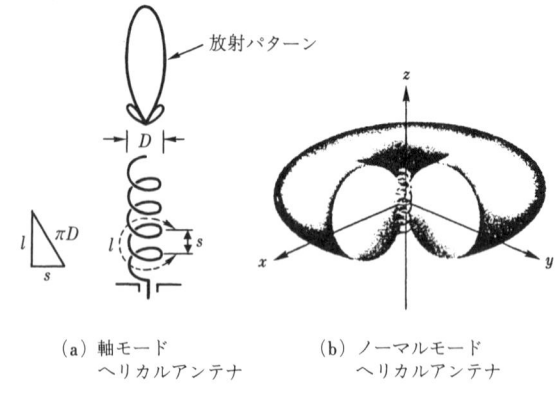

図2.48　ヘリカルアンテナ

ジオやVHF帯のFMラジオ受信機の内蔵アンテナとして多く使われている．

(3) ヘリカル (helical) アンテナ

ヘリカルアンテナには，放射の方向により2種類ある．ヘリックス (helix) の軸方向に放射する軸モード (axial mode)（図2.48(a)）と，軸に直交する方向に放射するノーマルモード (normal mode)*（同図(b)）である．軸モードの場合，ヘリックスの直径 D は比較的大きく，放射は円偏波である．偏波の回転の向きは電波を受ける側から見てヘリックスが右（左）巻きであれば右（左）旋となる（図2.49）．ノーマルモードの場合は，直線偏波で直線状ダイポールと同様な放射パターンになる（図2.48(b)）．中央で給電したノーマルモードヘリカルダイポールアンテナは，直線状ダイポールアンテナに比べ長さを短縮して使うことができる．モノポールと同様の放射パターンであり，小型にできるので携帯無線

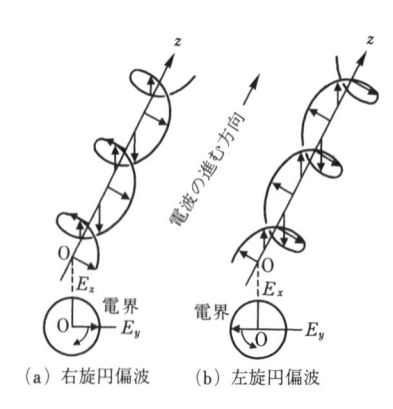

(a) 右旋円偏波　　(b) 左旋円偏波

図2.49　軸モードヘリカルアンテナの放射電界
　　　　（一定時刻での表現）

---

* normal は"直交"を意味し，放射が軸に直交しているのでこのようにいう．"正規"を意味するのではないことに注意．

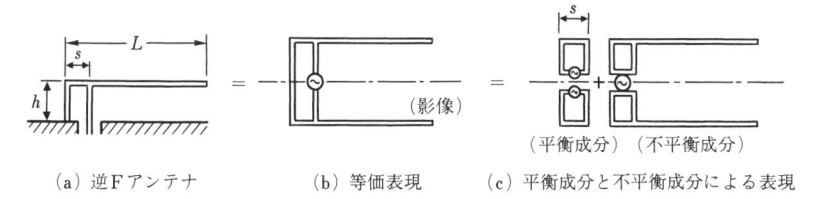

(a) 逆Fアンテナ　　　　(b) 等価表現　　　(c) 平衡成分と不平衡成分による表現

図2.50　逆Fアンテナとその等価表現

機などによく用いられる．

(4) 逆L (inverted-L) アンテナ，逆F (inverted-F) アンテナ

　逆Lアンテナは，電波が通信に使われ始めた初期の頃（20世紀初め）から用いられていたアンテナで，昭和の初めの家庭でのラジオ放送受信にもよく使われた．このアンテナは，垂直部分が短いため容量性リアクタンス成分が大きく，放射抵抗が小さいので整合がとりにくい．そこで誘導性リアクタンスをもつ素子を給電素子近くにつけて共振状態とし，インピーダンス変換により放射抵抗分を増加して整合しやすい形にしたものが逆Fアンテナである（図2.50(a)）．給電素子に沿わせた素子が等価的に短絡平行二線（平衡成分）を形成し（図2.50(c)），水平素子による容量性リアクタンスを打ち消す作用とともにインピーダンスをステップアップして整合しやすいインピーダンス（たとえば50Ω）にする．通常垂直素子（長さh）は数10分の1波長などと短く，水平素子（長さL）と合わせて約1/4波長にする．このように高さの低いアンテナは低姿勢 (low profile) アンテナと呼ばれ，航空機やロケットなど胴体からアンテナ素子が突き出るのを嫌うような場合によく使われる．飛翔体の表面に沿った形のアンテナはコンフォーマルアンテナ (conformal antenna) と呼ばれる．スロットアンテナだけでなく薄型アンテナもよく使われる．

2.5.2　板状アンテナ

(1) スロット (slot) アンテナ

　代表的な板状アンテナである（図2.51）．完全導体板に細い開口をつくり，その両端に電圧をかけて開口から放射させる．この開口の長さを約1/2波長に

(a) スロットアンテナ　(b) 磁流　(c) スロットに双対なダイポールアンテナ

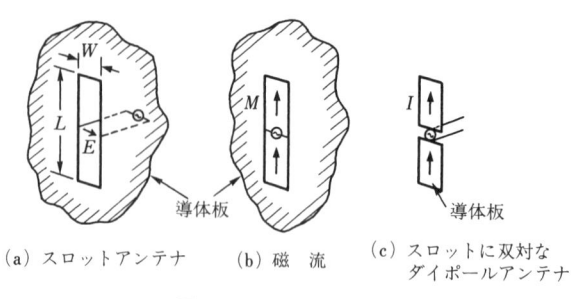

図 2.51　スロットアンテナ

して給電すると等価的に磁流* M が開口面にあると考えられるので（図 2.51(b)），それと双対なダイポールに置き換えることができる（図 2.51(c)）。スロットアンテナの入力インピーダンス Z_{slot} は，双対性（duality）を使って

$$Z_{\mathrm{slot}} = Z_0^2 / 4 Z_{\mathrm{dip}} \tag{2.14}$$

から求まる（Z_{dip}：双対なダイポールのインピーダンス，Z_0：自由空間インピーダンス $\fallingdotseq 120\pi$）。

スロットアンテナのように，アンテナを取り付ける面の面（つら）位置に形成するアンテナをフラッシュマウント（flush mount）アンテナと呼ぶ。空気抵抗のないアンテナが望まれる航空機や，ロケットなどの飛しょう体には翼や胴体の面に埋め込むフラッシュマウントアンテナがよく用いられる。

電波は完全導体板の両方向に放射されるので通常は給電する側に空洞（cavity）をつけて一方向にのみ放射させる。

(2) 板状逆 F（planar inverted-F）アンテナ

板状逆 F アンテナ（PIFA）（図 2.52）は，線状逆 F アンテナと名称は似ているが，平板の周囲長を半波長近くに設定するので長さが 1/4 波長の線状逆 F アンテナとは動作原理が違う**。PIFA の放射の源は周囲長がほぼ 1/2 波長の平板開口部である。PIFA を変形したものは，低姿勢アンテナとして携帯無線

---

　* 電磁界の源を取り扱う際，電流，電荷のほかに仮想的なパラメータを導入して使う。実際には存在しないが，たとえば，微小ループアンテナ（図 2.47）にはその中心に磁流が流れていると仮定し，等価的に磁気ダイポールとして取り扱う。スロットなどの開口アンテナはその開口面に磁流が存在していると仮定し（図 2.51），放射特性を求める計算に用いる。
　** 線状逆 F アンテナの水平素子を平板状にしたのが PIFA である，という説明がよくみられるが，これは正しくない。

機のきょう体や内部に取り付けやすいので，内臓アンテナとして多く実用されている．比較的狭帯域（通常比帯域数 1〜2%）であるが，携帯機器に取り付けると広帯域（寸法により変わるが 8〜10% 程度）になる．

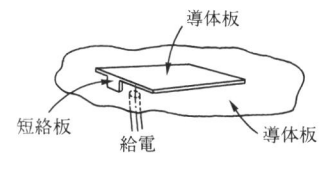

図2.52 板状逆Fアンテナ

(3) **マイクロストリップ（microstrip）アンテナ**

マイクロストリップアンテナは，もともと伝送線であるマイクロストリップ線路を放射体として利用するようになったもので，誘電体を2枚の平行平板で挟み給電する（図2.53）．平板の長さがほぼ半波長のとき内部の電界により平

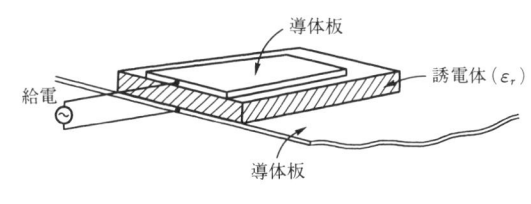

(a) アンテナ構成

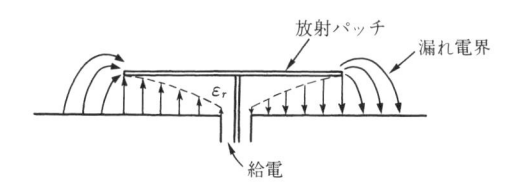

(b) 電界分布（側面から見て）

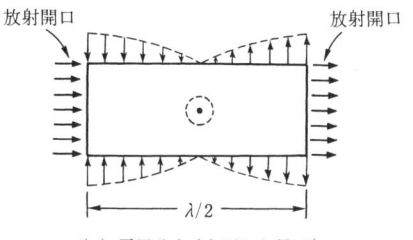

(c) 電界分布（上面から見て）

図2.53 マイクロストリップアンテナ

板の端部（開口部）の電位が最大になり，開口外への漏れ電界が放射の源となる（図 2.53(b)）．すなわち平板端部の開口がスロットと同様な働きをし，放射する．平板の側辺の開口の電界分布は互いに向きが逆になり打ち消

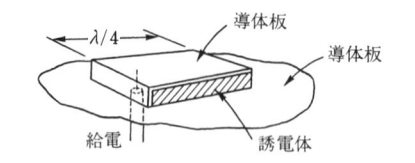

図 2.54 1/4 波長マイクロストリップアンテナ

し合うので放射への寄与は小さい（図 2.53(c)）．平板は放射パッチ（patch）と呼ばれる．放射パッチは方形，円形等種々あり，給電の方法により直線偏波や円偏波の放射が得られる．非常に薄い構造にできる利点があるが，薄いほど周波数帯域が狭くなり，また放射効率も低くなる．平板内の誘導体の誘電率が大きいほどアンテナの寸法は小さくできるが，放射の効率は低くなる．かつ帯域も狭くなる．

放射パッチの長さが半波長であれば内部の電界分布が中央で零になり電気的に短絡してもよい．それで長さが $\lambda/4$ のアンテナが構成できる（図 2.54）．この場合，利得は長さが $\lambda/2$ の場合 1/2 になる．通常はこの $\lambda/4$ の長さのアンテナが用いられる．

2.5.3 開口面（aperture）アンテナ

開口状の面から放射するアンテナ系であり，大きく分けて 3 種類がある．ホーン（horn）アンテナのようにホーンの開口からの放射を用いる場合（図 2.55(a)），パラボラ（parabollic）アンテナのように一次放射器からの電波を反射させる反射鏡（レフレクタ：reflector）を開口とする場合（同図(b)），ならびに電波レンズのように電磁的なレンズを開口とする場合（同図(c)）である．開口面からの放射は，開口面で電波の位相を合わせ平面波に近づけることにより比較的鋭い指向性を得る．ホーンの場合は，開口を次第に広げて自由空間への整合をとる．ホーンでは，開口で必ずしも平面波にならないので，パラボラなどのリフレクタアンテナに比べてビームはそれほど鋭くなく，高い利得は得られない．それで単体として使うよりはリフレクタアンテナ等の一次放射器としてよく利用される（図 2.55(b)）．

リフレクタアンテナには多くの種類があり，主反射鏡（main reflector）の

（a）ホーンアンテナ　　（b）リフレクタアンテナ　　（c）レンズアンテナ

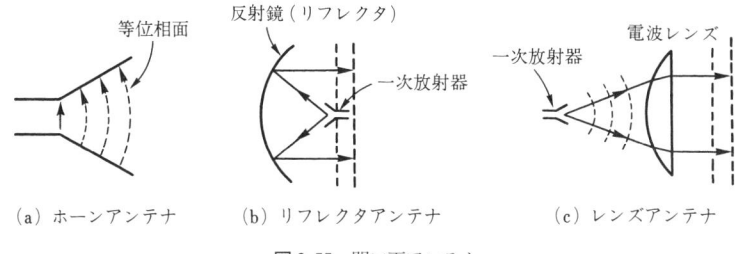

図 2.55　開口面アンテナ

（a）カセグレンアンテナ　　（b）グレゴリアンアンテナ

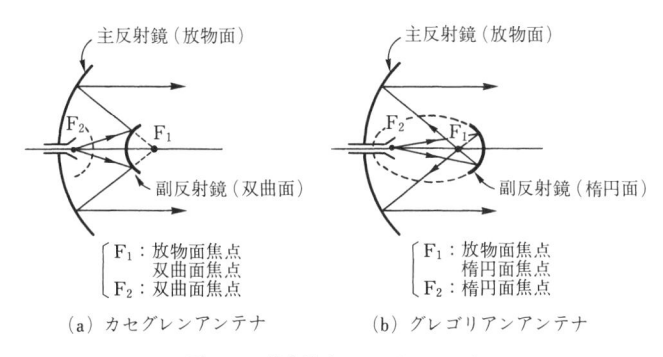

F_1：放物面焦点
双曲面焦点
F_2：双曲面焦点

F_1：放物面焦点
楕円面焦点
F_2：楕円面焦点

図 2.56　代表的リフレクタアンテナ

ほかに副反射鏡（sub reflector）を用いて平面波に変換するカセグレンアンテナ，グレゴリアンアンテナ等がある（図 2.56）．

　レンズ（lens）アンテナの代表的なものは光学レンズと同様な形状に構成する電波レンズ（図 2.55(c)），ならびに球状のルーネベルク（Luneberg）レンズ（図 2.57(a)），さらにビームを複数形成するロトマン（Rohtman）レンズ（同図(b)）等がある．電波レンズは，屈折率 $n>1$ にする場合，誘電体材料を用いるかまたは金属片を空間に並べて疑似誘電体を構成する．$n<1$ にする場合は金属板列により電界に平行な導波管を構成しレンズ作用をもたせる．

　どの場合も入射波あるいは放射波の位相が開口面上で揃い平面状波になる経路長を得る設計になっている．ルーネベルクレンズは，屈折率が球面内で等しくなく，球の表面から焦点（給電点）と真反対の方向に位相を揃えて電波を放射する．たとえば3点（A，B，C）から給電すると（図 4.57(a)），それぞれちょうどその真反対方向（A′，B′，C′）に平面波を放射する．このようなア

図 2.57　レンズアンテナ

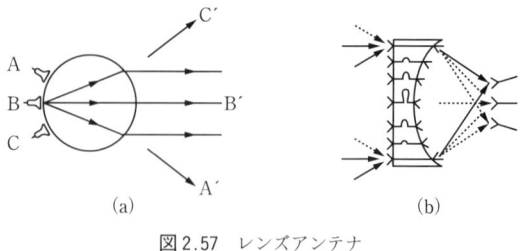

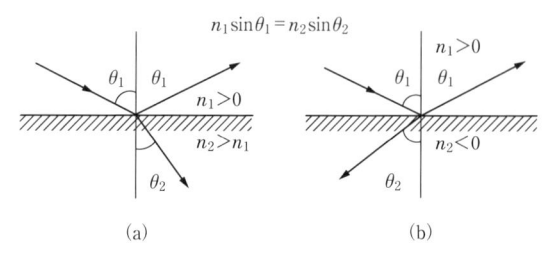

図 2.58　電波の反射

ンテナは，マルチビームアンテナと呼ばれる．ルーネベルクレンズでは，給電アンテナを球面に沿って移動すればビーム走査を行うことができる．ロトマンレンズの場合は，レンズ効果と伝送線の経路長を利用していくつかの方向に平面波を同時に放射できるレンズアンテナである．

$n<0$ にすると平板状の媒質もレンズの作用をもたせられる．点光源から出た光が空間（$n_1=1$）から $n_2<0$ の媒質に入ると，経路は Snell の法則（図2.58(a)）に従うが，負の特性なので通常の経路と逆の角度で屈折し（図2.58(b)），一点 A から出た光は媒質内で集光する（図 2.59）．この光がさらに進み，媒質外に出ると今度は Snell の法則に従い，再び一点 A′ に集光する（図 2.59）．その際，普通のレンズによる集光ではわずかな広がりが生じるが，このレンズではそれがきわめて小さい．それでこのようなレンズを完全レンズ（perfect lens）[6] という．$n<0$ という性質をもつ材料をメタマテリアル（metamaterial）[7,8] という＊．細い線状素子（ダイポール）を配列して疑似誘

＊ メタマテリアルとは"現存しない材料"（meta＝beyond）を意味し，透磁率や誘電率が負性，あるいは 1 に近い，また逆に非常に大きい性質をもつ材料をいう．

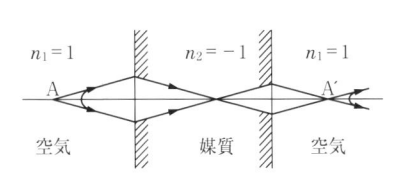

図 2.59 屈折率 $n=-1$ のレンズ（完全レンズ）

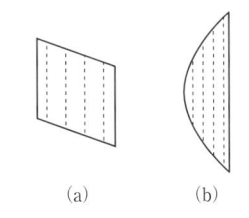

図 2.60 金属線配列による疑似誘電体

電体をつくれるが，等価的に負の誘電率をもつメタマテリアルも実現できる．レンズ状にすればレンズ効果が得られる（図 2.60）．

2.5.4 進行波（travelling wave）アンテナ

導線などを伝わる進行波を空間に放射させてアンテナとして働かせる場合がある．たとえばヘリカルアンテナではらせん状素子上に進行波がのり，電波はその先端から空間に放射して出ていく．直径が小さい場合は，ノーマルモード（2.5.1(3)）で軸に垂直方向に放射する（図 2.48）．進行波を運ぶ線状素子にはメアンダーライン（図 2.61）もある．電波は線に沿って速度 c_0 で進むが，軸方向には c_0 より遅い速度 v_p で進む．これを遅波というが，遅波を伝える構造にすると共振波長 λ_g は自由空間波長 λ_0 より短くなる．したがってアンテナの寸法を短縮できるので，進行波構造はよくアンテナの小形化に利用される．携帯機器にノーマルモードヘリカルアンテナが用いられているのはこうした理由による．一方で，大形アンテナで，たとえば長い導線を大地に平行に低く張り終端した伝送線では波の進行方向に放射を行う．これはベバレージ（Beverage）アンテナと呼ばれる（図 2.62(a)）．短波帯で遠距離通信用に用いられているローンビック（Rhombic）アンテナ（同図(b)）もこの一種で，導線をひし形に形成し，大地に平行に張ってある．

このようなアンテナでは，線に沿って遅波が伝わり，電波は波の進行方向に放射する．導線を平行に配列した八木-宇田アンテナ（同図(c)，図 2.64）の場合も，配列

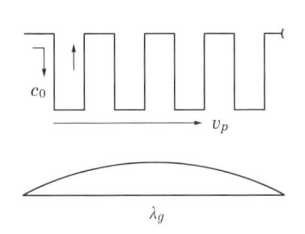

図 2.61 平行二線線路とその等価表現

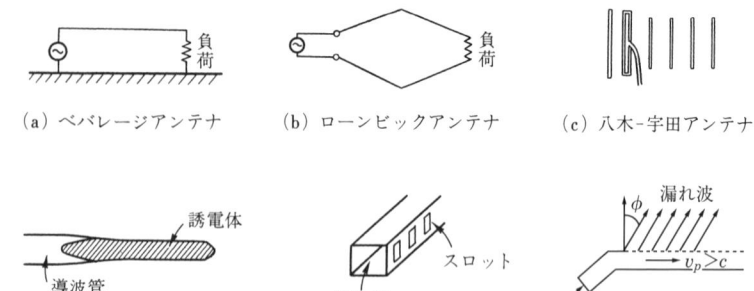

(a) ベバレージアンテナ　　(b) ローンビックアンテナ　　(c) 八木-宇田アンテナ

(d) 誘電体装荷アンテナ　　(e) 導波管側壁スロットアレー　　(f) 漏れ波導波管

図 2.62　各種進行波アンテナ

した素子から素子へ電波が伝わり，その進む方向に電波が放射される．マイクロ波帯では導波管やホーンアンテナの開口部に誘電体棒を装荷（loading）した構成のアンテナがある（同図(d)）．導波管の側面にスロットを配列して構成するアンテナ（同図(e)）では管内の電波の位相速度 v_p が光速 c より速く，電波は進行方向に対しある角度をもって漏れる（図 2.62(f)）．このような電波を漏れ波（leaky wave）と呼び，アンテナは漏れ波アンテナという．レーダ等に多く用いられている．

2.5.5　アレイ（array）アンテナ

(a)　アレイアンテナ

単体のアンテナは，その形状，構成，給電位置等を定めると利得や放射パターン等の特性は定まる．しかしアンテナ素子を複数個並べて個々の素子に対する給電の振幅 A や位相 θ を変える（図 2.63）と，利得や放射パターンを変えることができる．たとえば放射パターンの向きや形を変えたり，最大放射方向を振ったり（追尾，走査），複数ビームをつくったり，不要電波を受信しないような機能がもたせられる．

アレイアンテナは次のような場合に用いられる．
① 所望の放射パターンをつくる．
　　ビームを成形（beam shaping）したり，所望の放射パターンを実現す

2.5 アンテナにはどんな種類があるか

る指向性合成（pattern synthesis）をする．
② 放射パターンを電気的に制御する．
　主ビームを入射波方向に向ける（追尾：tracking）．
　主ビームをある角度だけ振る（走査：scanning）．
　サイドロープを軽減する（不要波の抑制，干渉の除去）．
　適応制御を行う．
③ 小形アンテナ素子を多く用い，大形アンテナ並みの特性を得る．
　高い利得を得る．
　細いビームをつくる．
④ 大電力の放射．
　1つのアンテナ素子にきわめて大きな電力はかけられない．複数素子を使うと大きな電力を多くの素子に分担させられるので，1素子に大きな負担をかけることなく，大電力を放射するアンテナができる．
⑤ アンテナ出力（入力）の信号処理により種々の機能を実現．
　ダイバーシティ
　サイドロープレベルの低減
　等価的に大きい実効面積
　アダプティブ制御

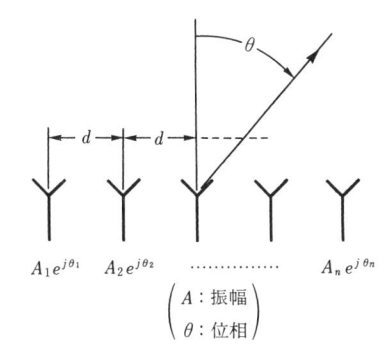

図 2.63　アレイ素子の給電

$A_1 e^{j\theta_1}$　$A_2 e^{j\theta_2}$　…………　$A_n e^{j\theta_n}$

（A：振幅，θ：位相）

直線状素子を用いたアレイアンテナで最も身近に使われているのは，八木-宇田アンテナである．よく TV 受像用に屋根の上に設置されているのを見かける．約1/2波長素子を給電素子とし，その約1/4波長後方に反射器（reflector）を，逆に前方にほぼ1/4波長間隔で導波器（director）を配列した構成である（図2.64）．反射器は1/4波長より少し長く（誘導性），導波器は逆に少し短く（容量性）して導波器に沿って電波を進める働きをする．電波は導波器素子を順次伝わり細いビームで放射する．一般の通信にも多く用いら

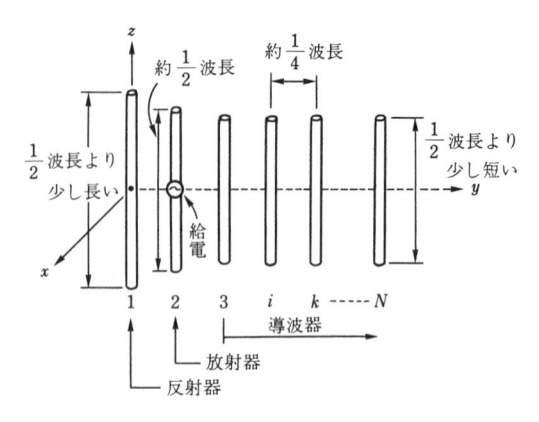

図 2.64　N 素子八木-宇田アンテナ

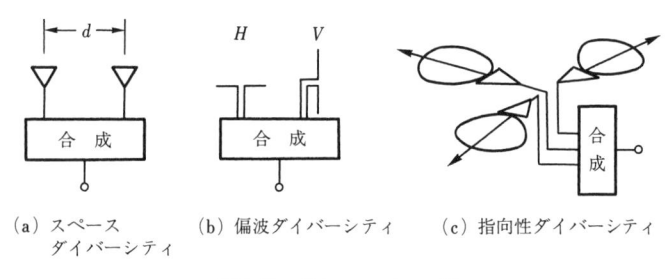

図 2.65　ダイバーシティの例

れている．

(b)　ダイバーシティ方式

ダイバーシティ（図 2.65）は，フェージング軽減に用いられる方式である．複数のアンテナ素子を場所を変えて配置し，空間的に入射波の強さや偏波が違うのを利用して出力の大きい方にアンテナを切り替えたり，出力レベルの急激な低下がなくなるようにアンテナ出力の合成を行うシステムである．アンテナ素子を離して配置する空間（スペース）ダイバーシティ方式，偏波成分が違うアンテナを用いる偏波ダイバーシティ方式，それに大きい入射波の方向に指向性を向ける制御を行う指向性ダイバーシティ方式などがある（3.7.1 項参照）．

(c) フェーズドアレイ

フェーズド（phased）アレイは放射パターンを制御するアンテナシステムで，アンテナ素子それぞれに給電する位相や振幅を変えて放射パターンの形を変えたり（ビーム形成），走査したりする（図 2.66(a)，(b)）．

(d) アダプティブアンテナ

入射波の方向，強さ等に対して放射パターンを適応制御するアレイアンテナをアダプティブ（adaptive）アンテナと呼ぶ．たとえば希望波に主ビームを向け，不要波の方向に放射パターンの零（null）方向を形成して不要波を抑制（除去）し，希望波に対する S/N を高くしたり（図 2.67），複数ビームを形成して複数の希望波の入射に対応する機能（図 2.68）をもたせるアンテナシス

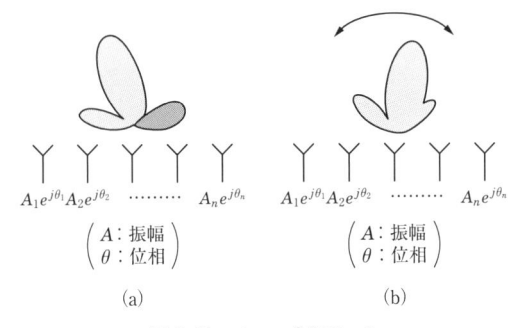

図 2.66　フェーズドアレイ

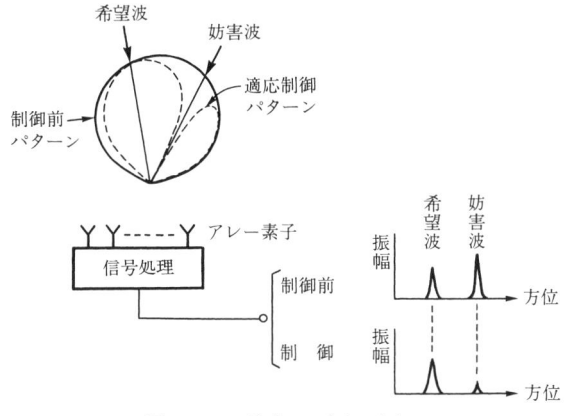

図 2.67　アダプティブアンテナ

テムである．複数ビーム（マルチビーム）の形成は，同じ周波数で同時に複数の通信が行えるので空間多元接続（SDMA）システムに利用される．ビームの形成をディジタル信号処理によって行う方式をディジタルビームフォーミング（DBF）と呼んでいる．

アレイアンテナにはアンテナ素子，数配列の仕方，給電の方法等により数多くの種類がある．

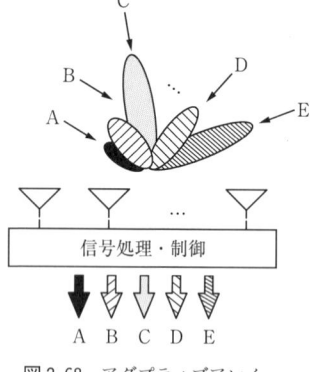

図2.68　アダプティブアレイ

2.6　MIMO

MIMO（multi-input multi-output）は情報を伝送するのに多入力，多出力で行うシステムを総称する*．ここでは送信，受信双方に複数のアンテナを用いるシステムを取り上げる．複数のアンテナに複数の送信装置を接続して情報を分割して送り出す．受信側では複数のアンテナ，複数の受信装置で受信し，信号処理をして元の情報を復元する（図2.69）．高速で大容量の情報伝送を行うのに用いられる．

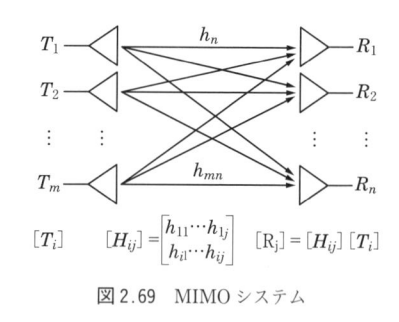

図2.69　MIMOシステム

原理的には，高度化されたダイバーシティシステムと考えてよい．多くの情報を伝送するのに，周波数や時間で分割する方式（FDM，TDMなど）があるが，さらに複数のアンテナを用いることにより空間分割が加えられ，ダイバーシティの考え方が加えられているからである．これにより情報伝送能力が飛躍的に高められる．

複数の送信アンテナから送られた情報 $T_i(i=1\sim m)$ は，複数の伝搬経路を

---
* 周波数領域や時間領域で情報を分割して伝送する多元接続方式や，OFDMなどは広い意味でMIMOの一種といえる．

通って複数の受信アンテナで受けて出力するので，その出力 $R_j(j=1\sim n)$ から T_i を知るには伝搬経路の特性 H_{ij} を知る必要がある．H_{ij} は通信方式，伝搬環境，アンテナの数などに依存するが，実際には送信側から送られるパイロット信号などから推定する．

実用面では最近 WLAN の利用が増えてきているが，たとえば，IEEE 802 11* や 802 16 では最高 54～134 Mbps の伝送速度を標準にしており（表 3.25 参照），IEEE 802 12e では，MIMO の利用をオプションで規定している (3.8(2) 参照)．5 GHz 帯で，送受信にそれぞれ 3 素子使用した MIMO による 54 Mbps の 3 分割同時伝送により，162 Mbps の最高伝送速度を実現した例がある．

演習問題

2.1 自然界にも電波が存在する．どんなものがあるか．
2.2 電波を発生するには主にどのような方法が使われているであろうか．
2.3 電波は開いた空間ではどのような伝わり方をするだろうか．
2.4 地表上では電波はどのような伝わり方をするだろうか．
2.5 マルチパスフェージングとは何であろう．
2.6 整合とは何か．また整合の条件は．
2.7 実際には VSWR≤2 がよく使われる．反射係数や反射電力の観点からなぜか考えてみよう．
2.8 アンテナの放射効率 80% とは何を意味するのか．
2.9 波長に比べ非常に短く細いダイポールアンテナ（長さ l [m]，直径 $2a$ [m]）では放射抵抗 $R_r=80\pi^2(l/\lambda)^2$ [Ω]，損失抵抗 $R_{loss}=(l/2\pi a)R_s$ [Ω] である．ここで R_s は導体の表面抵抗（$=\sqrt{\omega\mu/2\sigma}$ [Ω]）で，導体が銅の場合，導電率 $\sigma=5.8\times 10^7$ [S/m] として，長さ $l=5$ [m]，直径 $2a=0.01$ [m] のダイポールアンテナの周波数 $f=1$ [MHz] における効率 [%] を求めてみよう．そして $l=1$ [m]，$2a=0.002$ [m] の場合の効率と比較してみよう（$\mu=4\pi\times 10^{-7}$ [H/m]）．
2.10 アンテナの放射パターンは何を表しているか．
2.11 アンテナの利得はどのような要素で決まるのだろうか．
2.12 線状アンテナの代表的な例と，その特徴を簡単に説明しなさい．
2.13 板状アンテナの代表的な例をあげ，その特徴を簡単に説明しなさい．

---

* IEEE（米国，電気電子学会）の 802 委員会で 11 番目に設立された作業部会（ワーキンググループ）をいう．構内通信網（LAN）や都市域通信網（MAN）などの標準化を行う組織として生まれ，現在無線ブロードバンドシステムの標準化など策定するいくつかの部会がある．

2.14 マイクロストリップアンテナはどのような特長をもつアンテナであろうか．
2.15 開口面アンテナの代表的な例をあげ，その特徴を簡単に説明しなさい．
2.16 進行波アンテナの代表的な例をあげ，その特徴を簡単に説明しなさい．
2.17 アレイアンテナの特長を述べ，開口面アンテナと比較し考察してみよう．
2.18 アダプティブアレイとはどのようなアンテナであろうか．
2.19 MIMO の特徴を述べ，どのように実用されるか説明しなさい．

[参考文献]
1) 手代木，米山編著：新ミリ波技術，p.34，オーム社（1999）
2) 同上 pp.35-36
3) 黒木太志ほか：NRD ガイドを用いた超高速ミリ波集積回路，電学誌 C，(124) 2，pp.308-313（2004）
4) 同上 pp.311-312
5) 虫明庚人：超短波空中線，pp.148-156，および pp.177-182，コロナ社（1959）
6) Pendry J. B.：Negative refraction, makes a perfect lens, Phys. Rev. Lett., (85)，pp.3966-3969（2000）
7) Caloz C., Itoh T.：Metamaterials for High Frequency Electronics, IEEE Proc., (93)10, pp.1744-1752（2005）
8) 蔦岡孝則：左手系メタマテリアルとは？，MATERIAL STAGE，pp.1-16（2006）

[参考図書]
a. Kraus J. D., Marhefka R. J.：Antennas, 3rd ed., McGraw-Hill（2002）
b. Stutzam W. L. and Thiele G. A.：Antenna Theory and Design, 2nd ed., John Wiley & Sons（1998）
c. Balanis C. A.：Antenna Theory, analysis and design, 2nd ed., J. Wiley & Sons Inc.（1997）
d. 虫明康人：超短波空中線，コロナ社（1959）
e. 関口利男：電磁波，朝倉書店（1976）
f. 遠藤，佐藤，永井：アンテナ工学，総合電子（1979）
g. 徳丸 仁：基礎電磁波，森北出版（1992）
h. 鹿子嶋憲一：光・電磁波工学，コロナ社（2003）
i. 徳丸 仁：光と電波，森北出版（2000）

第3章　情報を送る

3.1　電波でなぜ情報が送れるか

　電波は波動として遠くへ，あるいは広く伝わっていく性質がある．そこで電波に情報をのせれば遠くまで，あるいは広い範囲に情報を伝えることができる．音声，画像，図形，文字，データ*などの情報を電波にのせるにはどうするか．それには，情報を電気信号に変え，電波のパラメータすなわち振幅（amplitude），位相（phase），周波数（frequency）などを情報に対応して変化させる．この操作を変調（modulation）**と呼ぶ．電波にのせる電気信号を変調信号，変調信号をのせる電波を搬送波（carrier），変調された電波を変調波と呼ぶ．変調をかける前の信号を基底帯信号（baseband signal）と呼ぶこともある．変調波を送り出せば情報を離れた別の地点に送ることができる．変調波から元の電気信号を取り出す操作を復調（demodulation）と呼ぶ．この

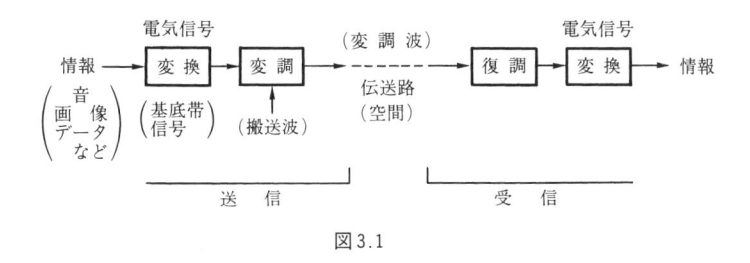

図3.1

---

*　物理的あるいは化学的現象など種々観測された値をいうこともあるが，ここではコンピュータで扱える情報，たとえば0, 1などの記号で離散的（discrete）に表現した信号をいう．
**　変調の操作は電波に限らない．変調信号を搬送波にのせる操作を一般に変調と呼ぶ．

ような操作により情報は離れたところに伝達できる（図3.1）．

情報を電波にのせる変調には多くの種類があり，情報の性質，量，伝達する距離，速さ，通信の品質等により選定する．情報伝達の際，雑音が入ったり，他の電波の妨害を受けたり，また電波の波形が変化したりして通信の品質が低下する．情報を送る際，どの程度遠くへ，どの程度多く，かつ速く，どのくらい良い品質でなどと条件が厳しく課せられるほど，伝送に高い技術レベルが要求される．最近の技術では，搬送波を使わず情報を送るシステムがある．きわめて短いパルスを用い，そのパルスの位置や位相を情報に対応して変化させ伝送する（3.8(1)(c)UWB参照）．

3.2　電波で情報を送る特長は何か

音の情報はそのまま送れる．たとえば人間の声はそのまま空間を伝わるが，空間で消滅するのが速く，遠くには届かない．人間の声による伝達はごく近くに限られるため，昔は太鼓やドラムを叩き，合図（符号）により情報を伝達したりしたが，送る情報量や速さ，距離に限界がある．光ではどうか．光は音より遠くまで届く．のろしを上げたり，松明の灯で数km先と連絡はできた（図3.2）．画期的な情報伝達の手段として17世紀末に現れたのが腕木信号*（図3.3）である．腕木の形状によりアルファベットを表現して20 km先に情報を伝達できた（望遠鏡で腕木を読み取った）．しかし，通

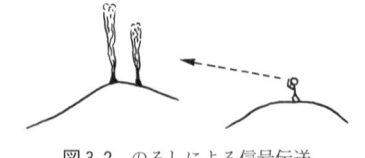

図3.2　のろしによる信号伝送

信の経路に霧や雲，建物，地形など光を遮るものがあると情報は伝わらない．その点電波は，光と同じような性質をもつが，霧や雲は通過し，建物などもその陰にある程度回り込む．そして電波は遠くに，かつ広い範囲に伝えられるので不特定多数の相手や動く対象に情報が送れる．光では対向する相手に集中して一直線上に光を送り情報を伝える．その際，太陽光のある昼間は数km程度しか送れない．このような電波は，19世紀終りになって通信に使われるよ

＊ 腕木の形でアルファベットを表現して情報伝達する．シャップ（Chapp，フランス）の発明（1790年）．

3.2 電波で情報を送る特長は何か　　　57

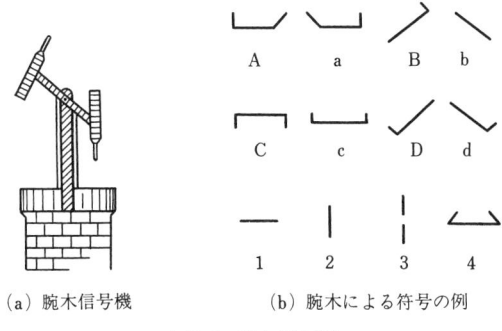

(a) 腕木信号機　　　(b) 腕木による符号の例

図 3.3　腕木信号機[1]

表 3.1　無線通信と有線通信の比較

	無線方式	有線方式	備　考
通信範囲	空間的広がり[*1] 任意位置	伝送線で接続 固定位置	[*1]移動できる
通信距離	空間の減衰による 長くとれる[*2]	伝送線の減衰による 敷設条件による	[*2]宇宙通信ができる
伝送 帯域幅	広くとれる（空間） 使う周波数による	伝送線による[*3]	[*3]光ファイバは広い
情報量	使う周波数による 高い周波数ほど大きくとれる	伝送線による[*4]	[*4]光ファイバは大きい
安定性	空間の状態や地形による[*5] 反射，回折などがある	安定度高い	[*5]変動しやすい
雑　音	混入しやすい	混入少ない	
干　渉	受けやすい	受けにくい	

うになった．

　電波で情報を送る無線（wireless あるいは radio）方式と伝送線を使って情報を送る有線方式とを比べてみよう（表 3.1）．

　電波は空間を利用するので情報を送る相手の位置は電波が届くところであればどこでもよく，動いていてもよい．一方，有線方式では伝送線の引ける場所に限られるから通信は固定した位置になる．固定されない無線通信の回線は比較的設定しやすい．また空間では広い周波数帯域が利用できるので VHF，UHF，SHF など（巻末付図 1 参照）の電波による無線通信の利用範囲は広い．しかし，空間を使う電波の場合は，電波の伝わり方が空間の状態により左

右されるため不安定さが伴う．たとえば電離層の状態の変化による到来電波の変動や，電波の伝搬経路にある地形の複雑さや建物等による反射，回折による不規則電界の発生等である．さらに雑音が混入しやすく，他の電波による妨害が入る可能性がある．これらは有線方式では小さく有利である．さらに相手に妨害を与えたり，受けたりしない使い方をしなければならない．このため周波数の割り当てや通信ゾーンの限定などが必要である．

　有線通信で重要になってきたのは光ファイバ通信だけでなく，インターネットである．インターネットプロトコル（通信規約）によるIP通信は，従来の電話とまったく異なるディジタル有線通信システムとして登場したが，近年では無線通信との融合が図られ，無線IPシステムが実用されている．

3.3　情報を電波にどのようにしてのせるか

　音や画像は電気信号に変え，連続したアナログ信号波形（図3.4(a)）または方形波列（同図(b)）のようなディジタル波形で表される．一方，情報をのせる搬送波は一般には正弦波を使い，その振幅を A_c，角周波数を ω_c，位相角を θ_c とすると（図1.3参照）

$$E(t) = A_c \cos \theta_c \quad (3.1)$$

ここで

$$\theta_c = \omega_c t + \phi_c \quad (3.2)$$

ϕ_c は基準からの進みまたは遅れの位相角 (phase angle) である．

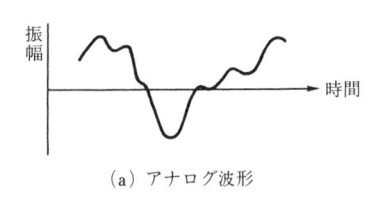

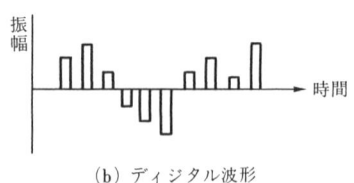

図3.4　信号波形
(a) アナログ波形
(b) ディジタル波形

　変調は，A_c，θ_c のいずれか，または A_c と θ_c とを同時に情報により変化させる操作である．電気信号に変えた情報，すなわち変調信号を時間の関数 $x(t)$ で表すと次の3種類になる．

　① 振幅変調 (amplitude modulation)

$$E(t) = A_c \{x(t)\} \exp(j\theta_c) \quad (3.3)$$

表 3.2 代表的変調方式

変調方式	アナログ		ディジタル	
	略称	用途	略称	用途
振幅	DSB SSB VSB	中波放送 国際通信 多重通信 TV 放送	ASK	データ通信
角度	FM PM	FM 放送 一般通信 移動通信 一般通信 移動通信	FSK PSK DPSK MSK GMSK	データ通信 マイクロ波通信 データ通信 移動通信 移動通信
複合			QAM OFDM	マイクロ波通信 放送, 移動通信
符号			PCM ΔM SS	ディジタル通信 放送, 衛星通信 移動通信

② 角度変調 (angle modulation)
$$E(t) = A_c \cos[\theta_c\{x(t)\}] \tag{3.4}$$
搬送波の位相角 θ_c を変化させるには，位相によるか周波数によるかのいずれかによる．

a. 位相変調 (phase modulation)：PM
$$E(t) = A_c \cos[\omega_c t + \phi_c + \phi\{x(t)\}] \tag{3.5}$$

b. 周波数変調 (frequency modulation)：FM
$$E(t) = A_c \cos[\omega_c t + \phi_c + \omega \int x(t) dt + \phi] \tag{3.6}$$

③ 振幅位相変調 (amplitude-phase modulation)
$$E(t) = A_c\{x(t)\} \cos[\omega_c t + \phi\{x(t)\}] \tag{3.7}$$

変調信号がアナログ波形の場合アナログ変調 (analogue modulation)，ディジタル波形の場合ディジタル変調 (digital modulation) と呼ぶ（表 3.2）．

3.4　変　調

変調は搬送波に情報をのせる操作をいうが，その本質は，信号のスペクトル

（周波数成分）を変換することである．一般的には，信号のスペクトルを高い周波数帯に移す操作をする．これにより

① 信号を伝送しやすくする．

　低い周波数帯の信号，たとえば 6 MHz の広い周波数帯域をもつビデオ信号を伝送するには，全周波数帯域にわたって均一な特性をもたせなければならないが，そのような回路設計はやさしくなく，また回路要素が大きくなる．しかし，信号の周波数帯域を 100 MHz 帯に移すと，100 MHz 帯での 6 MHz の帯域は比帯域が 6/100 になり，いわば狭帯域で送ればよいことになる．この場合の設計は容易で，かつ，回路要素も小さくなる．また無線で伝送するには，6 MHz 帯域直接ではアンテナの寸法が巨大になるが（半波長ダイポールで 25 m），100 MHz 帯域では小さくてよい（同じく 1.5 m）．

② 複数の信号の混信をなくする．

　同じ周波数帯で複数の信号を同時に送るとお互いに妨害し合う．つまり混信を生じるが，各信号を違う周波数帯にして伝送すれば混信は生じない（多重通信の原理）．

③ 伝送の品質を高くする．

　たとえばノイズに強い変調を行うと，信号のひずみや S/N の劣化を小さくすることができ良好な通信ができる．FM 放送では，信号の振幅がノイズにより変化しないので良質な音声・音楽放送ができる．また，信号をディジタル化して伝送すれば波形が変形しても復元ができるのでひずみの少ない通信ができる．

④ できるだけ，多くの情報を送れるようにする．

　信号をディジタル化して符号による変調を行う際，1 つの符号にできるだけ多くの情報をのせる形式にすると，多くの情報が効率よく伝送できる．

⑤ できるだけ，誤りの少ない情報を送れるようにする．

　④と同様に符号化する際，その符号が誤っても，それを検出しやすいように，また誤りを訂正しやすいような符号にする．

などの効果をもたせる．

3.4.1 アナログ変調

(1) 両側波帯変調：DSB(double sideband)**方式**

情報が音声や音楽など連続した波形をもつ場合はアナログ振幅変調が一般に用いられる．情報を電気信号に変えた変調信号が振幅 $A_m(|A_m|≦1)$，角周波数 ω_m の正弦波 $x(t)$ として

$$x(t)=A_m\cos(\omega_m t+\phi_m) \tag{3.8}$$

搬送波 $A_c\cos(\omega_c t+\phi_c)$ の振幅 A_c を $x(t)$ で変化させると変調波 $E(t)$ は，$\phi_c=\phi_m=0$ として

$$E(t)=A_c\{1+m\cos\omega_m t\}\cos\omega_c t \tag{3.9}$$

ここで $m=A_m/A_c$ を変調度と呼び，$m<1$ に選ぶ．$m≧1$ の場合は過変調で，ひずみ（distortion）を生じ元の情報を正しく復元できない．

単一正弦波でない変調信号（図3.5(a)，(b)，Ω_m：信号の最高角周波数）による振幅変調波の包絡線は，元の変調信号波形に一致する（図3.5(c)）．変調波のスペクトルは，搬送波を中心に，搬送波の両側に変調信号と同じスペクトルの側帯波を対称にもつものとなる（図3.5(d)）．側帯波はそれぞれ上側帯波（upper sideband wave）および下側帯波（lower sideband wave）と呼ぶ．このような変調方式を両側波帯（DSB：double sideband）変調方式という．

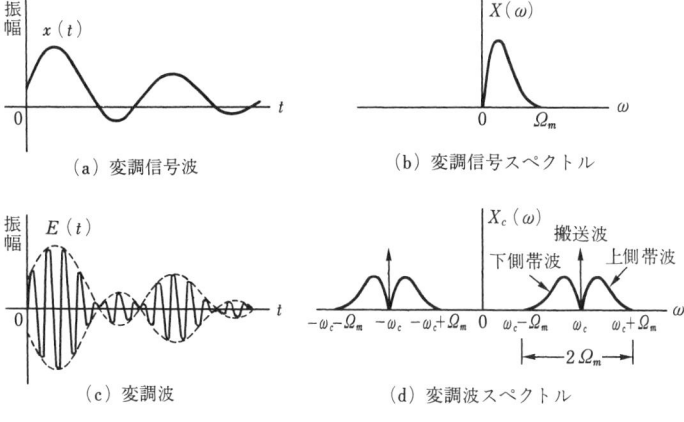

図3.5 変調波とそのスペクトル

一般にはこの方式が AM と呼ばれるが，搬送波成分を小さくした抑圧搬送波 (suppressed carrier) 方式を DSB と呼び，AM と区別して用いる場合がある．AM では送る情報は側帯波に含まれ搬送波には含まれない．

DSB 方式の信号を忠実に伝送するには，両側帯波成分を通過させる周波数帯域幅 $2\Omega_m$ が必要である(図3.5(d))．また DSB 方式では情報を含まない搬送波成分に大きな電力を要するので，情報を伝送する効率は良くない．たとえば正弦波信号による 100% 変調の場合，搬送波に全電力の 2/3 が使われる．

DSB 波の出力 S/N は搬送波の電力 C を使い

$$S/N_{DSB} = m^2(C/N) \tag{3.10}$$

すなわち，DSB の復調 S/N は，復調器に入力する搬送波電力対雑音電力(C/N)に比例する．ここで N は変調波の伝送帯域幅 $B = 2\Omega_m/(2\pi)$ 内の雑音電力である．

(2) 単側波帯変調：SSB

両側波帯方式では，送る情報が上下側帯波どちらにも同じように含まれているのでどちらか片方だけ送っても目的を達する．片方の側帯波だけ使う方式を単側波帯：SSB (single sideband) 変調方式と呼び，下側帯波だけ使う方式を LSSB (lower single sideband) 方式，上側帯波を使う方式を USSB (upper single sideband) 方式という (図3.6(a)，(b))．この場合，搬送波を弱めて伝送すると送る情報成分の電力比率が大きくなるので情報伝達の効率は高まる．この方式を抑圧搬送波単側波帯 (suppressed carrier SSB) 方式という．

SSB の場合の伝送帯域幅は Ω_m で，DSB の場合の 1/2 である．したがって DSB を送る周波数帯域幅で SSB 変調波を 2 倍多く送れる．このため，周波数分割多重通信 (frequency division multiplex：FDM) に多く用いられてい

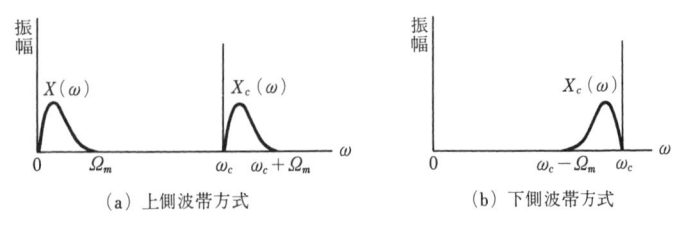

(a) 上側波帯方式

(b) 下側波帯方式

図3.6 単側波帯方式

る．また短波帯の国際通信，船舶通信等に用いられている．FDM 方式は，複数の情報をそれぞれ異なる周波数帯に割り当て（図3.7），1つの伝送路で同時に伝送する方式である．

(3) 残留側波帯変調：VSB

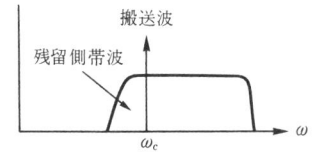

図 3.7 残留側帯波方式

SSB では，側帯波に直流あるいは低い周波数成分がある場合，搬送波との分離に急峻な特性をもつフィルタが必要であり，搬送周波数も高い精度と安定度が要求される．直流を含む場合は分離ができないので，片側の側帯波を一部残して伝送する方式があり，これを残留側波帯：VSB（vestigial sideband）変調方式という（図3.7）．直流を含む画像情報信号を伝送する TV 放送は VSB 方式によっている．

(4) 角度変調（FM, PM）

搬送波の振幅を一定にして，その角度成分

$$\theta_c(t) = \omega_c t + \phi \tag{3.11}$$

を，情報，すなわち変調信号 $x(t)$ に応じて変化させる方式である．

位相変調波 $E(t)_{\mathrm{PM}}$ は，振幅を A_c として，式 (3.5) から

$$E(t)_{\mathrm{PM}} = A_c \cos\{w_c t + \phi_c + \phi_\Delta x(t)\}$$

変調信号 $x(t)$ が振幅 A_m，角周波数 $\omega_m (= 2\pi f_m)$ の正弦波（式(3.8)）の場合は，$\phi_c = 0$ および $\phi_m = 0$ として

$$E(t)_{\mathrm{PM}} = A_c \cos(\omega_c t + \phi_\Delta A_m \cos \omega_m t) \tag{3.12}$$

ϕ_Δ は瞬時位相偏移の最大値である．

周波数変調波 $E(t)_{\mathrm{FM}}$ は式 (3.6) から

$$E(t)_{\mathrm{FM}} = A_c \cos\left\{\omega_c t + 2\pi f_\Delta \int x(t) dt\right\} \tag{3.13}$$

f_Δ は瞬時周波数偏移の最大値である．

変調信号が正弦波（式(3.8)）の場合

$$E(t)_{\mathrm{FM}} = A_c \cos\{\omega_c t + (f_\Delta A_m / f_m) \sin \omega_m t\} \tag{3.14}$$

式 (3.12) および (3.14) における係数を

$$\phi_\Delta A_m = \beta_{\mathrm{PM}} \tag{3.15}$$

$$f_\Delta A_m / f_m = \beta_{\mathrm{FM}} \tag{3.16}$$

と表し，それぞれ位相変調指数および周波数変調指数という．β_{FM} は $f_m (=$

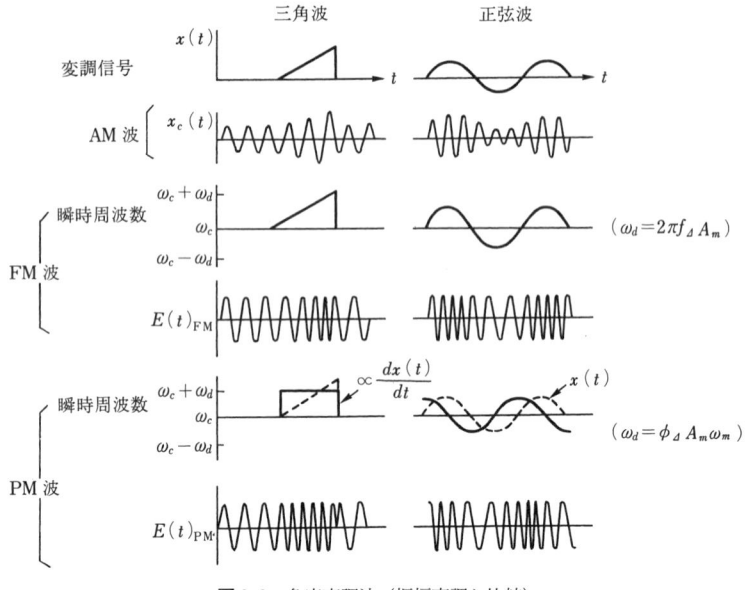

図3.8 角度変調波（振幅変調と比較）

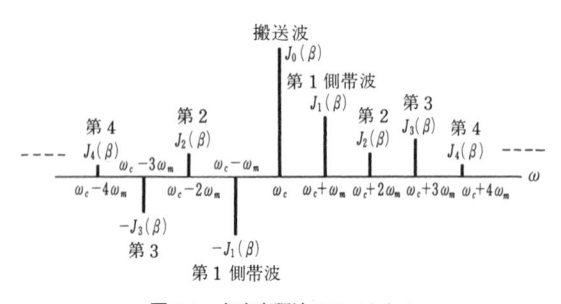

図3.9 角度変調波のスペクトル

$\omega_m/2\pi$) により変わるのが特徴である．

　$\phi_\Delta A_m = \Delta\phi$ および $f_\Delta A_m = \Delta f$ はそれぞれ変調信号が振幅 A_m の正弦波の場合の最大位相偏移，および最大周波数偏移を表している．それぞれ変調波形を比べると，FM では，変調信号の振幅の大きさに対応して周波数が変わる疎密波であるが，PM では，位相の変化（偏移）による疎密波である（図3.8）．

　変調波のスペクトル（正弦波で変調した場合）は，搬送波を中心としてその

両側に変調信号の角周波数 ω_m の間隔で無限個に並ぶ側帯波の集まりである（図3.9）．これは式 (3.14) を $\beta_{\mathrm{FM}}=\beta$ として，第1種の n 次ベッセル関数 $J_n(\beta)$ を用いて展開した成分で表せる．

$$E(t)_{\mathrm{FM}} = A_c \sum_{n=-\infty}^{\infty} J_n(\beta) \sin(\omega_c + n\omega_m)t \qquad (3.17\,\mathrm{a})$$

$$\begin{aligned}
&= A_c J_0(\beta) \sin \omega_c t \quad \cdots\cdots\cdots\cdots\cdots\cdots\cdots\cdots\cdots\text{搬送波}\\
&\quad + A_c J_1(\beta)\{\sin(\omega_c+\omega_m)t - \sin(\omega_c-\omega_m)t\} \cdots\cdots\text{第1側帯波}\\
&\quad + A_c J_2(\beta)\{\sin(\omega_c+2\omega_m)t + \sin(\omega_c-2\omega_m)t\} \cdots\cdots\text{第2側帯波}\\
&\quad \vdots\\
&\quad + A_c J_n(\beta)\{\sin(\omega_c+n\omega_m)t + (-1)^n \sin(\omega_c-n\omega_m)t\}\\
&\qquad\qquad\qquad\qquad\qquad\qquad\qquad\qquad \cdots\cdots\text{第}\ n\ \text{側帯波}
\end{aligned}$$
$$(3.17\,\mathrm{b})$$

注目すべきは，奇数項の側帯波の振幅は等しいが上下で位相が逆であることである（図3.9）．このことからFMでは単側波帯伝送はできないといえる．

側帯波の広がりは，変調指数 β，変調信号の周波数 f_m，あるいは振幅 A_m などにより決まる．f_m を一定にして A_m を，したがって Δf を変化させるとスペクトルは Δf に応じて広がる．この場合，β が大きくなるに従いスペクトルは広がる．Δf を一定（周波数偏移を一定）にすれば，β の大きさにかかわらずスペクトルはほぼ $2\Delta f(=2\beta f_m)$ の範囲に入る．

FMでは，理論的には側帯波が無限の広がりをもつので，実際の通信では側帯波全エネルギーのたとえば95％，99％などを占める成分だけを伝送する．実用上は次の値を選ぶ（$A_m=1$，変調信号の最高周波数 $F_m=\Omega_m/2\pi$）．

伝送帯域幅 $\qquad B_T = 2(f_\Delta + F_m) = 2F_m(\Delta+1) \qquad (3.18)$

ここで

$$\Delta = f_\Delta / F_m \qquad (3.19)$$

$\Delta \leq 1$ の場合

$$B_T = 2F_m \qquad (3.20)$$

このような場合は伝送帯域幅はAMの場合と同じになり，狭帯域FM（NBFM：narrowband FM）と呼ぶ．$\Delta \geq 2$ の場合は広帯域FM（WBFM：wideband FM）と呼ぶ．

PM の場合は，Δ の代わりに $\Phi_\Delta(=\beta_{PM})$ を用いる．$\Phi_\Delta \leq 1$ の場合は，狭帯域 PM（NBPM），$\Phi_\Delta \geq 2$ の場合は広帯域 PM（WBPM）と呼ぶ．

FM 方式の S/N は，搬送波電力 C を用いて

$$S/N]_{FM} = 3\Delta^2 (C/N) \quad (3.21)$$

PM の場合は

$$S/N]_{PM} = \Phi_\Delta^2 (C/N) \quad (3.22)$$

で与えられる．角度変調の場合，AM の場合より $3\Delta^2$，あるいは $\Phi_\Delta^2(=\beta_{PM}^2)$ だけ高い S/N が得られることがわかる．角度変調の S/N は Δ あるいは β が大きいほど AM より高い S/N になる（図 3.10）．AM に比べ帯域を広げて S/N を大きくしていることを意味しており，$3\Delta^2$ を広帯域利得，あるいは改善係数などと呼ぶ．復調器出力 S/N は，ある入力の S/N の値で急激に下がり出すところがある．これは入力 S/N に限界点（スレッショルド：threshold）があることを示している．Δ が大きいほど，入力の S/N 値の大きいところでスレッショルドになる．このことは実際の通信で同じ周波数の電波の妨害があるとき，希望波の強さ D と妨害波の強さ U の比 D/U がスレッショルド以上であれば良好な S/N で通信できるが，それ以下になると急激に S/N が劣化し，希望波が妨害波に抑圧されることを意味している．

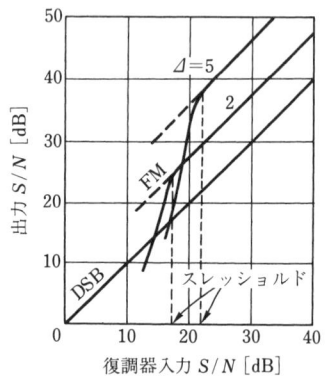

図 3.10 周波数変調の S/N

FM 復調器の出力雑音は，入力雑音のスペクトルが一様でランダムな場合，周波数に比例して振幅が大きくなる．しかし PM の場合は一定である（図 3.11）．音声や音楽等は比較的低い周波数領域にもエネルギーが含まれているので，低い周波数ほど雑音出力が小さい FM を用いれば良好な S/N で伝送できる．しかし逆に高い周波数成分は S/N が低下するので，広い周波数帯域の伝送では，送信側

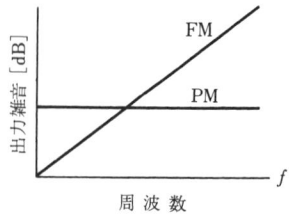

図 3.11 出力雑音周波数特性

(a) プリエンファシス　　(b) ディエンファシス　　(c) FMのディエンファシス出力

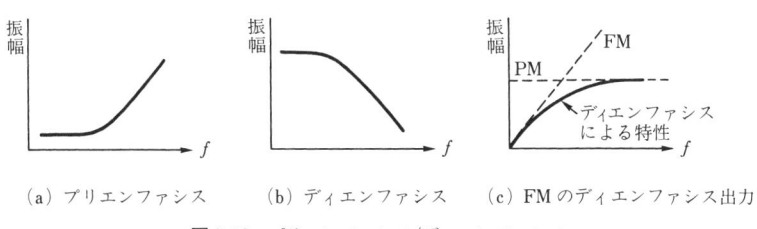

図 3.12　プリエンファシス/ディエンファシス

で高い周波数成分を強めて送るプリエンファシス（preemphasis）をかける．受信側では逆に高い周波数成分を弱めるディエンファシス（deemphasis）をかけて総合的には平坦な周波数特性とし，S/N を一様にする（図 3.12）．

3.4.2　ディジタル変調

(1)　信号のディジタル化

音声や画像等の情報信号をすべて"1"と"0"などの符号（code）の組合せに変換し，"1"または"0"などに応じて搬送波の振幅，位相，あるいは周波数を変化させる変調をディジタル変調という．通常"1"や"0"はパルス波形の電気信号に変える．アナログ変調のAM，PM，FM等に対応してASK，PSK，FSK等がある．

パルス波形（図 3.13(a)）は伝送の途中でひずみや雑音により変形することがあるが（同図(b)），タイミングパルスにより（同図(c)）同期して一定のレベル（識別レベル）から上の振幅を取り出し，波形成形の操作を行うと元のパルスを復元することができる（同図(d)）．このため伝送路で雑音などの影響を受けて波形にひずみがあっても元の波形の復元ができるので品質の良い通信が行える．これはディジタル通信の特長である．また情報がすべてパルス波形で表されるので，多種類の情報が同じような符号形式で送れる利点もある．たとえば音声や画像のアナログ信号は波形が違うので，音声の伝送路で画像信号は送れないが，どちらもパルス波形にすれば同じような回路で伝送できる．またパルス波形を扱う伝送路は，情報の種類（音声，映像など）に関係なく，一元的な回路で扱え，同じ種類の部品，回路構成等が使える．したがってICやLSI等が有効に使えるので，経済的でもある．ディジタル化によってアナログ

(a) 原信号 "1" "1" "0" "1"

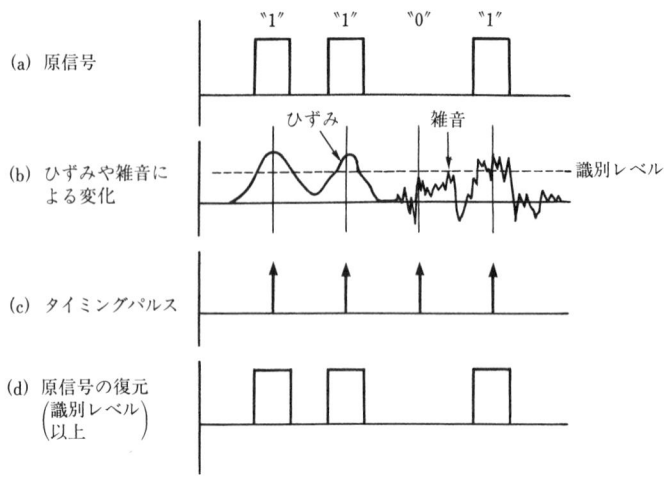

(b) ひずみや雑音による変化 （ひずみ、雑音、識別レベル）

(c) タイミングパルス

(d) 原信号の復元（識別レベル以上）

図 3.13　パルス信号の伝送と復元

ではできなかった信号の圧縮や処理が容易になるのもディジタル信号の大きな特長の1つである．

　一方，伝送に必要な周波数帯域幅が広くなる（次節参照）ので電波利用の観点では周波数資源を多く使うことになる．たとえば音声を送る場合，音声信号は 4 kHz 程度の周波数帯域幅でよいが，ディジタル信号にするとその数倍から 10 数倍の帯域幅が必要となる．しかし広帯域にすることにより多量の情報が品質よく送れるので，ディジタル伝送は広い帯域幅のとりやすい比較的高い周波数領域の通信システムで使われる．実際の通信では，できるだけ電波を有効に使うように情報の帯域幅を圧縮したり，多くの情報をのせる多重通信方式を用いる．

(2) 情報信号のディジタル化

　情報信号をパルス波形など離散的な信号に置き換えるのをディジタル化という．アナログ信号波形は，その周波数成分のうち最も高い周波数 F_m の2倍以上の周期 T_s ごとに振幅を取り出し（標本化：sampling という），パルス化する（図 3.14(b)）．この場合のパルス間隔 T_s はナイキスト間隔（Nyquist rate）といい，周波数 $f_s(=1/T_s)$ をナイキスト周波数または標本化周波数（$f_s \geq 2F_m$）という．このようにして標本化しパルス化した信号を送り，受信側で

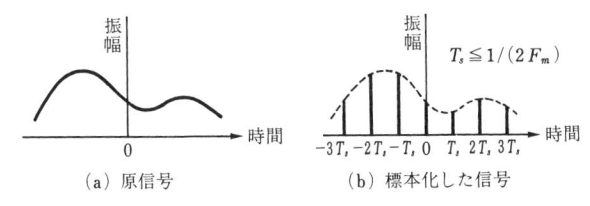

図 3.14　信号の標本化

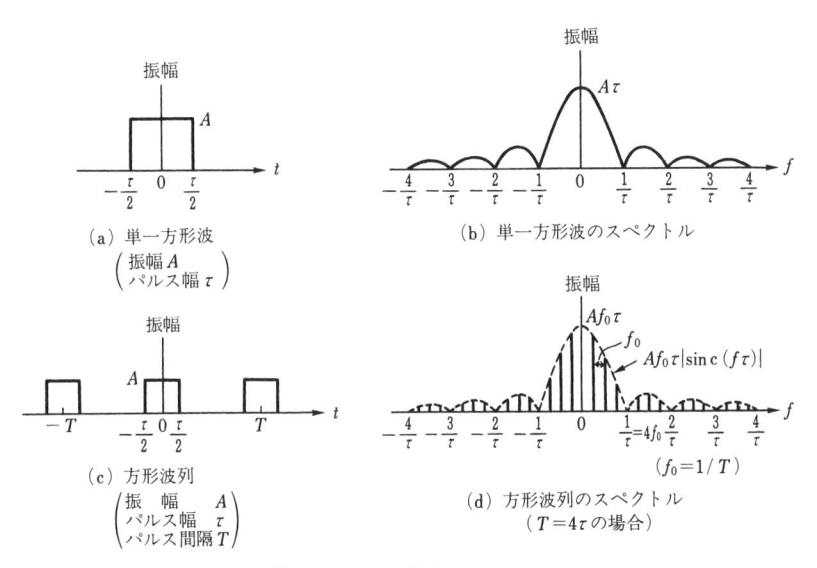

図 3.15　パルス波形のスペクトル

帯域 F_m のフィルタを通してこれを復元すれば元の情報をそっくり再現することができる（標本化定理：sampling theorem という）．すなわちアナログ信号は，パルスに置き換えて忠実に伝送できるのである．

ところでこのようなパルス波はどのような周波数成分の広がり（スペクトル）をもっているのであろうか．たとえば振幅が A，パルス幅 τ の1個の方形パルス（図 3.15(a)）のスペクトルは

$$A\tau \sin(\pi f\tau)/(\pi f\tau) = A\tau \, \mathrm{sinc}(f\tau) \tag{3.23}$$

で表され（図 3.15(b)），数学的には無限の広がりをもつ．しかし $1/\tau$ の整数倍のところで零になり，エネルギーは $\pm 1/\tau$ の範囲にほぼ集中している．この関

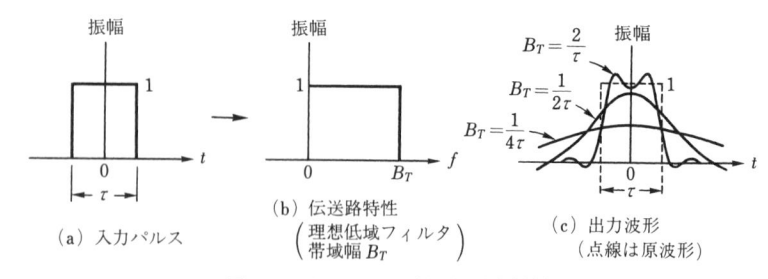

図3.16 単一パルスの幅と伝送路帯域幅

数 $\text{sinc}(\lambda) \equiv \sin(\pi\lambda)/(\pi\lambda)$ は標本化関数と呼ばれる．幅 τ のパルス波形が周期 T で連続している方形波列の場合（図3.15(c)）は，$1/T = f_0$ の間隔で並ぶ線状スペクトルになる．その包絡線は $A f_0 \tau \, \text{sinc}(f\tau)$（図3.15(d)）である．これからわかることは，パルス幅 τ が狭いほど周波数成分の広がりが大きくなり，伝送に必要な帯域幅が広くなる．

多くの情報を速く送ろうとすると単位時間に多くの"1"または"0"が必要なため，パルスの幅は狭くなり必要な伝送帯域幅は広くなる．

パルス波は，狭い帯域をもつ伝送路を通すと出力波形はひずんでくる．これは，スペクトルの一部が除かれるため元の波形でなくなるわけである．そのひずみの度合はパルス幅 τ と伝送路帯域幅 B_T の関係に依存する（図3.16）．普通，ひずみの度合がそれほど大きくない出力を得るパルス幅としてその最小値 $\tau_{\min}$ を $\tau_{\min} \geq 1/(B_T)$ とするが，パルスを検出するだけであれば $\tau_{\min} \geq 1/(2B_T)$ でよい．

(3) **ASK** (amplitude shift keying)

搬送波の振幅を，信号の"1"と"0"に対応して変化させる方式である．たとえば，信号が"1"のときは搬送波を on，"0"のときは off にする（図3.17(c)）．この操作が電信の keying に相当するので ASK と呼ばれる．振幅を E，搬送波角周波数を ω_c，位相を θ とすると，ASK の波形は

$$E(t) = E_c \cos(\omega_c t + \theta) \cdots\cdots \text{"1" に対して}$$
$$= 0 \qquad\qquad \cdots\cdots \text{"0" に対して} \qquad (3.24)$$

"1"と"0"に対し振幅を ± 1 に変化させる場合（図3.17(d)）は位相を π だけ変えているのと同じで，位相反転 ASK と呼び，次項の PSK とみなすこ

図 3.17 ASK の波形

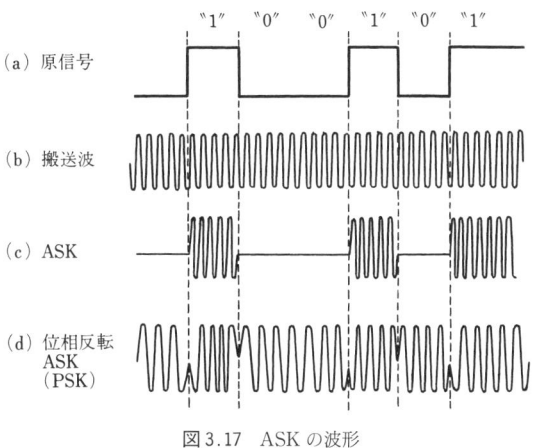

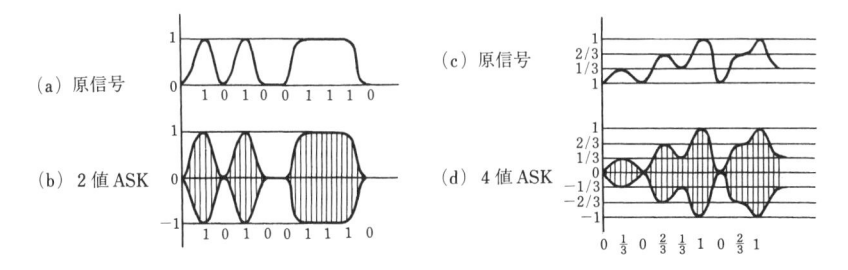

図 3.18 2 値 ASK と多値 ASK

ともできる．振幅に 2 値をもたせるだけでなく（図 3.18(b)），4 値をもたせる場合がある（図 3.18(a)）．一般に 2^m 値変調を行えば m ビットを表す符号をつくることができる（m：整数，たとえば 4 値では $m=2$，2 ビット/符号の伝送を意味する）．多値数 (2^m) を増せば 1 つの符号が運ぶ情報量を大きくでき，同じ時間内に多くの情報が伝送できる（たとえば，4 値では $m=2$ で 2 ビット/符号・秒）．しかし多値数を大きくするほど装置は複雑になり，また雑音が入ると誤りが増えやすくなる．

(4) **PSK**(phase shift keying)

搬送波の位相を信号の "1" と "0" とに対応して変化させる方式をいう．たとえば "1" に対して "0" の場合の位相を π だけ偏移させる（図 3.19(a)）と

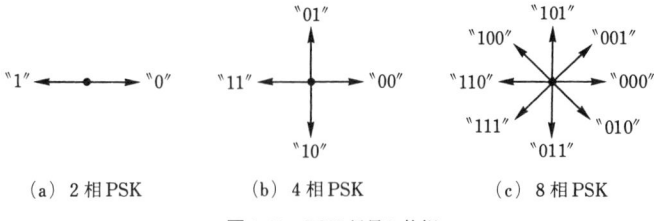

(a) 2相PSK　　(b) 4相PSK　　(c) 8相PSK

図3.19　PSK信号と位相

すれば，PSKの波形は

$$E(t) = E\cos(\omega_c t + \theta) \cdots\cdots \text{"0" に対して}$$
$$= E\cos(\omega_c t + \theta + \pi) \cdots\cdots \text{"1" に対して} \quad (3.25)$$

これは，"0"に対して $+E\cos(\omega_c t + \theta)$，"1"に対して $-E\cos(\omega_c t + \theta)$ の波形にするのと同じである（図3.20）。このようなPSKを2値PSK, 2 PSK, あるいはBPSKなどと呼ぶ。2進符号の2値を4相に割り当てる場合（図3.19(b)）は4値PSK, 4 PSK, あるいはQPSK等と呼ぶ。2^m値PSKの場合は $2\pi/m$ の位相変化を対応させる。2^m値PSKでは，m ビットの情報を1符号にのせられるのでそれだけ多くの情報を送ることができる。しかし8 PSK（図3.19(c)）以上では装置が複雑で，伝送効率も良くな

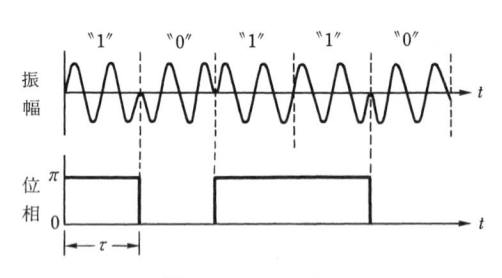

図3.20　PSKの波形

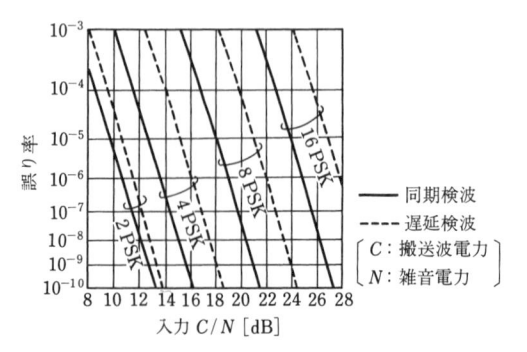

図3.21　PSKの誤り率

図 3.22 FSK の波形

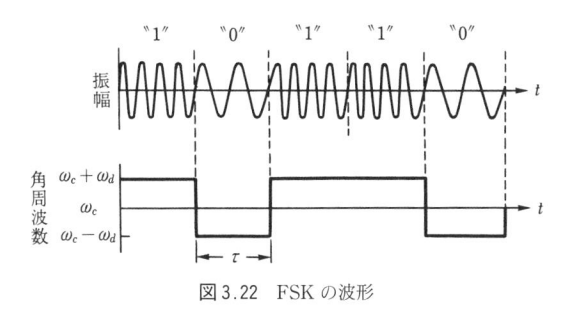

いので,実用上は 2 PSK あるいは 4 PSK が多く使用される.多値では,同じ S/N でも誤り率* が大きくなる(図 3.21).

(5) FSK (frequency shift keying)

搬送波周波数を "1" と "0" に対応して変化させる方式である.たとえば "1" に対して ω_d,"0" に対して $-\omega_d$ だけ搬送波周波数 $\omega_c(=2\pi f_c)$ を偏移させる(図 3.22).FSK の波形は

$$E(t)=E\{\cos(\omega_c t+\omega_d)t+\theta\} \cdots\cdots \text{"1" に対して}$$
$$=E\{\cos(\omega_c t-\omega_d)t+\theta\} \cdots\cdots \text{"0" に対して} \quad (3.26)$$

周波数の変わり目で位相が連続的でなければ周波数スペクトルは広がる.この位相を連続にした方式を CPFSK (continuous phase FSK) という.偏移周波数差 $\Delta f=2f_d(f_d=\omega_d/2\pi)$ と,信号の "1" あるいは "0" を表すパルスの長さ(幅)τ との積 $\Delta f \cdot \tau$ を変調係数 β_τ と定義する.パルスの長さ τ の間の位相変化 ϕ は,$2\pi f_d\tau=\beta_\tau\pi$ である.$\beta_\tau=0.5$,すなわち時間 τ での間の位相変化を $\pi/2$ に選ぶ方式を MSK (minimum shift keying) という(図 3.23).たとえば "1" を送るときは連続的に位相が $\pi/2$ 進み,"0"

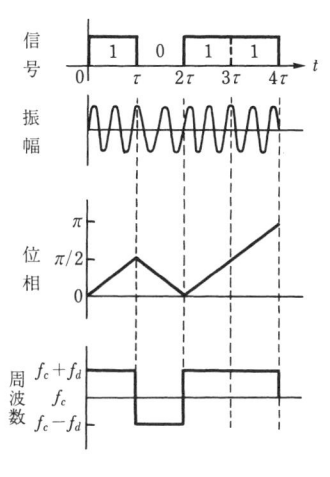

図 3.23 MSK

---
* 符号に生じた誤りの数と,送った符号全数の比.

を送るときは連続的に位相が $\pi/2$ 遅れる．したがって"1"か"0"かに応じて偶数番目（$0, 2\tau, 4\tau, \cdots$）の位相は 0 か π，奇数番目（$\tau, 3\tau, 5\tau, \cdots$）の位相は $\pi/2$ か $-\pi/2$ になる．スペクトルの広がりは PSK より狭くなる（図 3.24）．

MSK の位相変化を滑らかにしてさらに狭いスペクトルをもつようにしたのが GMSK (gaussian filterd MSK) である．スペクトルの広がりを小さくすれば隣接するチャネルに干渉を与える確率が小さくなるので移動通信への利用に有効である．GMSK は，ディジタル信号（符号幅 τ）をガウス型フィルタ（帯域幅 $2B_g$）を通し，FM 変調器（$\beta_\tau=0.5$）により生成する．そのスペクトルの広がりは，MSK($B_g\tau=\infty$) より狭い（図 3.25）．欧州で始まったディジタル自動車・携帯電話システム（GSM）に採用されている．

同期 FSK 方式の誤り率は同期 PSK 方式より大きい（図 3.26）．この場合

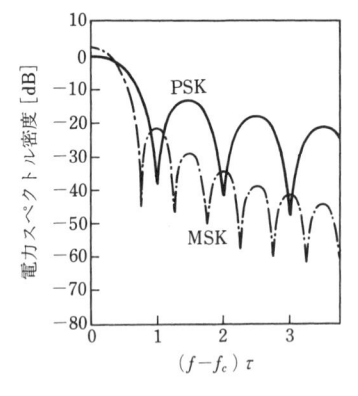

図 3.24 MSK のスペクトル（PSK と比較）

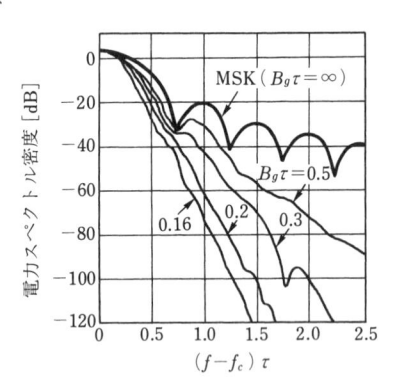

図 3.25 GMSK のスペクトル

"同期"とは，復調に際して搬送波と同じ周波数の信号を入力に掛け合わせて復調する方式をいう．

(6) **QAM**(quadrature amplitude modulation)

m 値符号のように 1 つの符号に多くの情報をのせれば，限られた時間内に多くの情報を送ることができるので電波の利用効率が高まる．このため振幅と位相を同時に変化させて多値化する変調方式 APK (amplitude phase shift keying) がある．$M=2^m$，すなわち m ビットの情報を送るために PSK と ASK を組み合わせた複合変調方式を M 値 APK と呼ぶ．振幅-位相角により信号を表現すると，ASK では一直線上を振幅が変化し（図 3.27(a)），PSK

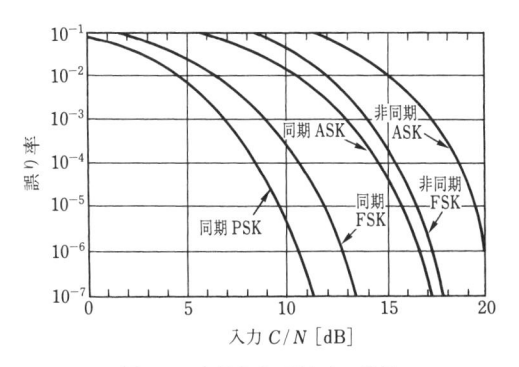

図3.26 各種方式の誤り率の比較

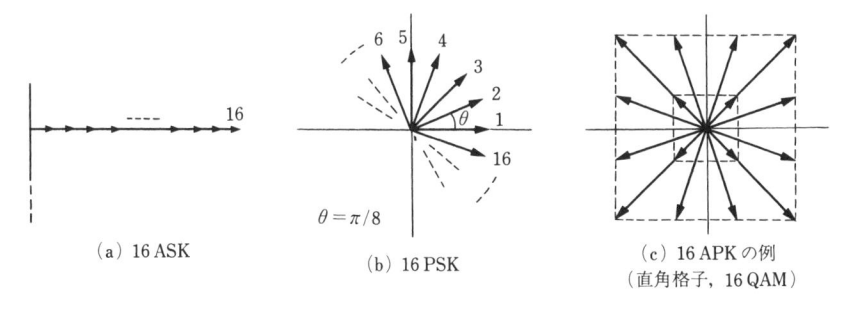

(a) 16 ASK

(b) 16 PSK $\theta = \pi/8$

(c) 16 APK の例（直角格子，16 QAM）

図3.27 M 値（$2^4=16$）変調信号の表現

では位相角が変化する（同図(b)）のに対し，APKでは振幅と位相の組合せで変化する（図3.27(c)）．信号点が直角格子上にある場合を，QAMという（図3.27(c)）．実用されるのはほとんどQAMである．

方式の誤り率は，$m=4$ではQAM方式とPSKは等しい（図3.28）．しかし，16 QAMでは16 PSKの誤り率より小さい．同じ誤り率を許す入力 C/N でいえば約4 dB低くてよいといえる．ビット当りの伝送効率も高くできるので高速伝送には256 QAMなどが実用される．

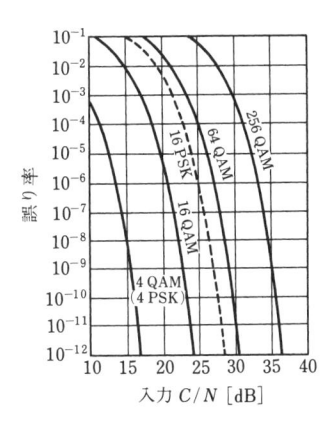

図3.28 QAM の誤り率（PSK と比較）

図 3.29 各種パルス変調方式

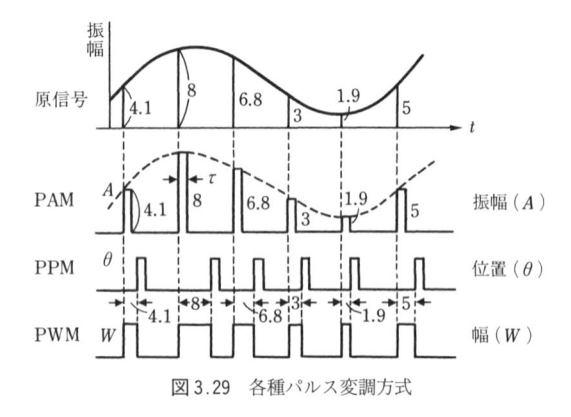

3.4.3 パルス変調

搬送波が正弦波でなく，パルスを使う方式をパルス変調(pulse modulation)という．パルスは基本的には標本化定理によるナイキスト間隔で並べ，その振幅，位置，数，幅等を変調信号の大きさに対応して変化させる．それぞれ PAM (pulse amplitude modulation)，PPM (pulse position modulation)，PWM (pulse width modulation)(図 3.29) 等と呼ぶ．

(1) PAM

パルス変調方式のうち，実用上多く用いられているのはPAMである．PAMは1つの伝送路でいくつかの情報を伝送する多重伝送（multiplex transmission）に実用されている．

PAMの振幅変化はアナログであるが，この振幅の大きさを符号化する変調方式が次項で述べるパルス符号変調（PCM：pulse code modulation）である．

3.4.4 PCM

情報信号の波形の標本値を取り出してPAMとし，その振幅を有限個の段階に分けて対応する区間の値に置き換え（量子化：quantization という），その値を符号化する変調（図 3.30）をPCM (pulse code modulation) という．PCMは，変調信号を標本化し，その振幅レベルを符号化するまで3段階の操

3.4 変　調

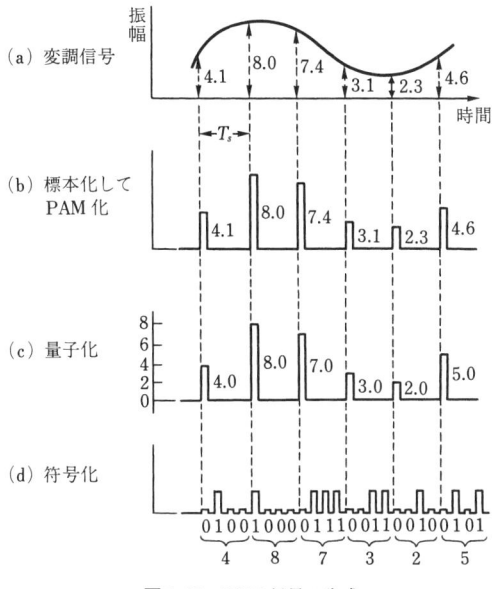

図3.30　PCM信号の生成

図3.31　PCM生成の操作

作（図3.31）によって行われる．

　PCM方式は1930年代に発明されたが，装置が複雑なため当時は実用性がないと考えられていた．しかし今日ではパルス技術の発達，デバイスの進歩などにより実用化され，高品質のマイクロ波通信や衛星通信に使われている．振幅を何段階に分けるか，すなわち量子化レベル Q をいくらにとるかは，信号をどの程度忠実に再生するかによる．また振幅の変化幅（ダイナミックレンジ）にもよる．音声やTV信号の場合は128あるいは256段階等が用いられる．符号化には $\log_2 Q = \nu$ 個のパルスを使う．

　伝送帯域幅 B_T は，信号の標本化周波数 f_s と符号化に用いるパルス数 ν の積だけ必要である．たとえば音声の場合，その最高周波数 F_m を4 kHzとすると標本化周波数 $f_s = 8$ kHzなので，量子化レベル Q を8（$\nu=3$）にとると B_T

$=24$ kHz となる．

量子化を行うと，その振幅レベルと実際の振幅との間に差があり，これが雑音になる．これを量子化雑音という．量子化雑音を考慮に入れた PCM 方式の S/N は

$$S/N]_{\text{PCM}} = 3Q^2 \tag{3.27}$$

ここで $B_T = f_s \nu = 2F_m \nu$ なので $B_T/F_m = 2\nu$ であり，$Q = 2^\nu$ から

$$S/N]_{\text{PCM}} = 3 \cdot 2^{2B_T/F_m} \tag{3.28}$$

FM における S/N は，周波数偏移に比例するので周波数帯域幅 B_T に比例すると考えてもよかったが，PCM ではそのべき乗に比例しており，大きな S/N が得られる．上記の音声の例の場合 $S/N = 3 \times 2^{2 \times 3} (\fallingdotseq 23\text{dB})$ である．

PCM は他の方式に比べ高い S/N が得られ，雑音に対して強いので高品質の通信に用いられる．しかし出力 S/N は，入力 C/N に依存せず一定なので，高い入力レベルに対しては他の方式の方が高い S/N を示すところがある（図 3.32）．また，信号の振幅の小さいところでは量子化雑音のため S/N が低くなる．それで大きい振幅に対しては大まかに量子化し（振幅の圧縮），振幅の小さいところではきめ細かい量子化を行う．これは非線形量子化である．受信機ではその逆の操作を行う．

PCM 方式によれば無線の中継伝送の際 S/N は劣化しない．これは中継地点ごとにスレッショルド（識別）レベル以上でパルス出力を成形するので，元のパルス波形がそのまま復元できるからである（図 3.13）．アナログ方式では，中継のたびに雑音が加わり S/N が劣化するのに比べ，PCM では誤り少なく伝送できる．このため PCM は，中継数を多く必要とする遠距離通信に有利である．

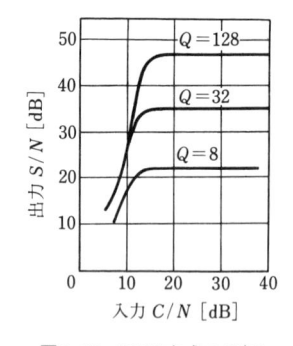

図 3.32 PCM 方式の S/N

3.4.5 スペクトル拡散（SS：spread spectrum）方式

信号を符号（拡散信号）で変調して伝送し，受信機ではその符号を識別して受信する方式である．変調波のスペクトルは，符号で変調することにより広が

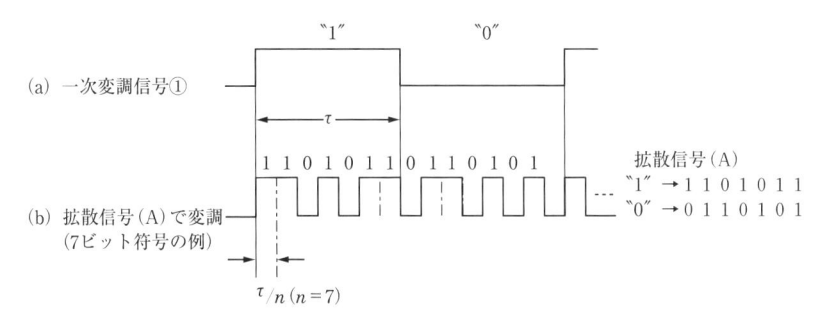

3.4 変調

(a) 一次変調信号①

(b) 拡散信号(A)で変調
(7ビット符号の例)

拡散信号(A)
"1" → 1 1 0 1 0 1 1
"0" → 0 1 1 0 1 0 1

$\tau/n\ (n=7)$

(c), (d)

(e) 送信機A / 他の送信機B, Cから / 受信機A

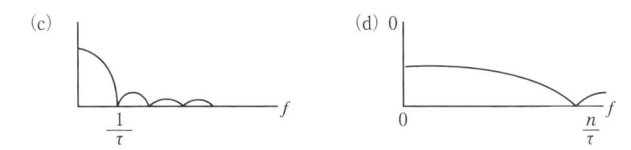

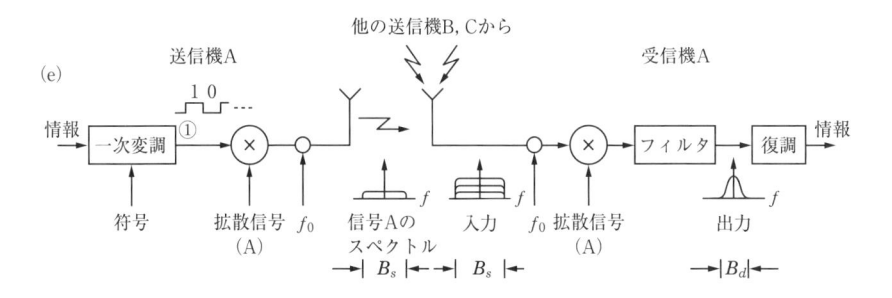

情報 → 一次変調 → × → ... → フィルタ → 復調 → 情報

符号　拡散信号 f_0　信号Aの　入力　f_0 拡散信号　　出力
　　　(A)　　　　　スペクトル　　　　　(A)
　　　　　　　　　　|← B_s →|←→| B_s |←　　　→|B_d|←

(f_0：搬送周波数)

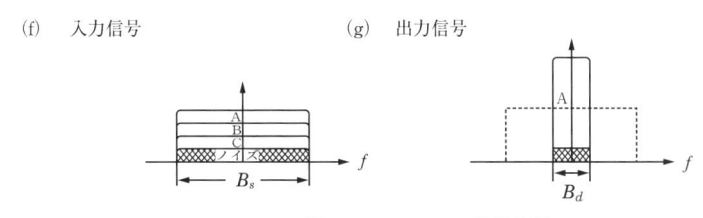

(f) 入力信号　　(g) 出力信号

図 3.33　スペクトル拡散変調

る．帯域が広がり電力密度が低くなるため，他の電波への干渉を小さくできる．混信が少なくなるし，多くの電波が存在する中で希望信号だけが高い S/N で受信できる特長がある．

　符号変調では，一次変調によりディジタル化した信号（図 3.33(a)）の１ビ

ットを n ビットの符号(A)(拡散符号)で変調（図 3.33(b)）して送出する（図 3.33(e)）．パルス幅は $1/n$ なので信号のスペクトルは n 倍に広がる（図 3.33(d)）．送信機 At の信号を受ける受信機 Ar では同じ符号(A)を入力信号に掛け合わせて（相関）元の変調信号を取り出す（図 3.33(e)）．他の送信機 B，C などでは，別の符号で変調するので受信機 Ar に同時に入っても出力されない（図 3.33(g)）．広げたスペクトルの帯域幅 B_s と元の信号帯域幅 B_d との比を拡散利得という．

　符号による変調は，このようにディジタル符号（時間分割）で行う直接拡散（DS）方式だけでなく，搬送波周波数を符号によって変化させて送る周波数ホッピング（FH）方式もある．周波数をとびとびに変えるのでホッピングという．周波数と時間の組合せの符合をチャネルごとに変えれば符号多重（PCM）通信が行える．

　スペクトル拡散方式は干渉や妨害に強い．複数のチャネルが同じ周波数で使われても相互に影響は小さい．それで地上で使われている無線システムに妨害を与えないよう，同じ周波数の衛星通信にスペクトル拡散方式が使われている．通信の秘匿性も高い．同じ周波数でも符号によりチャネル選択ができるので多元接続（7.1(4) 参照）にも利用される．このようなことは，周波数有効利用に役立っている．ディジタル携帯電話システムは第 3 世代移動通信システムに導入され，WCDMA や cdma 2000 などでは同じ地域で同じ周波数の移動局が運用されている．スペクトル拡散を利用して距離測定もできる．パルスを反射して戻る時間の計測を精密にできるので精度高い測距ができる．

3.4.6　多重通信

　複数の情報を同時に多く送りたい，このような場合，情報を周波数で分ける，時間的に分割する，あるいは符号で分けるなどの方法がある．これらはそれぞれ周波数分割多重（FDM：frequency division multiplex），TDM（time division multiplex），CDM（code division multiplex）などという．

(1) FDM

　複数の情報を一定周波数間隔で並べた搬送波にのせて送る方式で，SSB 変調したいくつかの情報を 1 つのチャネルから送り出し（図 3.34(a)），受信側

図 3.34　FDM 方式

(a) PAM 化した各チャネルの信号　　　($T_s = 1/f$)

(b) 送受信

図 3.35　TDM 方式

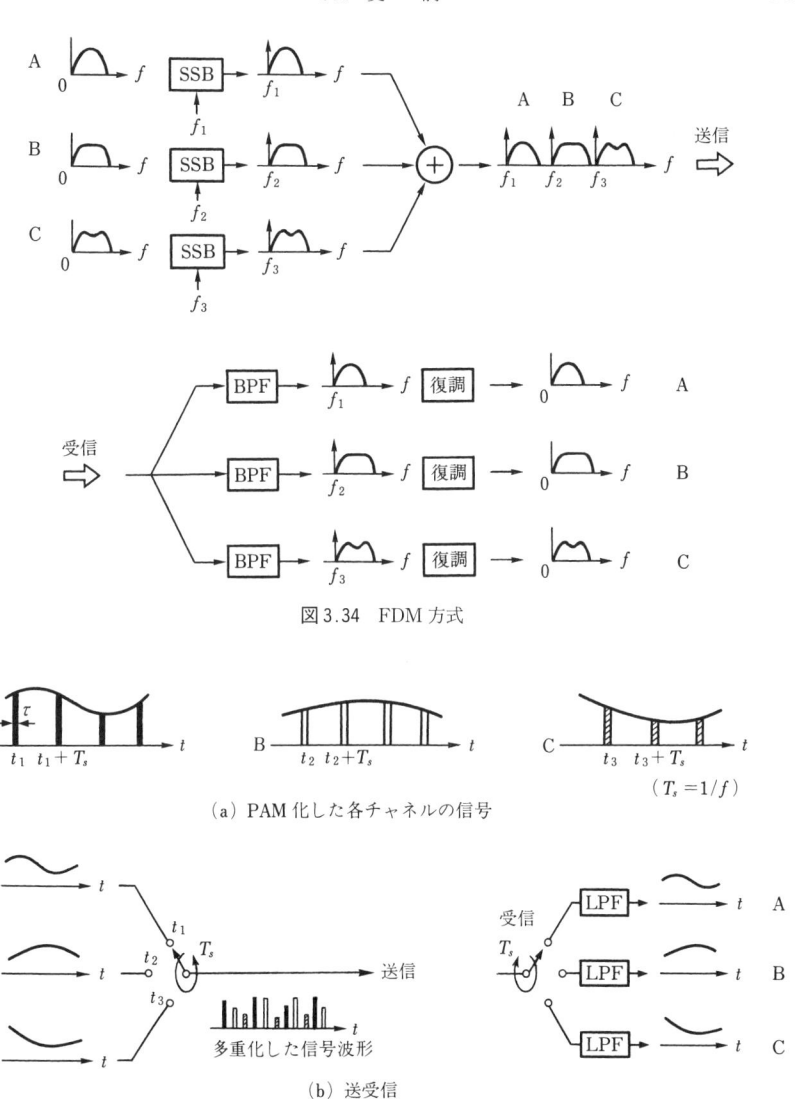

では周波数帯域フィルタ（BPF）でおのおのの情報を取り出す（(b)）．SSBがDSBの1/2の帯域で伝送できることによるもので，周波数帯域を効率よく利用している．この方式は短波の国際通信，船舶通信などに利用されている．

(2) TDM

複数の信号を同じ周波数の回線で伝送する方式である．ディジタル信号は，パルス列で形成される．たとえば，A の情報を PAM し（図 3.35），別に PAM した情報 B のパルス列を A のパルス列より少し遅らせて入れ，さらに PAM した別の情報 C のパルス列の跡に入れる．このようにして複数の情報を時間的に並べて伝送する（図 3.35(b)）．PCM 変調した信号を同様に TDM で複数チャネルを伝送する方式は，多重電話回線などで多用されてきた．

(3) OFDM：直交周波数分割多重システム

FDM の場合と同様に情報を分割して多数の電波（周波数）にのせ，多重化して伝送する方式である．しかし，FDM と違い隣り合うチャネルを重ねるので，FDM の場合に比べ狭い周波数帯域で送れる．電波の周波数を有効利用できる利点がある．

一般の FDM 方式では，1つの電波（周波数）にすべての情報をのせ，チャネルの隣同士がお互いに妨害し合わないようにある周波数間隔（ガードバンド f_n）を設ける．たとえば，N 個の周波数多重の場合，全チャネルを伝送するのに必要な周波数帯域幅は，1チャネルの伝送帯域を W とすると，$\{NW+(N-1)f_n\}$ を必要とする（図 3.36(a)）．しかし OFDM (orthogonal frequency division multiplex) では，必要な周波数帯域は $\{(N+1)W/2\}$ であり，狭い帯域でよい（図 3.36(b)）．

具体的には，信号1シンボルをいくつかの直交した搬送波に分けて変調して送り出す方式で，搬送波周波数間隔 ΔF を信号1シンボルの時間間隔 T_s の逆数にとり，ΔF の間隔で搬送波を並べる（図 3.37）．このように配列した搬送

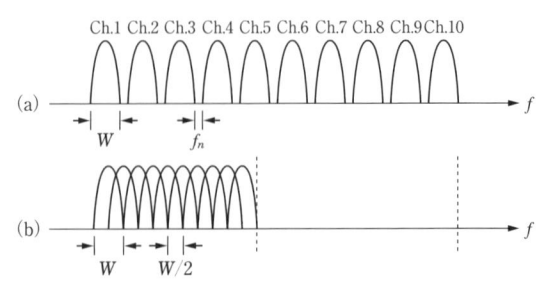

図 3.36　FDM と OFDM のスペクトル

3.4 変調

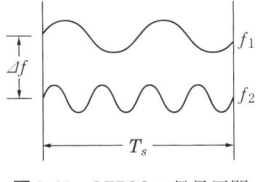

図 3.37 OFDM の信号区間と周波数間隔（2 波だけ示す）

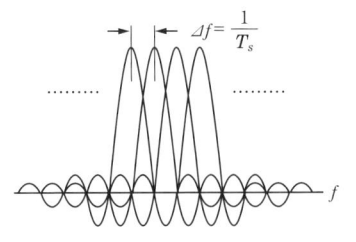

図 3.38 OFDM の周波数スペクトル

波間ではスペクトル（図 3.38）が重なっても互いの干渉は起こさない．その理由は，パルス波形の周波数成分（スペクトル）は，中心周波数を中心に $\sin x/x$ の形をし（図 3.39，図 3.15 参照），一定周期 $1/T_s$ の倍数でスペクトルのエネルギー成分が零になるからで，この位置に隣のチャネルの中心周波数をもってくるとお互いの妨害が生じない．このような搬送波は互いに直交している*，という．互い

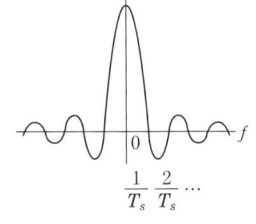

図 3.39 $(\sin x/x)$ の周波数スペクトル（$x = \pi f\, T_s$）

---

* 2つの信号の積の1周期平均値がゼロのとき，互いに直交しているという．たとえば正弦波 $\sin \omega t$ の信号と，90度位相のずれた信号 $\cos(\omega t)$ の積の1周期平均は

$$\int_0^{2\pi} \sin(\omega t)\cos(\omega t)\,dt = 0$$

である（図 B(a)）．もし同相の信号であれば

$$\int_0^{2\pi} (\sin \omega t)^2 \,dt = \pi$$

このことは，2つの信号の位相が90度ずれていれば同時に存在しても平均出力はゼロであり（図 B(b)），互いに影響し合わないといえる．整数倍の周波数間隔の正弦波同士も直交している．（図 B）

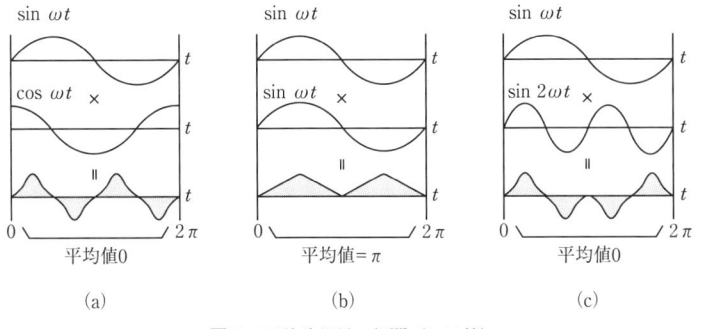

(a) 平均値 0

(b) 平均値 = π

(c) 平均値 0

図 B 正弦波信号の相関（かけ算）

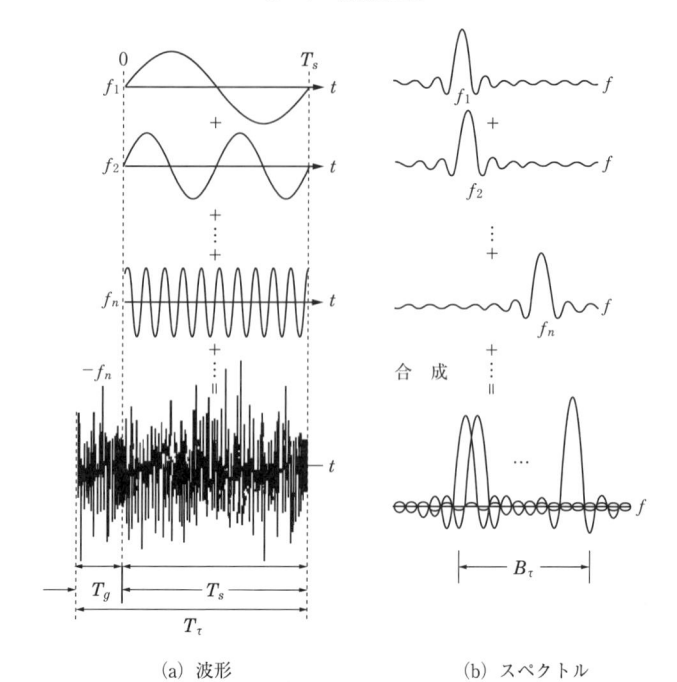

(a) 波形

(b) スペクトル

$\begin{cases} T_g : \text{ガードタイム} \\ T_s : \text{シンボル時間} \\ T_\tau : 1\text{信号区間} \end{cases}$

図 3.40 OFDM 波と周波数スペクトル

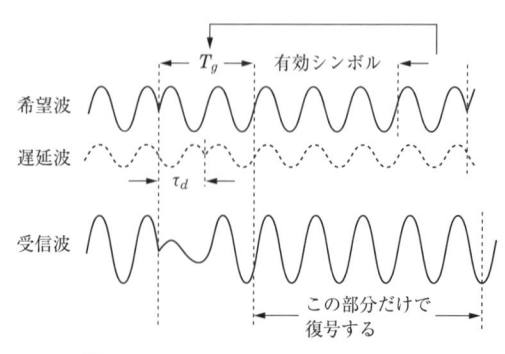

図 3.41 ガードタイムによる遅延波の影響

に直交していれば，相互に干渉することなく複数の搬送波を一定間隔で並べられる．搬送波同士が直交していれば，変調されていてもそのスペクトルの間の干渉は生じない．$\varDelta F$ ずつずれた搬送波を多数合成すると，波形はランダムに近くなり（図 3.40(a)），スペクトルは $1/T_s$ ずつずれて並ぶ各搬送波のスペクトルの合成になる（図 3.40(b)）．

通常，搬送波は PSK などディジタル変調して伝送するので COFDM (coded OFDM) などと呼ばれる．実際の OFDM では，数百から数千の搬送周波数を並べて使用する．ディジタル情報は，複数の搬送波に分けてのせられるので，妨害波が帯域内のある周波数帯に干渉しても（選択性フェージング）全体の情報が失われる可能性が低い．

また，信号受信の時間にガードタイム T_g（ガードインターバルともいう）

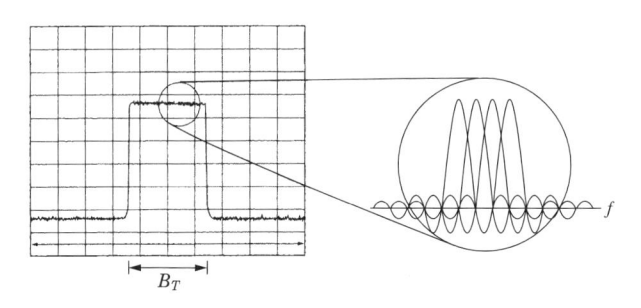

図 3.42 OFDM の周波数スペクトル

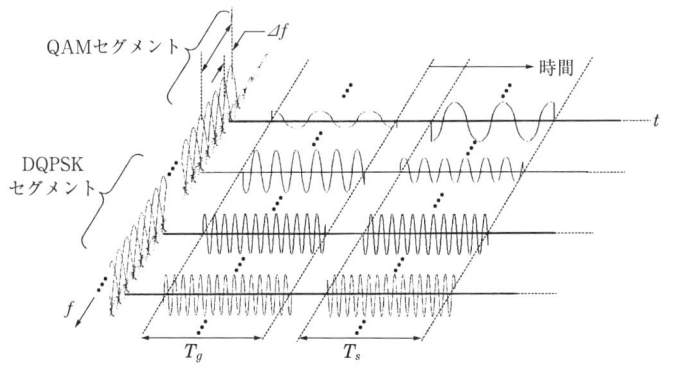

図 3.43 BST-OFDM の概念図[1]

を挿入して（図3.41），マルチパスなどによる遅延波（遅延時間 τ_d）の影響をその時間内で吸収するようにして遅延波の影響を抑制している．ガードタイムは，データ信号の全半の1区間を後半につけて構成しており，その長さは予測される遅延時間より少し長めに設定する（$T_g < \tau_d$）．さらに，信号の順序を時間的に入れ替えるインターリーブ*を行い，連続して信号が欠けて生じる誤り（バースト誤り）を避けている．

搬送波を多く使うので変調波スペクトルは帯域の端で急激に減少する（図3.42）．また，多くの搬送波を使うので，これを分割（セグメント化）して異なる情報をいくつかのセグメントに分けて同時に伝送できる特長がある（BST-OFDM方式**）．たとえば地上波ディジタルTV放送では，固定TV放送と，移動TV受信放送や音声放送などを搬送波を分けて使っている（図3.43，図3.60参照）[1]．

OFDMにはいくつかの特徴がある．

① データを多数の搬送波に分けて伝送するので，1シンボルの継続時間が長く，またガードタイムを入れているのでマルチパスに強い．選択性フェージングにより，特定の搬送波に影響があっても一部のデータが欠落するだけで誤り訂正ができるので，高品質の伝送ができる．

② ガードタイムを設けているので，遅延波の影響が小さい．また，隣接局からの電波の到達時間がガードタイムの範囲内であれば隣接局の影響がないので，同じ周波数が使える．したがって，隣接する中継局に同じ周波数を使うネットワークSFN（single frequency network）が形成できる．

③ 多数の搬送波は分けて，別々に目的の違う情報の割り当てができ，たとえば，固定受信の放送と移動受信の放送を別々の搬送波に変調して同時に送り出せる．この場合，伝送条件に合わせて，たとえば，QAMやQPSKなどの変調方式を選べる．

---

* 妨害が入っても大きく誤りを生じないよう，符号化した信号の順序を入れ替える操作をいう．並んでいる信号が続けて欠けると大きな誤りになるが，とびとびに信号が欠けた場合は，誤り訂正が容易にできるので，誤り少ない伝送ができる．

** BST-OFDM：Band segmented transmission-OFDM.

3.5 遠くに情報を送る

3.5.1 基本的技術は何か

自由空間では電波の電力は距離の2乗に反比例して減衰する．また波長が短いほど減衰が大きい（式(1.2)）．いま，送信機から電力 P_t [W] を利得 G_t の送信アンテナに供給し，自由空間に送出したとする．アンテナから遠方の距離 d [m] だけ離れた点における電力密度 P_d [W/m²] は

$$P_d = P_t G_t / (4\pi d^2) \quad [\text{W/m}^2] \tag{3.29}$$

ここで $P_t G_t$ を等価等方性放射電力（EIRP: equivalent isotropic radiation power）という．

受信点で実効面積 A_e [m²] の受信アンテナでこれを受けたとすると，受信機への入力電力 P_r は

$$P_r = P_d A_e \quad [\text{W}] \tag{3.30}$$

アンテナの実効面積 A_e は，波長を λ として

$$A_e = G_r (\lambda^2 / 4\pi) \quad [\text{m}^2] \tag{3.31}$$

なので

$$P_r = P_t G_t G_r (\lambda / 4\pi d)^2 \tag{3.32}$$

$(\lambda/4\pi d)^2$ の逆数は，自由空間減衰量（式(1.2)）である（付図2）．

地球上で電波が遠くまで到達するのは波長の長い領域の地表波である．しかし波長の長い電波には情報を多くのせられないので多量の情報伝送には使われない．長波長の電波は，電波の到達時間や位相情報を利用して船舶などの位置を知る測位に利用されている．電信や音声の伝送には短波帯が使われる．電離層の反射を利用する通信である．波長が短波帯より短くなると電波は電離層を突き抜けるようになる．波長が短く（周波数が高く）なるにつれ，情報も多くのせられるようになる．地上の一般の通信には超短波帯（VHF，UHF帯）やマイクロ波帯が多く用いられるのはこのためである．見通し距離を超えると通信は難しくなるが，途中で中継して遠方まで情報を伝達する．

電波が遠方にある受信機に入力するとき，その電力が雑音電力より小さけれ

ば雑音によって情報が消されることがある．したがって情報を伝えるには，信号が雑音に埋れることなく，検出できるように受信機入力を大きくする．そのためには，送信電力 P_t を大きくするか，アンテナの利得 G_t（送信），G_r（受信）などを大きくする．また受信機を低雑音にする．受信機入力における雑音電力は kT_eB（k：ボルツマン定数，1.38×10^{-23} J/K，T_e：等価雑音温度*，B：信号の通過帯域幅）である．低雑音にするためには T_e を小さくする．そのためには受信機入力には低雑音増幅素子を選び，低雑音設計をする．アンテナの利得は開口面積に比例するので遠距離の通信には大形のアンテナがよく使われる．

一方で，情報を正しく伝えるために変調方式を適切に選ぶのも大切である．雑音に強い方式でいえば FM，あるいは誤りを発生しにくい方式では PCM などディジタル方式である．通信の目的や用途によって変調方式の選び方が違う．

情報を多量に送るには比較的高い周波数領域の電波を利用する．伝送帯域幅を広くとれるので多くの情報をのせることができるからである．マイクロ波はもちろんのこと，最近ではミリ波やテラヘルツ波帯*** が用いられるようになってきている．しかし波長が短くなりミリ波領域になると大気圏での減衰が大きくなり，宇宙通信等には向かなくなる．衛星通信では波長 1 cm 程度までが実用になっている．

情報通信を目的としない天体観測などでは天体が発するマイクロ波，ミリ波の電波を受信し，信号処理技術と合わせて遠くの宇宙の天体の温度や状態などの情報を集めている．このような電波による天体観測，電波天文では，光による天体望遠鏡で観測できない多くの情報が得られる特長がある（4.3.2項(6)

---

* 雑音は，物質の中を流れる電流の乱れであり，その度合いは温度に比例する．温度を使って，雑音の大きさを表す尺度を雑音温度といい，絶対温度 [K] で表す．受信機の雑音温度は受信システムの全雑音温度を受信機入力に換算したものである．雑音指数** F_e を使えば，$T_e=(F_e-1)T_0$，一般に $T_0=290$K とする．普通の VHF 受信機では 300〜1000 K である．宇宙通信など信号入力が非常に低い場合は，十数 K から数十 K という低雑音受信機を用いる．そのためには入力増幅器を冷却して雑音温度を小さくしたりする．

** F（雑音指数）=（入力の S/N）/（出力の S/N）
受信機や回路の内部で発生する雑音のため，一般には出力の S/N は入力の S/N より小さくなる（$F\geq 1$）．受信機を低雑音にするというのは雑音指数を 1 に近づけることである．

*** 周波数 0.1〜100 THz の波．12頁脚注参照．

3.5.2 代表的なものは何か

(1) 宇宙・衛星通信
(a) 種類

宇宙通信や衛星通信は電波の典型的利用の1つである．というのは，現在の技術では宇宙から情報を送る主な媒体は電波であり，代替手段がないのである*．宇宙通信（space communication）あるいは衛星通信（satellite communication）は，次のように定義されている（図3.44）．

宇宙通信： 宇宙飛翔体を対象とする無線通信

宇宙局： 地球の大気圏の主要部分外にある物体上の無線通信局

衛星通信： 宇宙局を介する地球局間通信．宇宙局は，衛星通信の場合，衛星局と呼ぶ．

地球局： 海または大気中を含む地表上にある宇宙無線通信用の局

宇宙局は，惑星空間を飛翔する宇宙船を用いるような場合が主である．衛星局には，軌道衛星を用いる場合と静止衛星を用いる場合との2種類がある．軌道衛星は，地球上比較的低い高度の円軌道衛星や地球上約500 kmから遠く数

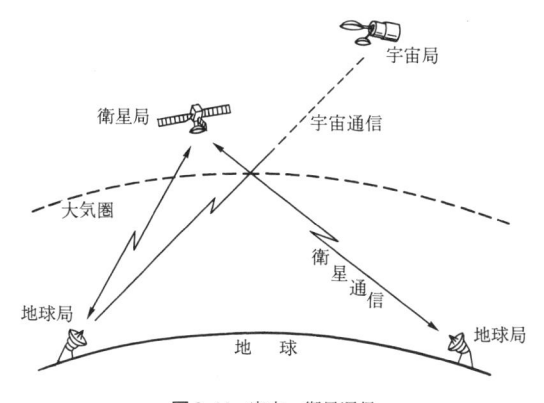

図3.44 宇宙・衛星通信

---
* 電波以外には重力波の利用が将来考えられるといわれているが，現在その検出すら十分に行えていない．

万kmに及ぶ楕円軌道上にある衛星などである．軌道衛星の場合，衛星が地上から見えている時間帯だけ通信が行える．一方，静止衛星の周期は，赤道上約35,860 km上空で地球の自転周期と一致するので地球上からは静止して見える．したがって地上と常時連続した通信に利用される．静止衛星からは地球表面の約1/3が視野に入るので静止衛星が3個あれば地球のほぼ全域が通信領域になる（図3.45）．しかし南極および北極近辺は静止衛星の通信領域から外れるので通信には別の衛星を使う．宇宙・衛星通信には多くの利用がある（表3.3）．

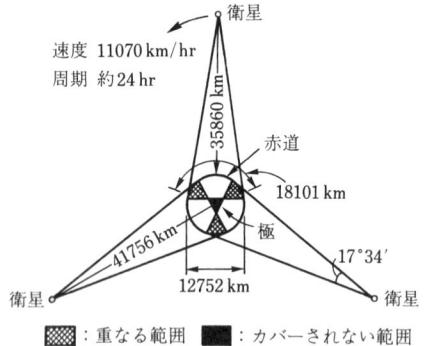

図 3.45 静止衛星3箇による地球上の通信範囲

(b) 特　　徴

宇宙・衛星通信には一般的に次のような特徴がある．

① 遠距離，超遠距離通信である

たとえば惑星探査の場合，海王星の近くの宇宙船から情報を送る通信距離は

表 3.3 各種衛星とその代表例

業　務	内　容	代表的衛星
固定衛星	固定地点間通信，TV中継等	INTELSAT, CS*
移動衛星 陸上・海上・航空	車両，船舶，航空機等の移動体との通信，捜索，海難救助	LMSS, MSAT INMARSAT GMDSS, NSTAR
放送衛星	音声，データ，TV放送	BS, CS*
測位衛星	位置測定，時刻標準	GPS, MBSAT
航行衛星 海上・航空	船舶や航空機の航行のための位置測定	MTSAT GEOSTAR
地球探査衛星	資源探査など	LANDSAT SEASAT
気象衛星	気象情報	MOS，ひまわり NOA
宇宙探査衛星	宇宙探査，科学研究	VOYGER, MARS, SUBARUなど
その他	衛星間中継 アマチュア　等	TDRS OSCAR

*通信衛星であるが，放送にも利用されている．

45億 km にもなる．宇宙局には大型送信機は積めないため，小電力，小形アンテナによる送信になり，地球に到達する電力はごく微小になる．したがって地球局には大形アンテナ，低雑音受信機が必要である．送られてくる画像は，微弱な信号の中から情報を抽出し，コンピュータによる高度な信号処理を行い，再生する．

② 地球規模で広い範囲の通信が行える

衛星は地表上の高い位置にあるので，地上の通信ではできない広い範囲をサービスできる．大陸，大洋，離れ島などへの通信も容易である．軌道衛星の場合は，地球を周回する衛星からの電波を受信するため衛星方向にアンテナを動かす（追尾）か，指向性を広くして衛星からの電波を常に受信できるようにする．軌道衛星との通信は，短い時間内の信号の授受になる．連続して通信するには，複数の衛星を軌道上に配置して常にどれかの衛星と通信できるようにする．

③ 限られた範囲の周波数の電波が使われる

衛星通信に使う電波が衛星や宇宙に届くためには，途中で吸収されたり反射したりしない周波数であり，また地上の雑音などにも影響されない周波数であること，などが望まれる．そのような周波数範囲は"電波の窓*"（図3.46）といわれ 1 GHz～10 GHz 近辺であるが，技術の進歩もあって数十 GHz 帯も使われる．

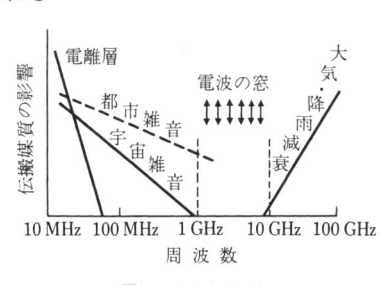

図 3.46　電波の窓

④ 高速・大容量，多種情報の伝送が行える

通常 GHz 帯の周波数を使用するので，広帯域通信が行える．音声，画像，データなどマルチメディアの情報ならびに高速で大容量の情報が送れる．

⑤ 安定した高品質，高信頼性の通信が行える

高い周波数領域を使い広帯域通信ができるので，良い通信品質で，安定した通信ができる．また，地上の通信ほど妨害や干渉の影響がないので安定した，

---

* 地球から宇宙を（あるいは逆）見て，電波に対して開かれているように考えられるので"窓"と呼ばれている．技術の進歩により 20～30 GHz も使われている．

品質の良い通信ができる．

⑥　広く同報通信ができる

地球規模の広い範囲で特定の相手にいっせいに情報を送ることができる．

⑦　リアルタイムで広い範囲で動く相手に情報が送れる

地上の大体どこを動いていても，同じ時間に情報が送れる．

これらの特長に加え，静止衛星を用いる場合の通信に注目してみよう．

①　通信品質がどの地球局に対してもほぼ一定

静止衛星-地球局間距離は約 36,000～41,000 km であって地上のどこにあっても距離の差は小さい．したがって通信品質は各地球局に対しほぼ一様に安定して保てる．

②　通信回線の設定が迅速にできる

地上の任意の場所に通信設備（たとえば移動中継車）を設置すれば衛星を介して中継する通信回線が早く，容易に設定できる．事件など現場からのリアルタイムの報道や中継など．

③　地球上で移動体がどこにいても（大陸や海洋上空）通信できる

地表上の移動通信は，電波の到達距離を大きくとれない．大洋上にある船舶との通信は短波帯の電波が用いられてきているが，不安定な面があり，かつ大量の情報が送れない．しかし，衛星の利用により，地球のほぼ全域がカバーされるので陸上だけでなく船舶，航空機など移動体が地表上のどこにいても通信ができる．

④　多元接続（multiple access）が行える（7.1(4)参照）

1つの衛星の中継により多数の地球局間で同時に通信が行える．これには後に述べる FDMA, TDMA, CDMA, SDMA 等の方式がある（図 3.47, 図 7.6～図 7.9）．

⑤　回線コストが距離に依存しない

通信距離がほぼ一定なので，距離による通信費用に差は出ない．

一方，次のような欠点がある．

①　電波の到達に時間がかかる

電波は秒速 30 万 km で空間を進む．地上約 36,000 km にある静止衛星との通信では，電波の往復に約 250 ミリ秒かかる．電話では話しかけて相手の声が

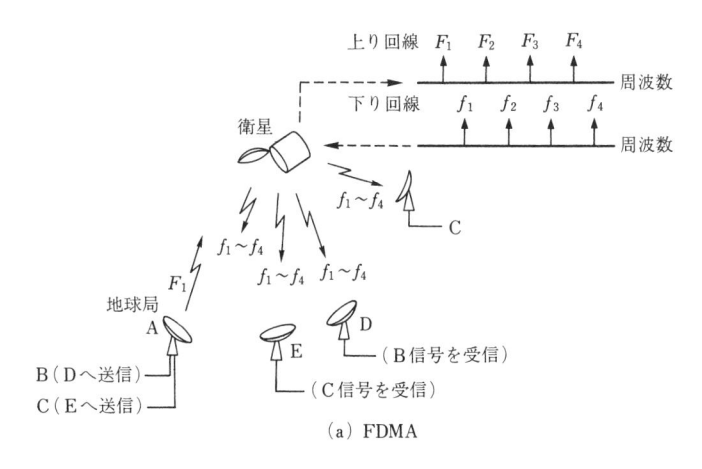

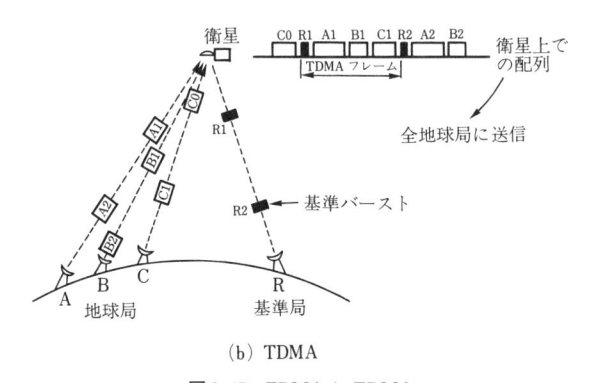

図3.47 FDMA と TDMA

返ってくるまで約0.5秒かかり，音声通信では一瞬返事が遅れる感じがある．

② 地球食がある

　静止衛星は，赤道直上に位置している．太陽が赤道直上にくる春分あるいは秋分およびその前後，夜間は衛星が地球の陰に回り，衛星局の電源である太陽電池に陽が当たらなくなり，数時間通信が行えなくなる．そのため，蓄電装置を必要とする．

③ 太陽電波による妨害がある

　太陽が赤道直上にくると，衛星の電波は太陽からくる電波（雑音）により妨害を受ける．

④ 降雨の影響がある

衛星通信には通常 1 GHz 以上の周波数を使う．大気圏に電波が入り，強い雨が降っていると高い周波数では大きな減衰を受ける．たとえば 25 mm/h の降雨があると 10 GHz で 0.6 dB/km, 30 GHz では 5.5 dB/km の減衰である．

⑤ 衛星局が故障すると修理できない

衛星まで行って修理することはできない．

⑥ 寿命がある（10 年程度）

衛星の姿勢を保つにはジェット噴射を使う．そのための燃料が必要で，その燃料が消費しつくされると衛星は軌道を外れる．近年衛星の寿命は 10 年程度に設計される．

(2) 衛星通信

(a) 静止衛星通信システム

静止衛星を使って通信の中継ができるという発想はクラーク（Clerk, 英）が 1945 年 Wireless World 誌に発表していた．最初に人工衛星を打ち上げたのは旧ソ連で 1957 年に軌道衛星スプートニクを成功させた．通信に利用する初めての試みは，米国が 1960 年に打ち上げたエコー衛星によるもので，地上からの送信を反射させる実験であった．これは大西洋横断の双方向電話を世界で最初に実現し，また地球局技術の基礎づくりをしたことで意義が大きい．衛星本体による電波の反射を利用したのでこの衛星は受動型衛星と呼ばれた．衛星に機器を積み，電波を地上に送り返す方式の最初の能動型衛星は 1958 年に打ち上げられたスコア衛星である．この衛星は，地上からの信号を受信し録音しておいて別の軌道位置から地上に返信する遅延方式であった．通信衛星として本格的に実用化の技術を確立したのはテルスタ衛星である．米国のベル研究所が開発し 1962 年に打ち上げたもので，6/4 GHz 帯を使用し，初めて大西洋横断のリアルタイム双方向電話や TV 中継を行った．これは以後の衛星通信の発達に大きく寄与している．1963 年にリレー衛星により大西洋横断 TV 中継が初めて行われたが，その歴史的成功の映像にケネディ大統領暗殺の場面が映し出されたのは衝撃的なことであった．事件の内容もさることながら，事件の発生現場から即刻世界へ映像で報道できるという衛星通信の大きな意義が認められた出来事であった．

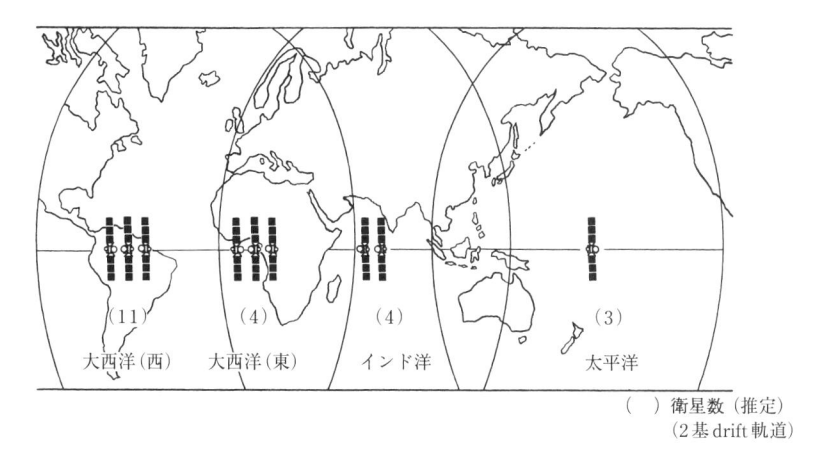

図 3.48　INTELSAT 衛星の配置とサービス範囲

① 国際衛星通信

静止衛星が初めて打ち上げられたのは 1963 年であった．それまで衛星は低い軌道を回っていたため，地球局では衛星の方向にアンテナを向ける追尾機構を必要としていた．技術の確立とともに，世界すべての国が衛星通信の恩恵を受けられるよう，1964 年にインテルサット（INTELSAT：International Telecommunication Satellite Organization：国際電気通信衛星機構）[2]が発足した．共同で打ち上げたインテルサット衛星を利用し国際公衆通信回線を設定し，世界すべての地域に公平に，かつ経済的に通信網を提供しようとした組織である．1965 年に商用通信衛星として初めてサービスを始めた．インド洋，大西洋，太平洋それぞれの赤道直上に衛星を配置し（図 3.48），インテルサット VI 号から X 号までの 24 基を運用して地球のほぼ全域をサービス範囲としている．しかし，近年海底ケーブルや他の衛星通信システムとの競争が激しくなり，運営の効率化のために 2001 年に会社組織に業務を移管した．新しい組織 ITSO（International Telecommunication Satellite Organization）には 148 か国が加盟している[2]（2005 年にはさらに別会社に買収されている）．

衛星システムに使用されている周波数は 6/4 GHz，14/11 GHz 帯である．通信量の増加に対応して回線を増やすためマルチビームアンテナによる地上照射を空間的に分割して電波を有効に使う方法をとっている．地表上をいくつか

のスポットビームで狭い地域を照射し（直線偏波），少し広い地域にはゾーンビーム（円偏波で），地表を半球状にカバーするのに半球ビームなどを形成し，ゾーンの重なるところは同じ周波数でも円偏波の回転を逆にして多重使用をしている（図3.49）．INTELSATシステムの標準サービスは，アナログでは大容量電話回線，および小容量国際TV伝送，ディジタルでは，大容量ディジタル電話回線，国際TV伝送，データ伝送，インターネットなどである．

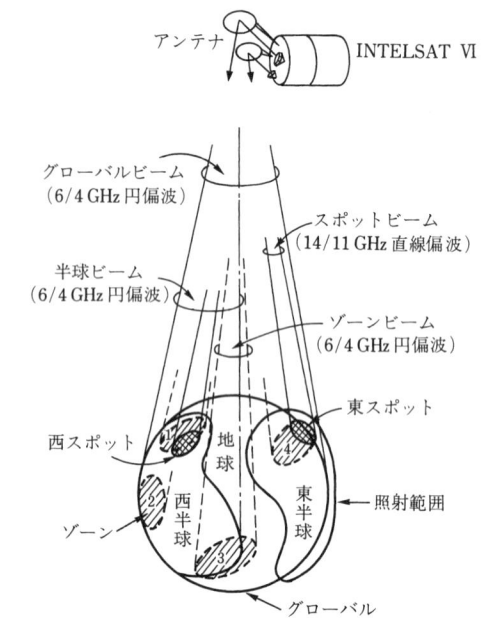

図3.49 INTELSAT VIのアンテナによる地球照射

一方，船舶に対する国際通信には海事衛星システムがある．短波帯を利用する船舶通信は電波伝搬上の不安定さ，回線数不足，情報量の小ささ等から衛星利用が要求され，1973年頃からその検討が国際的になされていた．米国のコムサット（COMSAT）社は1976年に3個の衛星を打ち上げ，マリサット（MARISAT）海事衛星通信システムとして電話とテレックスのサービスを始めた．その後1979年に主要海運国が集まりインマルサット（INMARSAT：国際海事衛星機構）を発足させ，1982年にマリサット衛星を使い，電話，高速データ，テレックス等のサービスを始めた．最初は5地球局が設置され，約1040隻の船舶が利用した．2005年には加盟は175か国になり，47万局以上の船舶が利用しているが，船舶のみならず航空機や陸上移動体にも利用が広げられている．インマルサットは国際移動衛星機構（IMSO）に移ったが，さらに運営の効率化のために1999年には民営化された[3]．

国際衛星通信機構にはロシア(旧ソ連)を中心とする東側諸国およびベトナム，北朝鮮などを含め24か国加盟のインタースプートニク（INTERSPUT-

NIK) がある[4]．EXPRESS 衛星と LMI（ロッキード・マーチンインタースプートニク）衛星を大西洋上と印度洋上に配置し，通信や放送等のサービスを行っている．

(b) 地球・国内衛星通信

衛星通信は地域・国内通信にも使われている．欧州地域のユーテルサット(EUTELSAT)，ASEAN 諸国のパラパ (PALAPA)，中近東，アフリカ諸国のアラブサット (ARABSAT) 等のシステムが運用されている．その他，国内衛星はアメリカ，カナダ，南米諸国，中国を含むアジア，オセアニア，ヨーロッパ各国にそれぞれ衛星通信システムを運用している．

国内衛星通信システムは，広大な国土あるいは離島や僻地等への通信，TVの伝送，ビジネス用等，それぞれ地域や国によって異なる用途で使われている．

(c) わが国の衛星通信システム

わが国の国内通信衛星サービスは 1983 年に打ち上げられた CS-2 (Communication Satellite) に始まり，それに続いて CS-3 a, b 号が 1988 年打ち上げられて運用されている（図 3.50）[5]．このほか，JCSAT，スーパーバード衛星などがある（表 3.4）[6]．

通信だけでなく，放送や音声，データ，映像などのマルチメディア伝送にも

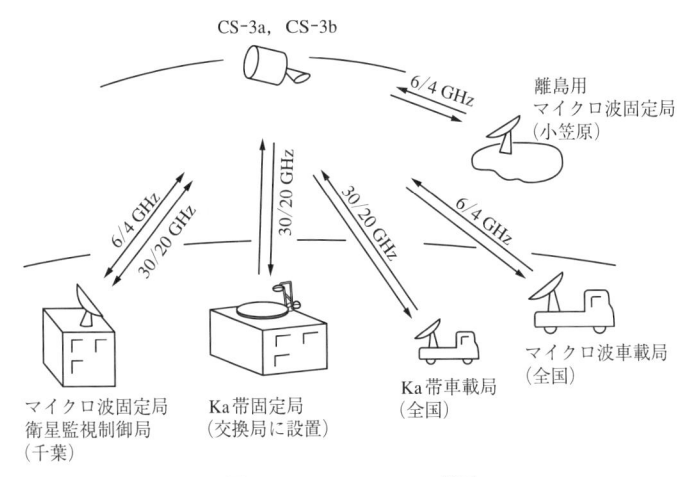

図 3.50 CS-3 システムの概要

表3.4 国内衛星の諸元[6)]

システム	CS				JSAT								放送	スーパーバード				
衛星	CS-2		CS-3 a, b		JC 1B, 2A, 3, R, 4A						H	110	D	A, B2, C				
周波数帯	C	Ka	C	Ka	Ku			C	Ku		Ku	Ku	Ku	Ku				Ka
帯域幅	180	130	180	100	27	36	57	36	54	36	36	36	36	27	36	54	100	200
中継数	2	6	4	20	80	40	16	35	5	24	12	12	16	50	4	8	1	
サービス	市外電話局間中継, 離島-本土間通信, 非常災害時回線, イベント中継, ディジタル伝送サービス, ビデオ通信サービス, など				企業ネットワーク, イベント中継, 移動体サービス (船舶向け海洋インターネット), 映像伝送サービス, 国際衛星サービス, ディジタル配信サービス, 非常災害回線, など								CS放送	イベント中継, 国際中継, ニュース素材等映像伝送, SNG, 社内TV放送, 衛星オークション, 高速イントラネット, 非常災害バックアップ, など				

SNG：サテライトニュースギャザリング

利用されている．このほか，地上の移動通信を補完するための衛星移動通信システムもある（3.7.2(4)参照）．

JCSAT-1衛星は1989年に打ち上げられ，その後，そのシリーズJCSAT-110まで5基，さらに2002年にJCSAT-2A，2003年にHorizen-1などが打ち上げられ，運用されてきている．衛星専用，ディジタル配信，映像伝送，外国間通信などのサービスを提供している．移動通信用のサービスには，NSTAR（3.7.2(4)(d)参照）を利用している．一方のスーパーバード衛星は1989年に打ち上げられ，その後4基を運用して国際通信，衛星インターネットディジタル伝送，移動通信などのサービスを行っている．JCSAT-110とスーパーバードDは，CSディジタル放送を行っている．

(3) 宇宙通信[7)]

遠くに情報を送る観点で最大のものは宇宙通信である．ロケットの進歩，通信技術や情報処理の技術の向上により，宇宙探査は，1958年に米国がパイオニヤシリーズを打ち上げ，月の周辺を観測するフライバイを行って以来多く試みられ，米国だけでなくソ連（現ロシア）や欧州（ESA），それに日本でもたびたび行われている．代表的には，マリナシリーズ（米）の金星，火星への接近，周回，ヴェネラ（ソ連）の金星着陸，パイオニヤ10, 11号のボイジャ1, 2号の天王星，海王星へ接近，観測，ヴェガ1, 2号（ソ連），さきがけ，すい

せい（日）やジオット（ESA）などのハレーすい星への接近，マゼランによる金星，ガリレオの木星，のぞみ（日）の火星周回などである．地球に最も近い火星には最も関心が高く，生物の存在を探知する期待もあって探査機の打ち上げは36基に上っている．最近では，2003年にカッシーニ（米，1997年打ち上げ）が，ESAとの共同で土星の惑星タイタンの観測をしている．

　深宇宙は地球から200万km以上離れた遠方をいう．その深宇宙を行く探査機との通信は，自由空間の損失が非常に大きいので，地球局には大型のアンテナや高出力の送信機，高感度の受信機を使い，大型の機器が搭載できない探査機の性能や機能をカバーする．使用する周波数は，大気圏での大気や降雨による電波の減衰が比較的小さいS帯（2 GHz帯）が主であるが，X帯（8 GHz帯）やKu帯（14 GHz帯）も使われるようになってきている．地上の通信と大きく異なるのは，上り（地球から探査機）回線と，下り（探査機から地球）回線とで情報量が大きく違うので，周波数，通信方式などが異なることである．地球からは，探査機の制御，指令などの情報が主に送られるのに対し，探査機からは，宇宙で得られた情報の伝送（テレメータ）が主で，上りに比べ100倍，あるいは1000倍，場合によっては1万倍以上のデータを送ることがあり，伝送速度もしたがって大きくする．また，信号の誤り率も，上り回線ではほとんど誤差が許されないので，10^{-30}という桁違いの小ささであるが，下り回線では10^{-6}〜10^{-8}程度である．

　たとえば，火星に送られた2つの探査機MERS（Mariner Exploration Rover）では，着陸して火星の2地点のデータを送り返した．通信系の周波数はXバンド（8 GHz帯）とUHF（400 MHz帯）で，地球上のNASA（米，航空宇宙局）の70m大型アンテナとの交信と，火星着地点のデータを中継する衛星との通信に使われた．中継衛星は3基で，探査機に先駆けて火星軌道上に打ち上げられており，探査機で収集したデータを一旦受信してそれを地球局に中継送信する役目をした．

　地球から最も遠くまで行った探査機は1989年8月に米国が打ち上げたボイジャ（Voyger）2号（図3.51(a)）である．地球から45億kmも離れた海王星の約5000kmの近くまで接近し，新しい衛星やリングなどの撮影に成功し，その映像を地球に送り返してきた[8]．ロケット，観測，通信，コンピュータ，

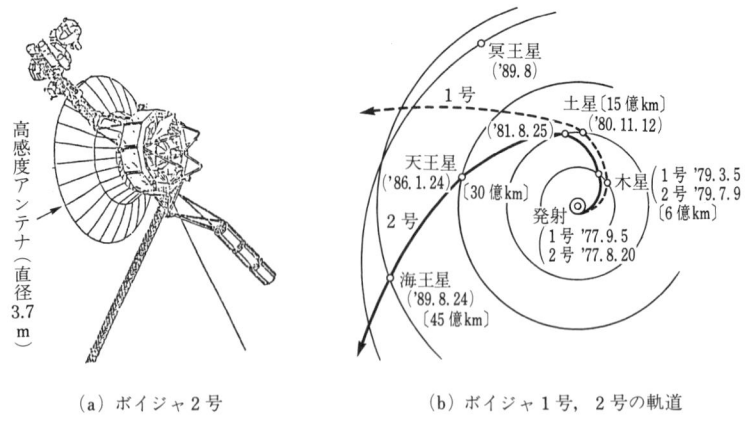

(a) ボイジャ2号 (b) ボイジャ1号，2号の軌道

図3.51 ボイジャ2号と1号，2号の軌道

信号処理等の技術を総合した成果である．画像伝送という観点では，人類がこれまで行った最長距離のものであり，画期的であった．ボイジャ2号は1977年8月に地球から打ち出され，1979年木星（約6億km），1981年土星（約15億km），1986年天王星（約30億km）にそれぞれ接近し（図3.51(b)），地球から望遠鏡では見えないこれらの惑星の表面や大気の状態など数々の未知のデータや映像を伝送してきた．

ボイジャなどの宇宙船からの画像伝送について考えてみよう．使用電波はSバンド（2 GHz帯）とXバンド（8 GHz帯）である．いまSバンドで1 W（0 dBW）の電力を海王星に接近した宇宙船から送信したとすると，45億km離れた地球では，3.9×10^{-27} [W/m^2]（3.9 Wの1000兆分の1のまた1兆分の1）（-264 dBW）というわずかな電力しか到達しない．宇宙船には大きなアンテナや大電力の送信機は積めない．パラボラアンテナの直径を3.7 m（利得36 dB，付図3参照），送信電力は20 W（13 dBW）とする．発射された電波が地球局アンテナに到達する電力密度は，3.1×10^{-22} [W/m^2]（-215 dBW）になる．これは1 m^{2}当り約3 Wの1兆分の1のさらに100億分の1の電力である．地球局の受信機ではこの超微弱な電力の電波から映像信号を取り出さなければならない．そのためには，利得の大きい受信アンテナを使って受信機への入力電力を大きくし，一方で受信機の入力雑音電力（KT_eB）を小

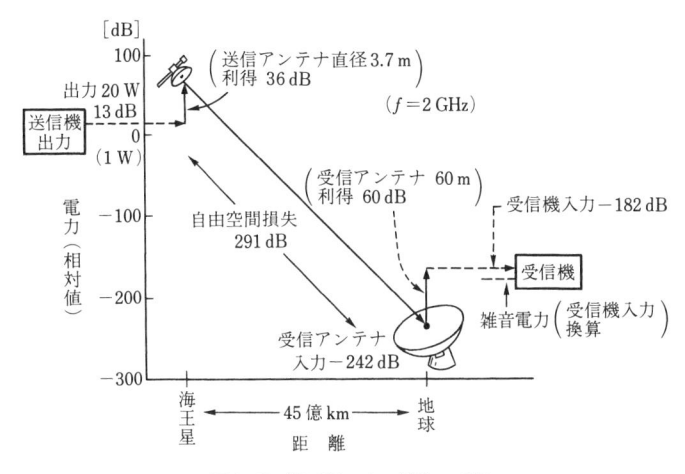

図3.52 海王星からの電波の受信

さくしなければならない．たとえば地球局で直径60mのパラボラアンテナを使うとすると（2GHz帯での利得は約60dB），その効率を70%として受信機への入力電力は-182dBWになる（図3.52）．

アメリカでは，ニューメキシコ州の高原に並ぶ電波天文用の直径25mのアンテナ27基を使って宇宙からの電波を受信している．受信機には，高電子移動度トランジスタHEMT*を用いた増幅器を使っている．HEMTは雑音温度を10K程度にできる素子で，このような微弱信号の増幅に使われる．受信帯域幅を10kHzと仮定すると入力雑音電力は-180dBW程度になる．受信信号は雑音波形に近いが，約10万倍に強めて後，コンピュータにかけ解析作業によりデータの抽出や映像処理を行うのである．宇宙船の撮った白黒写真を地球に送るとして，1枚を500×800個の小さな画素に分け，その画面の濃淡を256段階（8ビット）で表すとすると，情報量は512万ビット（5.12Mビット）になる．この情報量は非常に大きいので約60%に圧縮して伝送する．これを伝送速度約20Kビット/秒（1秒間に2万ビット）で送るとすると，1画面分を受けるのに約153秒すなわち約2.6分かかることになる．カラー映像

---

* GaAs系半導体トランジスタでシリコン系半導体に比べ素子内部の電子の動きが速く雑音の発生が小さい．衛星放送受信機にも使われている．

の場合はこの3倍程度の時間を必要とする．ボイジャ2号の場合，通信方式はPCM-PSK-PMを用いて，受信画像の復元にはIMC*（image motion compensation）手法が使われている[9]．

　ボイジャ2号は，海王星近くからの情報伝送を終えると太陽系を飛び出し，宇宙の彼方へと去っていく．木星の衛星イオの火山活動や土星の輪のしま模様，天王星の磁場の様子，海王星の未知であった衛星など数多くの発見をし，大きな成果をもたらした．

3.6　広く情報を伝える

3.6.1　基本的な技術は何か

　広い地域に情報を送るのは不特定多数の受信者に対する場合が多い．その代表的なものは放送（broadcasting）である．特定多数の受信者に対する場合は同報通信（multiple address communication）と呼ばれる．これらは一般には単方向（unidirectional）で1対多数の情報伝送である．したがって送信側は複雑で高価であってもよいが，数が多い受信側はできるだけ簡単で安価な方がよい．

　放送における基本的な技術としては次のようなものがある．
① 情報を不特定範囲に一様に送る

　放送は，放送局を中心に不特定多数の受信者を対象に広く電波を送出する．そのためには水平面内で全方向性のアンテナを使用する．サービス範囲が広ければ送信電力を大きくする．遠く，広い範囲に放送するには比較的周波数の低い中波帯や短波帯を使用する．中波放送用のアンテナの垂直面内放射パターンは下向けでよく，地上高0.63波長の場合利得が高いとされている．
② 放送の質を良くする技術

　音声放送は普通，振幅変調（AM）によるが，音響を品質良く放送するには周波数変調を利用したFM放送による．最近ではさらに高品質な放送を行う

---

* 宇宙で撮影する面像は，暗いので露出を長くしなければならない．長い露出の間に探査機は動くので画面が流れぼける．その補正のために使われる手法である．

ため音声や映像のディジタル化が進んでいる．衛星放送や地上波 TV 放送にもディジタル化が導入され，放送されている．

遠く離れて国際情報や自国の情報を聴取する，という海外での利用には通常，中波あるいは短波帯が使用される．広範囲，かつ遠距離放送を行うため大電力もしくは中継局をおいて放送している．国際衛星放送も行われている．

映像の放送はテレビジョン（TV）放送であるが，画質を向上し，精細度を高めた HDTV (high definition TV) 放送が増えてきた．HDTV は映像の画質に近いきめ細かさがあり，大きめの画面できれいな画像が楽しめる．TV 放送は次第にディジタル化されていくので HDTV 放送が主になりつつある．

③　情報を必要な範囲に対して送る

受信者にできるだけ品質の良い放送を行うためには，情報の質，たとえば音質，画質など良好な素材を使用し，電気信号に変換する際その劣化が少ない高機能の装置を使う必要がある．一般の通信のように，方向が限定されて高電力密度で伝送するのと違い，放送は電波を広い範囲に送り出すので電力密度が小さくなる．そのため送信出力は大きくする．しかし，他への妨害や経済性を考えると電力はあまり大きくできないので電波の送出を目的の地域だけ行うようアンテナの放射パターンを成形する．この場合効率の高い変調方式が選ばれる．

3.6.2　代表的なものは何か

(1)　放　　送

放送には，音声，音楽など音だけの放送と，画像（音を含む）の放送，ならびに文字，静止画，データなどの放送がある(表 3.5)．音だけの放送である中波（MF）帯を使った AM（振幅変調）放送は放送開始以来続いている．AM 放送の電波は中波帯なので比較的遠くまで届きやすい．AM 方式受信機は簡単で安価にできるため，広い範囲で多くの人に利用されてきた．しかし最近では映像メディアへの関心が移り，AM 放送の聴取は少なくなっている．音楽など音質を重視する放送としての FM（周波数変調）放送も同様である．ディジタル化により，高品質の音楽放送など映像とともに放送されるようになってきた影響が大きい．

表3.5 放送のいろいろ

情報	種類(変調)	送信	周波数帯(略称)	種類
音	AM	地上	MF	中波放送,ディジタル放送
			HF	短波放送,国際放送
音声音楽	FM	地上	VHF	FM放送
			UHF	ディジタル放送
映像(音を含む)	VSB-FM	地上	VHF UHF	TV放送
	OFDM		UHF	地上波ディジタル放送
文字静止画HDTVファクシミリデータ など	FM	地上	VHF UHF	FM多重放送 TV多重放送 など
	PCM			
	OFDM	衛星	SHF UHF	衛星ディジタル放送 モバイル放送 など

　国際的には電離層の反射を利用して遠方に電波が到達する短波 (HF) 帯を使用し,AM方式による放送が行われている.フェージングによる不安定さはあるが世界中で国際放送に利用されている.欧州大陸では隣接して多くの国があるので一国のFM放送が隣国にも届き,言語の異なる多くの放送が聞ける.

　映像の放送はテレビジョン (TV: television) 放送による.TV信号は,直流から4.5 MHz程度までの広い周波数成分を含むので放送にはVHFまたはUHF帯を使う.1996年から通信衛星 (SHF帯) を使ったディジタル放送が始まった.

　静止衛星を利用した衛星放送は,地球規模で広い範囲の地域に高品質な放送が行える.衛星放送により離島や洋上の船舶でもTV放送が聴取できるようになった.SHF帯の電波なので,広帯域の伝送ができ,ハイビジョン画像 (HDTV) やFMより高品質のPCM放送のほかファクシミリ,データなどの多種多様な情報の放送が行われてきている.

　2003年には,地上波のディジタル放送 (UHF帯) が始まり,映像情報以外に文字情報やデータなどのマルチメディア情報が送られている.文字放送により,ニュースやドラマなどで声とともに文字が出るので難聴者もTVを楽し

める．また双方向受信もできるようになり，リクエストやアンケートの回答など TV 放送視聴の形態が変わってきている．

(2) 放送のいろいろ

(a) 中波放送

最も普及しているラジオ放送の 1 つである．振幅変調を使っていることから AM 放送と呼ばれる．わが国では 526.5 kHz から 1606.5 kHz の周波数が割り当てられている．中波帯の電波を使うので，地表波と同時に電離層（D 層，高度 50〜90 km）による反射波があり，電波は遠方にまで到達する．とくに夜間は D 層がなくなり，E 層（高さ 90〜150 km）で反射するので昼間より遠くまで放送が届く（図 2.6 参照）．

両側波帯振幅変調（DSB）による伝送で，占有帯域幅は±7.5 kHz，チャネル間隔は 9 kHz である．

(b) 短波放送 (short wave broadcasting)

電波法では短波帯のうち，10 周波数帯を放送に割り当ててある．短波帯の電波は電離層の E 層を突き抜け，比較的高い F_2 層（高度 250 km 程度）で反射して返ってくるので，わりあい小さい電力で相当遠方まで到達する．それで国内放送とともに遠く離れた国への国際放送にも多く使われている．短波放送は平成 16 年度で 1 日 65 時間，日本語，英語を含め 22 か国語で海外各地の中継局を経由して全世界に放送している．音声放送が主体で振幅変調により，占有帯域幅は 8 kHz，チャネル間隔は 5 kHz である．電離層反射による遠方での受信は，フェージングのため変動があり，不安定さがある．そのため国際放送では 6 MHz から 25 MHz の間の 426 波を用意し，状態の良いチャネルに切り換えて使えるようにしてある．放送の質を高め，かつチャネル数を増加するため，2015 年には SSB 方式を使用することが考えられている．短波放送は，小型で比較的簡易，かつ安価な受信機で遠方の局の受信ができる利点があり，衛星放送があっても，国際的な利用はずっと続いている．

(c) FM 放送

振幅変調を用いる中波，短波の放送に比べ，FM 放送では雑音の混入が少なく，かつ音質の良い放送が行える．そのため音楽放送に向いていて，ステレオ放送がよく行われる．音楽の放送では 50 Hz から 15 kHz 程度の高い周波数成

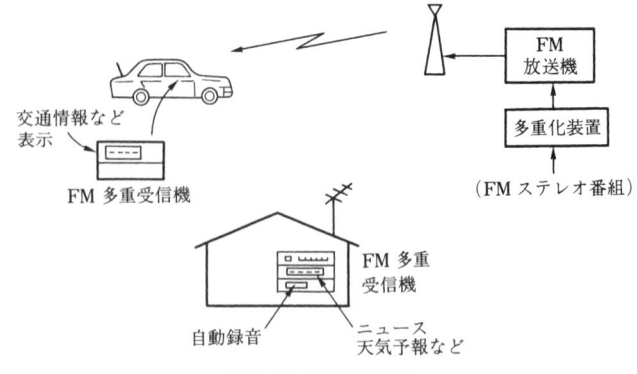

図 3.53 FM 多重放送

分まで送るのでVHF帯を使い占有帯域幅を 200 kHz（最大周波数偏移±75 kHz）としている．

一方でディジタル信号を多重したFM多重放送が行われており，RDS (radio data system) や，DARC(data radio channel) などがある[10]．RDSは欧州で開発され，使用されている．DARCは日本で開発され，携帯ラジオでの文字情報サービスや自動車向けの交通情報サービスを行っている．その1つは，ITSシステムにおける道路交通情報通信システムVICS (3.7.2(1)(i)③-1 ITS参照) である（図3.53）．

(d) テレビジョン（TV）放送

① 原 理

画像は一般に長方形の面内で表す2次元情報である．これを送るには，画面を水平に線状に分け，上から順次送り出す方法をとる（図3.54）．それには撮像管の光電面に生じた被写体の画像を電子ビームを水平に走らせて（走査）電気信号に変える．白黒画像の場合は濃淡を電気信号の大きさに変え，カラー画像の場合は，色を光の3原色に分解して電気信号に変え伝送する．1枚の画面は1/30秒

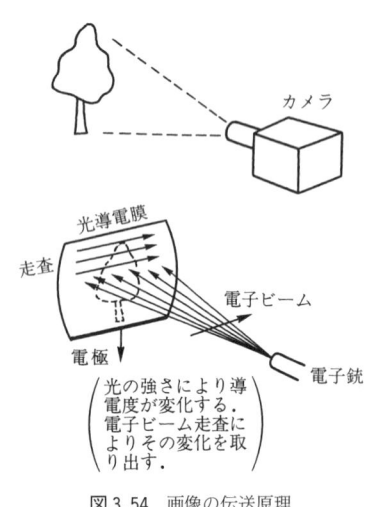

図 3.54 画像の伝送原理

3.6 広く情報を伝える

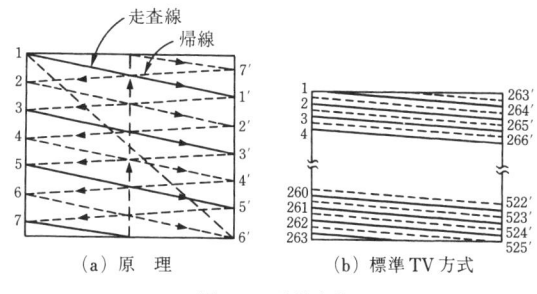

図 3.55 飛越走査
(a) 原理
(b) 標準 TV 方式

で送る．いい換えれば1秒間に30枚の画面が断続して送られていることになるが，眼には残像の性質があるので十分連続して見える．

画面の走査は水平に左から右へ，右端から斜め下の次の走査線の左端へと行い，順次一定間隔で下に進む．わが国の標準方式では，1枚の画像を525本の走査線で走査する．実際には動く画面のチラツキを減らすために525本を2回に分け，初めに奇数番目の走査線を走らせ，次に偶数番目の走査線を奇数番目の間に走らせる．これを飛越走査というが，見かけ上毎秒60枚の画像になる（図 3.55）．水平走査1回の時間は，1/30秒の1/525，すなわち63.5 μsになるので，この逆数である繰り返し周波数 f_H は 15.75 kHz である．奇数走査線による画像は第1（奇数）フィールド，偶数走査線による画像を第2（偶数）フィールドと呼ぶ．この飛越走査では1画面を2フィールドで構成するので縦方向の走査は1/60秒，すなわち垂直周波数 f_v は 60 Hz である．1走査で構成する画面は1フレームと呼ぶ．フレームの繰り返し，すなわちフレーム周波数は 30 Hz である．そして1枚の画像（明暗を表す輝度信号）を送るのに直流から約 4.5 MHz にわたる周波数帯域が必要である．

このようなことで，TV 信号の変調には振幅変調方式を使い，片側の側波帯を残した VSB 方式としている（図 3.56）．音声は周波数変調で，その周波数帯域幅は ±250 kHz である．結

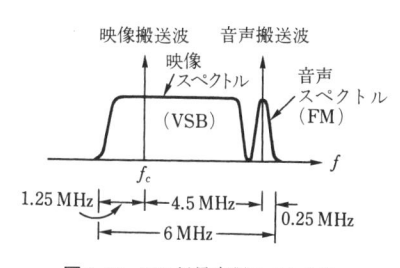

図 3.56 TV 信号変調スペクトル

局TV信号の占有帯域幅は6MHzである．

カラー放送の場合は，3原色おのおのを伝送すれば白黒の場合の3倍の帯域幅を必要とすることになる．しかし，白黒TV受像機でもカラー放送が白黒画像として見ることができるように，カラーTV信号の帯域は圧縮されている．

この方式には3種類あって，わが国や米国ではNTSC，西ドイツや中国ではPAL，フランスその他ではSECAMといった方式が使われている．基本的には色の情報は輝度（明るさ），色相（色の種類），彩度（鮮やかさ）の3つの属性で与えられる．色の知覚などからR（赤，波長700 nm），G（緑，波長546.1 nm），B（青，波長435.8 nm）を3原色とし，それだけではすべての色が表せないので，その加法混色により色を表現する．すなわちR，G，Bそれぞれの出力をE_R, E_G, E_Bとすると，次のような組合せ信号をつくる．

$$\left.\begin{aligned}E_Y &= 0.30E_R + 0.59E_G + 0.11E_B \\ E_I &= 0.60E_R - 0.28E_G - 0.32E_B\end{aligned}\right\} \quad (3.33\text{ a})$$

$$\begin{aligned}E_Q &= 0.21E_R - 0.52E_G + 0.31E_B \\ &= 0.41(E_B - E_Y) + 0.48(E_R - E_Y)\end{aligned} \quad (3.33\text{ b})$$

E_Y, E_I, E_QをそれぞれY信号，I信号，Q信号と呼ぶ．Y信号は明るさ

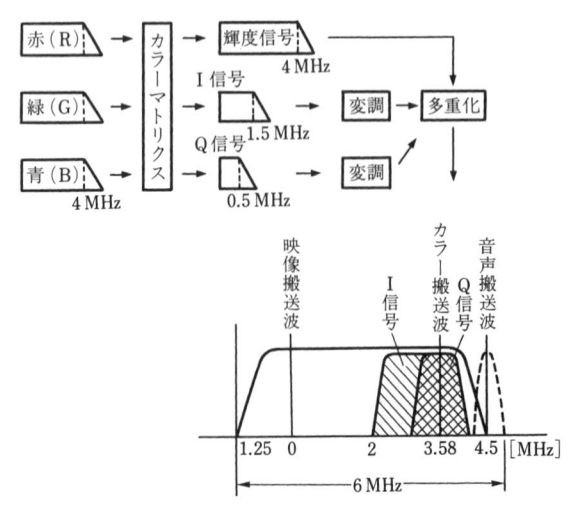

図3.57 カラーTV信号スペクトル（NTSC方式）

を表すので，白黒受像機ではY信号だけを使う．色情報を伝えるI信号は，肉眼で高い解像度の黄色系統を広い帯域（1.5 MHz）で送り，Q信号は解像度の低い赤紫系統を狭い帯域（0.5 MHz）で送る（図3.57）．I信号とQ信号の副搬送波（3.58 MHz）は直交しており，色信号波の位相が色相を，振幅が彩度に対応している．I信号とQ信号は色情報を与えるのみで，輝度情報を含まないため，再生に際して色信号にひずみがあっても輝度に影響がなく，画質の低下が生じない特長がある．

受信側で色差信号を取り出すためにはカラーバーストを用いる．これは色副搬送波を正しい位相で再生するためで，1水平走査周期ごとに最低8 Hz，一定位相（$-\pi$）で送っている．復調したY，I，Q信号はマトリクス回路を用いてR，G，B成分を再生し，画像を再生する．

PAL方式では色信号のうち（$E_R - E_Y$）信号で変調する色副搬送波の位相を走査線ごとに反転して送っている．SECAM方式では2つの色差信号（$E_R - E_Y$）と（$E_B - E_Y$）信号とをFMで交互に送る．

② ハイビジョン放送

ハイビジョンはわが国で開発した高精細度で高画質の方式 HDTV（High-Decision TV）の愛称である．水平走査線数は1125本で，画面の縦横比（アスペクト比）は9：16で，従来のTV方式（水平走査線数525本，アスペクト比3：4）の画面よりはるかにきめ細かく，また，ワイドで臨場感に優れている．視るのに適当な距離は画面の高さHの約3倍が好ましいとされている（図3.58(a)）．標準方式では6倍である（図3.58(b)）．走査方式は従来のTVと同じ飛び越し走査を採用し，垂直周波数も60 Hzである．したがって，水平周波数は33.75 kHz（1125×30 Hz）である．TV信号を伝送するに必要な周波数帯域は，30 MHzである（標準TVでは4.5 MHz）．

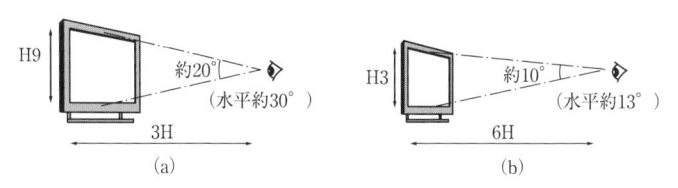

図3.58 TV画面の適視距離

カラー伝送には標準方式と違い，輝度信号 Yr と色信号（R-Y），（B-Y）を送る．その場合のおのおのの係数は異なる．

ヨーロッパの HDTV 方式の走査線数はわが国と異なり，1250 本，水平周波数は 50 Hz である．世界の TV 方式は PAL 方式が圧倒的で，日本やアメリカで用いる標準方式 NTSC 方式は，世界的にみれば少数派である．フランスで開発された SECAM 方式も多くは使われていない．

③ 地上ディジタル TV 放送

ディジタル TV 放送は欧米ではわが国より早く始められていた．アメリカでは，衛星ディジタル放送を 1994 年に，地上波ディジタルハイビジョン放送は 1998 年に始めている．ヨーロッパでは 1996 年から衛星ディジタル放送を，1998 年から地上波ディジタル放送を行っている．

日本では，1996 年に通信衛星（CS：communication satellite）を使って衛星ディジタル放送を，2000 年から放送衛星 BS（broadcasting satellite）を使ったディジタル放送を開始した．地上波ディジタル放送は 2003 年から関東，東海，関西それぞれの地域で始まった．2006 年には全国をカバーし，2011 年には全アナログ TV 放送を終了し，ディジタル方式に移行する計画である．

地上ディジタル TV 放送には，ハイビジョンによる高品質の映像を提供する，乗り物や携帯機でも受信できる，ゴーストのないきれいな映像を提供する，多種多様な情報（動画を含む）サービスが受けられる，逆に受信者からリクエストする，あるいはアンケートに答えるなど双方向の利用ができるなど多くの特徴がある．

このようにアナログ方式にない数々のサービスの提供ができるのは，新しいいろいろな技術が駆使されているからである．まず，信号の伝送に最新の技術 OFDM を使っているのがあげられる．

OFDM では複数の電波（搬送波）を使っているので，ハイビジョンの伝送や音声，データなどの異種の情報を別々の搬送波を使って同時に送れる．また，これら情報を乗り物や携帯電話などの移動体で受信できるようにしている．

使用帯域は，470 MHz から 770 MHz までで，従来の UHF 帯アナログ TV 放送の帯域である（図 3.59）．地域ごとにチャネルは決まっていて，たとえば

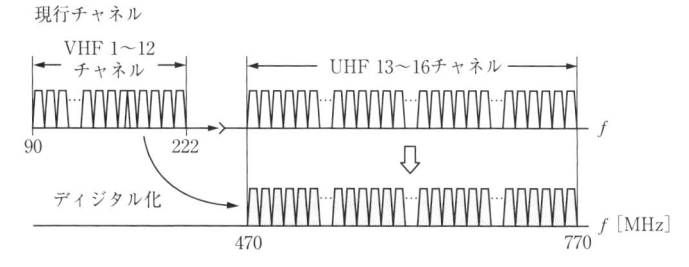

図3.59 地上ディジタル放送のチャネル

表3.6 BST-OFDMのモードと諸元

伝送モード	モード1	モード2	モード3
OFDMセグメント数		13	
周波数帯域幅	5.575 MHz	5.573 MHz	5.572 MHz
搬送波間隔	3.968 kHz	1.984 kHz	0.992 kHz
搬送波総数	1405	2809	5617
1セグメント内搬送波数	108	216	432
(1) DQPSKの場合			
データ伝送用	96	192	384
TMCC用	5	10	20
連続パイロット信号用	1	1	1
補助チャネル用	6	13	27
(2) QAM/QPSKの場合			
データ伝送用	96	192	384
TMCC用	1	2	4
分散パイロット信号用	9	18	36
補助チャネル用	2	4	8
有効シンボル長	$252\,\mu s$	$504\,\mu s$	$1.008\,ms$
ガード期間長	有効シンボル長の1/4, 1/8, 1/16, 1/32		
情報ビットレート	3.56〜23.23　メガビット/秒		

関東広域圏では21〜27チャネルの7チャネル，近畿広域圏では13〜17チャネルの5チャネルなどである．ディジタル方式に移行する2011年まではアナログ方式が現存するので，部分的にディジタル方式と共存する．そのため互いに妨害しないようアナログ方式のチャネルを変換した地域がある．

OFDMの伝送には，使う搬送波の数によって3つのモードがある（表3.6）．モード1，2，3それぞれの搬送波数は1405，2809，5617で，それぞれ

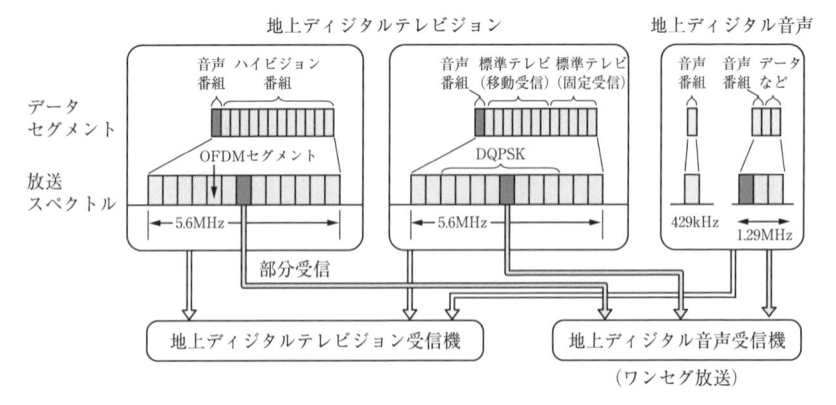

図3.60 地上波ディジタル放送の伝送（信号構成とサービスの例）[11]

は13セグメントに分けられていて，実際の放送サービスに適合しやすいようになっている．たとえばハイビジョン放送には7セグメント，標準放送には5セグメント，その移動体向け放送用には7セグメント，音声放送には1セグメント，データには3セグメントなどである（図3.60）[11]．13セグメントの内の狭い帯域1セグメント（周波数帯域幅429 kHz）だけを使って放送し，部分受信できるようにしている．これは「ワンセグ」放送と呼ばれ，2006年から始まった．地上ディジタルTV放送と同じ番組が無料で受信ができる．しかし同時にデータを得るために通信機能を使うのは有料である．携帯機器でTVを受像できるので，携帯電話（図3.61）やPDA型などに搭載されて小さい画面ではあるがきれいなTV画像が楽しめる．画像とともに，文字や音楽など流せるのでいろいろなサービスが期待される．たとえばスポーツ中継では競技の説明や記録などの表示が出される，あるいは放映中のクイズ番組や討論番組に参加するなどである．災害情報の伝達に活用することも考えられている．データ放送で避難所や交通状況などの案内ができる．

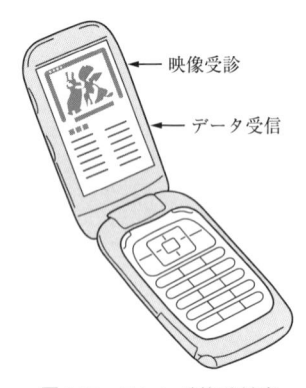

図3.61 ワンセグ放送対応電話携帯の例

13のセグメントは，たとえばハイビジョン放送では64 QAM，移動体放送

3.6 広く情報を伝える

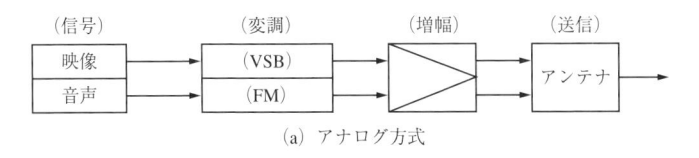

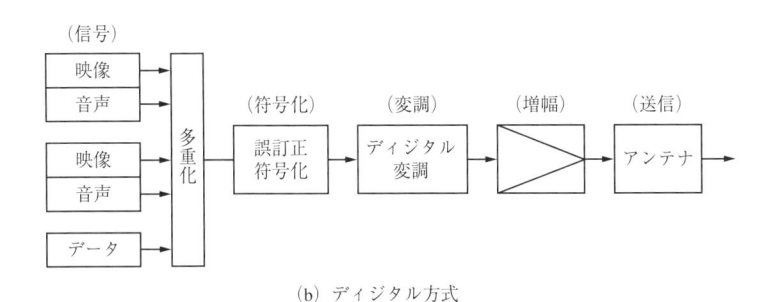

(a) アナログ方式

(信号) 映像／音声 → (変調) (VSB)／(FM) → (増幅) → (送信) アンテナ

(b) ディジタル方式

(信号) 映像／音声／映像／音声／データ → 多重化 → (符号化) 誤訂正符号化 → (変調) ディジタル変調 → (増幅) → (送信) アンテナ

図 3.62 放送における送信方式の違い[12]

には QPSK，または 16 QAM，携帯機向け放送には QPSK など受信形態に適した変調が行われる．

ディジタル放送の送受信の仕組みはアナログ放送の場合と大きく異なる（図 3.62）．送信では送信する映像，音声，データそれぞれをそれぞれの高能率符号化方式で符号化する．音声や映像には MPEG-2 を用いている．符号化された信号は，多重化され，その信号はパケット化されて後，ディジタル変調，たとえば CS では QPSK，BS では TC-QPSK，QPSK，BPSK，地上波ディジタル放送では OFDM（その前に QPSK，16 QAM など）など変調後，電力増幅して送出する．受信では，この逆操作を行って，映像，音声，データそれぞれを復元する．

こうした操作の中には，映像，音声の周期，符号化，符号方式，インターリーブ，パケット処理などのアナログ方式にない多くの技術要素が盛り込まれている．

ディジタル方式には，番組情報提供，その予約，複数の番組の同時表示，アンケート回収，リクエスト等，視聴者参加型の利用など新しいサービスが多くある．データ放送サービスには字幕，文字スーパーなどのリアルタイム型と蓄

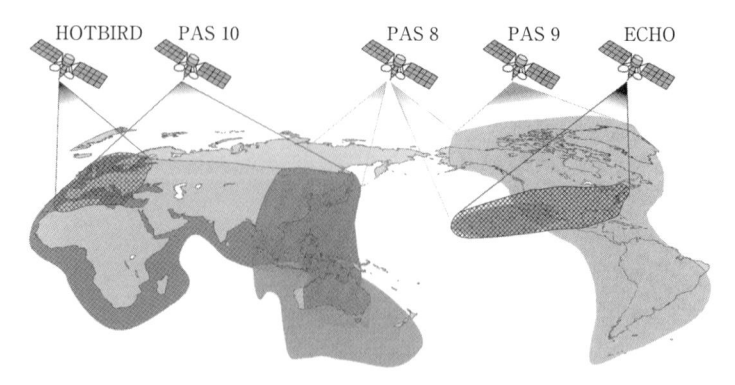

図3.63　NHK ワールド TV 放送範囲[13]

積型サービスがある．蓄積型では，放送された映像，音声，データなどを受信機の内部，あるいは外部の大容量の蓄積記録装置に記録し，簡単に取り出して再生利用できるようにし，双方向利用（通信可能）と組み合わせて好きな時間に番組を取り出す，あるいは知りたい情報を引き出すなど多彩な視聴方法を提供する．

④　映像国際放送

NHK では，平成 10 年から衛星 TV 放送による映像国際放送を始めている．アジア，太平洋地域から次第に全世界（アフリカ西部，南部を除く）に広め，海外在留邦人の居住地域をほぼカバーしている（図 3.63）[13]．

(e)　衛星放送

わが国では 1984 年に放送衛星 BS (broadcasting satellite) が打ち上げられ，実験放送が始まった．国内に鮮明な TV 画像を届けるとともに，小笠原諸島など TV 放送を視聴できなかった離島地域にもサービスが拡大された．本放送は BS-2 衛星より 1989 年に開始された．地上から送られた放送番組を BS で中継して日本全土に放送するもので，BS のアンテナは本土，沖縄，小笠原を中心に照射している（図3.64）[12]．周波

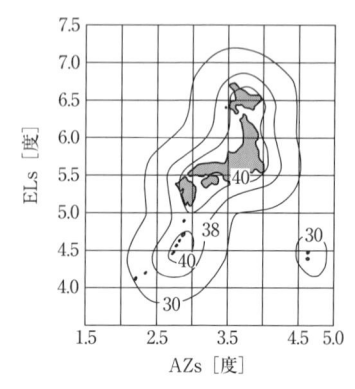

図3.64　放送衛星搭載のアンテナ放射パターン（地上のレベル）

3.6 広く情報を伝える

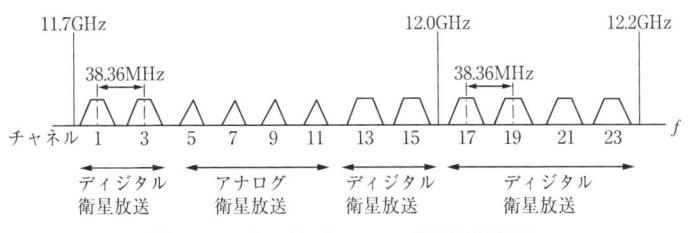

図 3.65 日本に割り当てられた衛星放送周波数

数は 12 GHz 帯を使用し，わが国には 8 チャネル（奇数番チャネル）割り当てられている（図 3.65）．偶数番チャネルは韓国に割り当てられており，同じ周波数帯（チャネル間隔 19.16 GHz）なので電波の偏波を違えて放送している（わが国は右旋円偏波，韓国は左旋円偏波）．

ディジタル放送，アナログ放送それぞれ 4 チャネルが割り当てられ，その後新たに 17～23 チャネルが割り当てられた．TV 画像は地上の TV 放送と違い FM 方式で送る．音声の変調は PCM 方式で，A, B 2 つのモードで送られている．より高品質の音楽放送には B モードが使用される．

BS 衛星アナログ放送は放送衛星 BSAT-1a を使い，NHK がハイビジョン放送を 1 チャネル，標準放送を 2 チャネル，WOWOW を 1 チャネル放送している．ディジタル放送は BSAT-2a を使っている．民放や NHK がハイビジョン，データなど放送衛星システムが 18 社から委託を受けて放送している．一方，通信衛星 CS からの放送もあり，JCSAT-3，-4A，およびスーパーバード C により，衛星ディジタル多チャネル放送が行われている．映画，音楽，スポーツなどのほか，外国語番組などさまざまな番組が提供されている．また，東経 110° の軌道に打ち上げられた N-SAT 110 衛星による放送は，「標準 TV による高機能化」と謳われているが，B-SAT 2 と周波数が違うだけなので，チューナの周波数を 11.7 GHz から 12.7 GHz まで 24 チャネル全部を視聴できる．これらのほか，携帯端末向けに打ち上げられた MBSAT（次項(3)(a)参照）によるディジタル音声，動画，データなどの放送「モバイル Ho」がある．

BS はどちらかというと高品質，高機能の放送，CS は多チャネル放送という性格が強かったが，CS 放送も高機能化が進み，技術的にも差がなくなり，

周波数だけの違いになってきた．ただCSの方は数100チャネルの多彩な放送を行っており，教育，娯楽，スポーツなどハイビジョン放送を含めていろいろチャネル選択ができる．

衛星放送の受信には，アンテナとアダプタ（チューナ）が必要である（図3.66）．アンテナには小形パラボラアンテナや平板形がある（図3.67）．パラボラアンテナは衛星の方向に向けるが，BSとCSでは衛星の位置が違うので両方を受けるにはパラボラの焦点にそれぞれのアンテナを置いたものを使う．普通コンバータがアンテナの裏側についており，放送電波（12 GHz帯）を1 GHz帯に変換してBSチューナに入力する．BSチューナではTV信号と音声信号おのおのを復調するので，TV受像機のビデオと音声入力端子にそれぞれ接続すれば放送受像ができる．BSチューナを内蔵している受像機では，アンテナからのケーブルを直接接続する．

BSディジタル放送では，アナログ放送になかったデータ放送が多く行われ

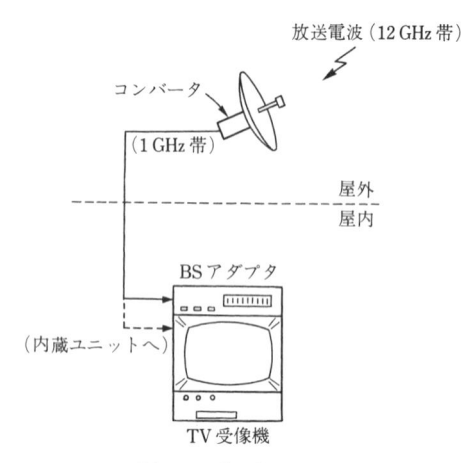

図3.66 衛星放送の受信

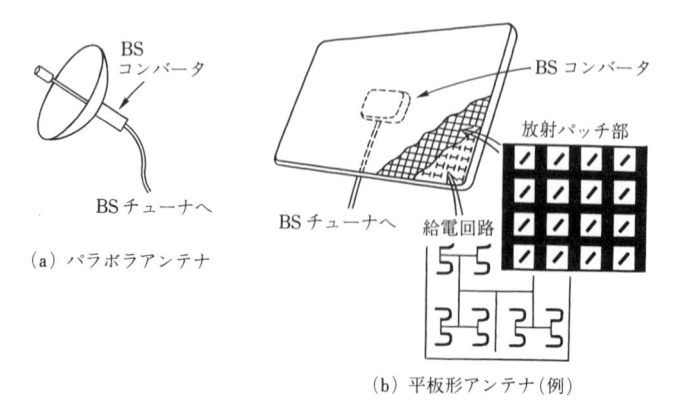

図3.67 衛星放送受信アンテナ

ている．たとえば電子番組案内や放送中の番組に関連した最新の詳しい情報，ニュース，天気情報など，常時提示できる．このようなサービスを総合ディジタル放送，ISDB (integrated service digital broadcasting) と呼んでいる．このようなデータ放送は，信号をパケットで伝送しているので，衛星放送受信にはパソコンが無理なく接続でき，さまざまな受信ができる．

TV 画像もディジタルデータの一種と考えると，放送の面で今までにないまったく新しい概念が導入されたといえる．TV 受信機のコンピュータ化という放送受信における1つの進化ともいえる．

(3) 新しい放送

(a) モバイル（移動）放送[14]

2004年から始まった，世界で初めての移動体向けマルチメディア放送サービスである．放送用静止衛星（MBSAT：mobile broadcasting satellite）局から2.6 GH 帯で放送され（図3.68），全国どこでも同じ周波数で連続して，屋外や自動車，船舶など高速（100 km/hr 以上でも）で走る車の中でも受信できる．衛星に高出力の増幅器と大形アンテナを搭載して地上での電力密度を高め，地上では超小形アンテナが使えるようにし，携帯 TV 型，携帯電話型，PDA 型，携帯ラジオ型など，小型受信機が使えるようにする．地上波による

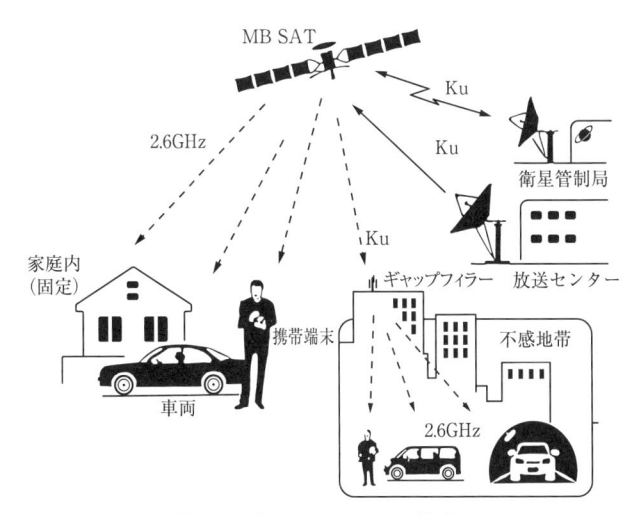

図3.68 衛星によるモバイル放送[14]

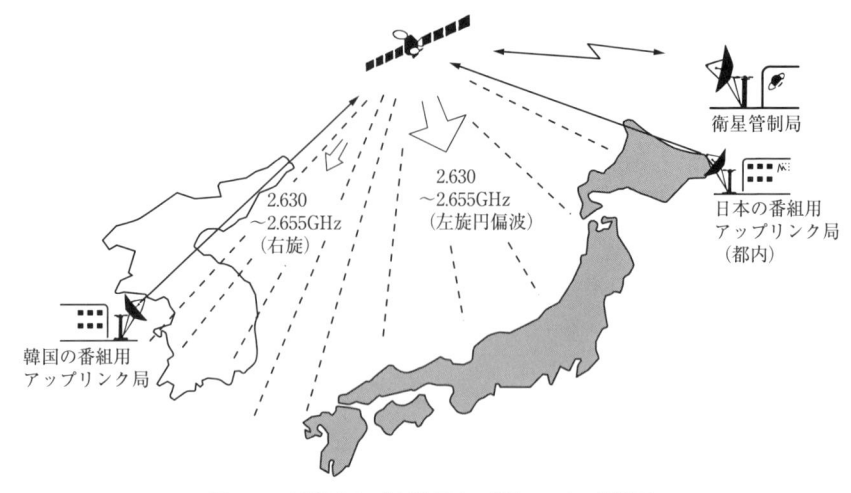

図 3.69 日韓両国で共同使用する衛星モバイル放送[14]

ラジオ，TV 放送は視聴できる地域が限られているが，この放送は全国で同じ放送が楽しめる．CS や BS も全国放送であるが，大きいアンテナを必要とし，固定放送サービスが主である．

都市内など建物の陰などで電波が届かない所には，ギャップフィラー（GF：gap filler，地上再送装置）を置いて不感地帯をなくしている（図 3.68）．もちろん地上だけでなく，海上や航空機でも利用できる．

モバイル放送では，音声 30 チャネル，映像 7 チャネルに加えてデータ放送として約 60 種類の情報が放送される．放送内容（コンテンツ）は，何時でもどこでも手軽にライブ番組を楽しめる個人向け放送という観点から，音声番組は自主制作のほか，ジャンル別音楽専用番組，各種ニュース，英語番組（会話講座，英語ニュースなど），映像番組はニュースのほか，スポーツ中継，演劇などのエンターテイメントの放送である．データ放送はニュース，天気予報をはじめ娯楽，教養など広い範囲で写真やイラストなど文字付きで放送される．これらは視聴者の要望に従って次第に充実されていくであろう．

MBSAT には韓国で放送するための中継機が搭載されており，衛星は日韓共同使用になる（図 3.69）．

(b) ディジタルラジオ

地上波のディジタル音声放送で，放送開始はアナログ TV が終了する 2011 年の予定である．CD 並みの音声を放送するもので，音楽番組が主体になり，他にニュース，生活，交通などの情報を放送する．また，音声放送に連動して文字，静止画，簡易動画などの情報を眼で見ることができるようにする．変調に OFDM を使うので，フェージングやマルチパスに強く，移動体でも安定して受信ができる．

放送は，OFDM 方式の 1 セグメント（帯域幅 429 kHz），あるいは 3 セグメント（帯域幅 1.29 MHz）を使う．1 セグの場合，搬送波数は 430 で，モード 3 を用い，搬送波を QPSK して 300 kbps の伝送速度で高品質ステレオとデータ放送を行う．3 セグを使うと約 900 kbps の伝送容量があるので高音質音声と，5.1 サラウンド音楽番組の放送ができる．受信機にはポケットラジオ型，カーラジオ型，PDA 型，PC カード型などがあるが，コンポへの組み込みもある．データ放送には，VICS（3.7.2(1)(a)ITS 参照）への道路交通情報提供や簡単な静止画もある．

(4) 放送のディジタル化による新しいサービスの実現

ディジタル化に伴い高品質な音声，画像の放送だけでなく，いろいろサービス内容が増えた．ディジタル放送の利点は多く，次のようにあげられる．

① 高品質な映像，音声（アナログ放送の 1 チャネル分で HDTV, CD 並みの放送）

② 番組の選択，加工ができる（見出しをつけて容易に見たい番組を選択できる）

③ やさしい放送（高齢者，障害者向けに，早口音声の速度を変えて聞きやすくしたり，（話速変換）番組ガイドの拡大表示や音声認識による字幕放送，背景の音や効果音を小さくできる）

④ 多チャネルの実現（アナログ 1 チャネルに数チャネルを使えるので，多数のローカル番組や専門番組が提供でき，周波数利用が節減できて，その分，電波を他の目的に利用できる）

⑤ 安定した受信（ノイズが少なく，マルチパスにも強い）

⑥ 通信ネットワークとの連携（インターネットと整合性ある技術（XML

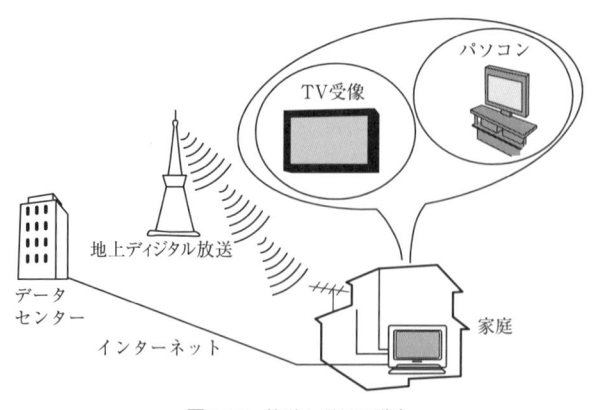

図 3.70 放送と通信の融合

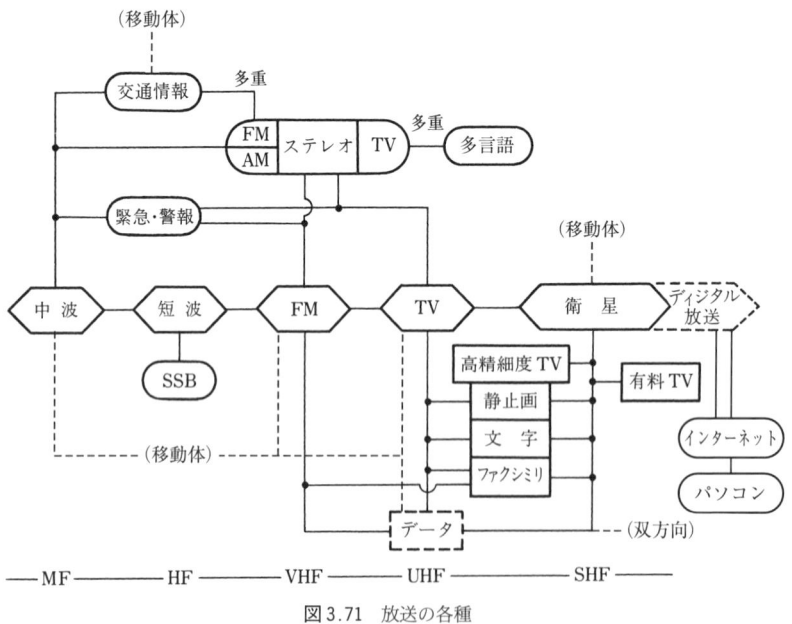

図 3.71 放送の各種

など）で通信ネットワークと組み合わせたサービスができ，多彩なデータ放送ができる．また，インターネットへの接続機能があるので視聴者は放送と合わせてインターネット経由の情報が得られる．

⑦　総合情報端末としてサーバ型放送，すなわち受信機の大容量メモリや通信機能を利用して好きな時間に好きな番組の特定シーンの検索や，視たい，あるいは知りたい情報を引き出したり，ホームページにメモリされた映像や通信で配信された映像を見ることができる．放送と通信の連携利用である．

(5)　通信と放送の融合

ディジタル放送はインターネットとの親和性が大きく，とくにIPv6を備えたインターネットを組み合わせることによって従来の放送内容（コンテンツ）を放送以外の多様なコンテンツへの流通がいっそう容易になるなど，通信と放送が融合した新たなサービスの現出が見込まれている（図3.70）．

また，情報通信の高度化が進み，急速なインターネットの普及とともにインターネットという通信と，インターネットによる放送という，通信と放送の2つの分野が次第に融合してきている．それは，地上ディジタル放送のように，放送と通信両面のサービスを同時に受け，情報を伝える手段も両面で利用しているなどの他，サービスを受ける側でも双方を同時に利用できる端末を使っている，などからいえることである．また双方の事業を統合して運営するなどの傾向にもみられる．移動通信や放送のディジタル化，ブロードバンドネットワークの普及などによって，携帯端末にTV画像や映像コンテンツが配信される，あるいはデータ放送とインターネットの組み合わせで商品の情報を流し，商品の発注や受注を行う，といった電子商取引などの多彩な通信・放送融合によるサービスが生まれている．（図3.71）

(6)　緊急警報放送

1985年9月1日から実用体制に入っている．毎月1日の正午に受信機の機能チェックをするためのテスト信号が出されている．この緊急警報放送は，放送局が緊急情報を放送するもので，家庭の受信機でこれを受信すると警報音に続いて警報情報が放送されるので受信機で引き続きこの内容を聞く．同時に，TV放送でも緊急警報情報が流されるのでその視聴を行うことになる．緊急警報信号には，FSKによる符号が用いられ，誤動作，不動作などの発生を防ぐように考えられている．

3.7 動く対象に情報を送る

動いているもの，たとえば自動車等には通信線を引くことができないので情報を送るのは無線にならざるを得ない．音波は遠くまで届かないし，光波ではビームを常に動くものに向ける難しさがある．結局動いている対象への情報の伝達には電波利用が最も有効な手段で，これを移動通信（mobile communication）と呼ぶ．衛星通信とともに電波以外の媒体が使えない通信の1つである．動く対象，すなわち移動体との通信は，相手がどこにいようと，いつでも情報をやりとりできる可能性を秘めており，人類が望む究極の通信手段となると考えられている．

移動体には人，動物，車両，船舶，航空機，宇宙飛翔体など動く対象すべてを含む．これらは陸上移動通信（land mobile communication），海上移動（maritime mobile）通信，航空移動（aeronautical mobile）通信，移動体衛星（satellite mobile）通信等に分類される（図3.72）．それぞれ多種多様に利用されている（表3.7）．

移動通信の最初は列車用に英国で1839年に電磁誘導を利用して行われた．

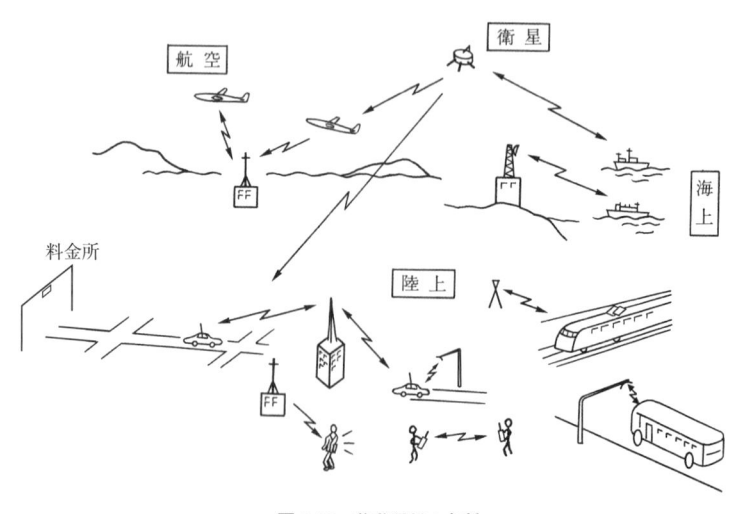

図3.72 移動通信の各種

表 3.7　代表的な移動通信

① 陸上 (land mobile)			
人	携帯		データ端末, RFID[*1], NFC[*2] 業務用通信・携帯電話・コードレスホン, PHS, PDA[*3]
	可搬		業務用・一般用通信 データ端末, 無線リモコン
車両	自動車		業務用通信, タクシー無線 自動車無線, パーソナル無線 公共, 行政無線 MCA システム ITS [ETC / DSRC / VICS] アマチュア無線 データ端末
	列車		列車電話（公衆） 業務用通信
	バス		運行管理, 接近表示
② 海上 (maritime mobile)			
	船舶		船舶電話（公衆） 船舶無線 [業務 / 漁業] 航法 気象, 救難, 海上保安 テレメータ
③ 航空 (aeronautical mobile)			
	航空機		業務用通信 航空電話（公衆） 航法, 気象 航空管制, 空港無線 標定　など
	気球		データ, テレメータ
④ 衛星 (satellite mobile)			
	静止衛星		インマルサットシステム, MBSAT, NSTAR
	軌道衛星		救難, 測位, 標定, 移動体通信
	船舶 航空機		電話, 画像, データ, 気象
	探査機		測位, 探査

[*1] RFID：radio frequency identification
[*2] NFC：near field communication
[*3] PDA：personal digital assistance

電磁誘導方式は後に船舶への通信にも一時使われた（1884 年）．電波が最初に用いられたのは 1890 年で船舶に対する通信であった．日露戦争（1905 年）で哨戒艦信濃丸がロシアの艦隊を発見して"敵艦見ゆ"の電信を送ったのは有名

表 3.8 代表的な移動通信サービス

	システム	サービス	周波数帯 [MHz]	サービス地域	サービス開始	備考
陸上	自動車・携帯電話	加入電話	800	全国	S 54	携帯電話が主流
			1.5, 2 GHz		S 62	
	コードレス電話	加入電話（家屋内）	250/400	全国	S 55 / S 59*	
	PHS	屋内，屋外	1.9 GHz	主要地域	H 7	小ゾーン
	MCA	業務用 音声，データ	800	全国（9 地域）	S 57	
			1.5 GHz		H 2	ディジタル方式
	AVM	業務用，車両位置	400		S 55	
	バス運行管理	接近表示，運行管理	100 kHz	主要都市内	S 48	誘導通信方式
			1.5 GHz			一部 MCA 使用
	ITS	VICS	道路交通情報	2.4 GHz	東京他	H 8	FM 多重放送併用
		ETC	高速道路料金所	5.8 GHz	高速道路料金所	H 15	無線局免許 簡単
	簡易無線	事業者	150/400	全国	S 26	
	テレターミナル	事業者データ	900	東京	H 1	
	列車無線	加入電話（新幹線）	400	東海道・山陽	S 35	
				東北・上越	S 57	
航空機	航空機電話	加入電話	4/6 GHz	国内，国際	S 61	インマルサット経由
衛星	ETS-V III	音声，データ（船舶，航空機，人，車両）	1.6/1.5 6/5 GHz	日本本土を含む西太平洋および南太平洋，インド洋	実験中	技術試験衛星
	NSTAR	船舶電話，携帯電話補完，インターネット，電子メール	2.6/2.5 GHz 6/4 GHz	国内（含離島）	H 8	可搬型も使用可能
	海事衛星	電話，データ，Fax（船舶）	1.6/1.5 GHz	全世界	S 57	航空機，車両，人への拡張
	GMDSS	海難緊急通信	6/4 GHz		H 4	
	測位（GPS）	精密測位位置標定	1.5 GHz	全世界		軌道衛星（18 個）

＊マルチチャンネルアクセス方式採用
S：昭和，H：平成

な話である．自動車に無線電話がつけられ，実用になったのは1940年代前半で周波数変調方式の実用化，発達に負うところが大きい．1949年に米国で自動車電話サービスが始まり，わが国でも1953年頃からタクシー無線の普及が始まった．

移動通信のサービスは無線呼び出し，電話，画像・データ伝送，測位など多種多様に行われている（表3.8）．

携帯電話の普及は著しく，平成17年度で世界各国の加入者総数は18億に達している．とくに中国における発展は目覚しく，加入者数は5億近くになっている．その急速な発展の理由は，携帯電話の利便性が高く，その新設は有線電話より容易で経済的（数が増えれば）であることによる．一方わが国では携帯電話が電話だけでなく，いろいろな機能をもつようになり，音楽を聞く，カメラが付いていて撮った写真をすぐ送る，インターネットへの接続でいろいろな情報を得る，TV画像が見るなどエンターテイメント端末，あるいは情報端末として使われるようになったことがあげられる．

3.7.1 基本的技術は何か

移動通信には，固定通信に比べ多くの特徴があり，基本的技術も多くの違いがある．

(1) 移動通信の特徴

① 通信は柔軟に行える

場所，時間を問わず，動いている相手に情報を送る手段である．通信の範囲も移動体が行動する領域で，不特定に広い場合や限られた空間，たとえば屋内，トンネル内などの閉ざされた領域，あるいは鉄道線路沿いの列車，高速道路沿い等の連続した狭い領域等がある．

② 移動体の動きにより受信電波の強さが変化し一定しない

電波の強さ（電界強度）は，移動体が動くと距離が変わり変化する．また移動体に対する電波の入射方向や通信を行う環境（移動体近辺の地形や物体，電波の伝わる経路等）によっても変わる．たとえば建物が密集し，電波が建物や大地で反射や回折を繰り返して移動体に到達するような場合は複数の経路（マルチパス）を経た電波が同時に受信され，受信電波の強さが激しく変化し，大

きく落ち込むことがある．これはマルチパスフェージングといわれ，移動通信に特有の現象である（2.3.2項，図2.3，2.5参照）．

③　干渉，妨害を受けやすい

固定通信と違い移動体が電波環境の異なる地域を移動すると妨害となる電波を受信する機会が増える．ことに電波の強さが移動により変化するので妨害を受けやすくなる．同じ地域でも，多数の移動体が同時に通信をするとお互いに影響し合う場合がある．

④　雑音の影響を受けやすい

電波雑音のレベルは，一般的に人口に比例して高くなる．移動により，都会地域など電波雑音が多く発生する地域に入ると影響を受けやすくなる．

⑤　移動体近傍の物体の影響を考えなければならない

たとえば人が携行して使う携帯機器（portable equipment）では，機器を持つ手や頭，接近した人体等の影響を考慮に入れた設計が必要である．それらの影響で機器の特性・性能が変化するからである（機器を使用する際もこのようなことを頭に入れておいた方がよい）．とくに携帯機のアンテナは，携帯機の導体部分に電流が流れるとアンテナの一部として働くので，それを考えに入れて設計する必要がある．

⑥　通信路数に制限を受ける

電波を使用して双方向の通信を行うには2周波数を必要とする．移動体の数が増加すると使用周波数は増加する．しかし周波数を無限に増加することはできないので使用局数は制限される．限られた周波数を有効に使うには，周波数再利用をするゾーン方式，時間的に分割して使用するディジタル方式（digital system），マルチチャネルアクセス方式などを用いる（7.1節参照）．

(2)　移動通信に要求される技術

移動体を対象とする通信では，主として①通信距離が変わる，②電波の多重路（マルチパス）伝搬を考えねばならない，③限られた周波数割当てを使って電波を有効に利用しなければならない，等の条件に対処した技術が要求される．

①　通信距離の変化に対して

移動する対象が動いているので距離は常に変わり，また方向も定まらない．

電界強度は陸上では距離 d とともに弱まり（反比例），市街地などでは d^{-a}（a は市街地では 1.5〜2.5）で劣化する．海上や航空では，強い反射波による変動がある．このような変動に対して必要な通信品質を保つ設計が必要である．

電波が来る方向が定まらないので，一般的に水平面内で全方向性アンテナを移動機に使用する．しかし船舶や列車用 TV には指向性制御アンテナを使い，受ける電波を追尾するシステムもある．移動体衛星通信システム用にも電子制御フェーズドアレイ追尾アンテナなどが開発されている．

② 電波の多重路伝搬に対して

建物など密集している都市内通信では避けられない問題で，移動により受信レベルは不規則に変化する．それは，到来する電波は複数で，その数，振幅，位相，偏波，方向などが場所や時間により変化するからである．この場合の受信電界強度は，自由空間における電界強度の定義では扱えない．

受信レベルの変動に対してはダイバーシティを用いて軽減する．これには空間ダイバーシティ，偏波ダイバーシティ，指向性ダイバーシティなどがある（2.5.5 項，図 2.65 参照）．2 つのアンテナの出力を，どちらかレベルの高い方に切り替えるか，合成して，受信レベルの変動を小さくする方法である．空間ダイバーシティは，2 つのアンテナを離しておき，それぞれのアンテナへの入力の違いを利用する方式である．偏波ダイバーシティは，2 つのアンテナの偏波を違えて（垂直と水平など）受信しそれぞれの出力を利用する．指向性ダイバーシティは，到来電波の強い方向に指向性を向けて受信する方式である．アンテナ出力の合成にもいろいろな方式がある．一般的に空間ダイバーシティが最も多く使われる．わが国の携帯電話に採用されている．

ディジタルシステムでは，受信レベルの落ち込み（フェージング）や移動によるドップラー周波数偏移による位相の乱れ（ランダム FM），ならびに多重波到来の遅れ（分布）によって誤り率が増加する．ダイバーシティや等化器を使えばフェージングや遅延時間差による誤り率を軽減できる．RAKE 方式の採用，あるいは OFDM の導入により，マルチパスフェージングに強くできる．

③ 周波数の有効利用に関して（7.1 節参照）

割り当てられた周波数帯内で有効に電波を利用するには，空間分割（ゾーン

方式 SDM），時間分割（TDM），符号分割（CDM）などの多重方式に加え，マルチチャネルアクセス方式などが用いられる．通信方式（変調方式，多元接続方式）やアンテナシステムの選定も重要である．

④　その他

移動に際して生じる振動，受ける衝撃などにより障害や破損を生じない，また環境による温度変化，湿度変化などに耐えられる設計が必要である．

3.7.2　代表的なシステム

(1)　陸上で使われるシステム

(a)　携帯・自動車電話

自動車電話は家庭の電話と同じように自動車か，あるいは自動車に乗っている人に電話できるシステムとして，アメリカでは 1946 年に，わが国では 1979 年（昭和 54 年）にサービスが始まった．アメリカでは，最初 150 MHz 帯を使い，わが国では 800 MHz を使った．

わが国では当初，東京 23 区だけのサービスから始まり全国に広がった．1985 年には電話機も車内で使用するだけでなく，持ち運びができる肩掛け型（ショルダタイプ）が導入され，さらに 1987 年には手に持てる寸法の携帯型が使われ始めた．最初は容積が 900 cc，重さが 700 gr という大型であったが，次第に小型化され，通話料金も下げられて加入者数が急激に増えてきた．そのため自動車電話の利用が激減し，現在では携帯電話が主流になっている．それで，システムの名称としては「自動車・携帯電話」であるが，今では通常「携帯電話」としか呼ばれていない（本書も以後携帯電話だけを使う．今日一般には，「ケイタイ」などと通称されている）．

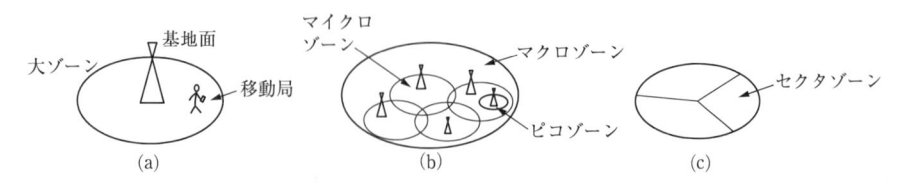

図 3.73　ゾーン方式

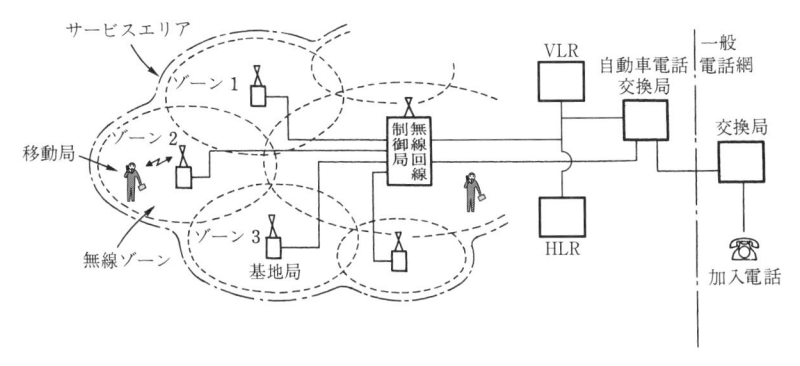

図3.74 自動車電話システムの構成

　携帯電話システムの仕組みは，移動機（携帯電話）が最寄りの基地局と交信し，基地局が中継して他の電話に接続する，一般の移動通信システムと基本は同じである．しかし多くの移動局が同じ通信エリアに存在すると，多くの周波数が必要であり，またお互いに干渉し合わないようにするためには送信電力を下げたりしなければならない．そこで，大きい通信エリア（図3.73(a)）を分割して狭いゾーンを多数つくり（図3.73(b)），それぞれのゾーンの中心に基地局をおき，ゾーンごとに周波数を分けて使うように構成するシステムとした．離れたゾーンでは別のゾーンと同じ周波数が使えるので限られた数の周波数が有効に使える．これはゾーンシステムと呼ばれ，大きいマクロゾーンから分割を次第に小さくしてマイクロゾーン，ピコゾーン，さらにゾーン内を分けるセクタゾーンを構成して（図3.73(c)）周波数利用効率を高くし，あるいは利用できる移動局数を増加している．このゾーンは細胞になぞらえてセル（cell）と呼ばれ，システムはセルラシステム（cellular system）という．

　基地局は有線で制御局に接続され，さらに移動通信交換局につながる．これから加入者電話交換局に接続され，一般の電話につながることになる．移動通信交換局には，レジスタ（VLR：visitor location register）があって，移動局の存在を登録している（図3.74）．別にHLR（home location register）があって利用者情報や課金情報が登録される．携帯電話は，電源を入れると直ぐ基地局と交信を始め（利用者は気づかない），どのゾーンにいるかが登録される．これによってたとえば，加入電話から携帯電話に電話する際，090（ある

いは 080，PHS では 070）をダイアルすると，レジスタに登録されている番号の中から呼びたい携帯電話がどのゾーンにいるかわかり，そこの基地局から呼出し番号を送って，どれかのセルにいる携帯電話を呼び出して電話がつながる．逆に携帯電話からは，0 発信すると直ぐに電話交換局につながり，目的の相手に接続される．携帯電話を持っている人が別のセルに移動すると，自動的に移ったセルの基地局と交信し始める．

　セルの中には多くの移動局が存在するが，お互いが妨害し合わないよう，マルチチャネルアクセスシステムが用いられている．これは，使われていない回線（周波数）を見つけて通信する仕組みで，少ない回線数でそれ以上の数の利用者を効率よく利用させるシステムである．通常，全利用者が同時に一斉に通信する確率は低いので，このシステムは成り立つ．したがって，もし何かの事

表 3.9　世代別代表的携帯電話方式[15]

		第 1 世代	第 2 世代		第 3 世代	
	システム方式	NTT大容量方式	PDC	GSM	W-CDMA	cdma 2000 1X
	サービス開始年	1985 (1979)	1993	1991	2001	2002
性能	無線通信方式	アナログ	ディジタル	ディジタル	ディジタル	ディジタル
	使用周波数	800 MHz	800 M/1.5 GHz	900 M/1.8 G/1.9 GHz	2 GHz	800 M/2 GHz
	回旋アクセス方式	FDMA	TDMA	TDMA	CDMA	CDMA
	通信速度　回旋交換方式	—	9.6 kbps	9.6 kbps	64 kbps	64 kbps
	通信速度　パケット交換方式	—	最大 28.8 kbps PDC-P	最大 53.6 kbps GPRS	下り 384 kbps 上り 64 kbps　下り*1 (最大 14.4 Mbps 平均 2.2 Mbps)	下り 144 kbps 上り 64 kpbs　下り*2 (最大 2.4 Mbps 平均 600 kbps)
機能	文字メッセージ	×	○	○	○	○
	ブラウザフォン	×	○	○	○	○
	UIM カード	×	×	○	○	○
	動画再生	×	×	×	○	○
	テレビ電話	×	×	×	○	×
	テレビ・ケータイ	×	×	×	○	○

*1 HSDPA
*2 cdma 2000 1XWIN

(a) 外観　　　　　(b) 容積と重量

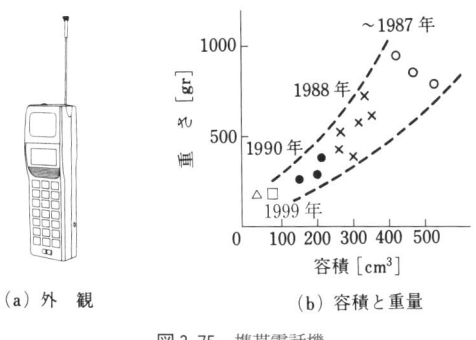

図 3.75　携帯電話機

態で全部の利用者が一斉に電話するとシステムはパンクする．災害時など，このような状態が時折発生する．

加入者数が次第に増えたので 1988 年には大容量システムが導入され，無線チャネル間隔も 25 kHz から 12.5 kHz になって倍増された．ここまでは，アナログシステムで第 1 世代といわれている．

1992 年にディジタルシステムが採用され，1993 年には新しい周波数帯 1.5 GHz 帯が用いられ始め，利用者数も飛躍的に増加してきた．第 2 世代である．

ディジタル方式はアナログ方式に比較して雑音の影響を受けにくく，暗号化（秘話）が容易であるなどの利点がある．音声以外のメディア，たとえば映像，データなど容易に伝送できるし，いろいろな機能が付加されて多彩なサービスを受けられる利点がある．周波数利用効率も改善できる．欧州では，1991 年 EU 加盟国を主体に GSM (Global System for Mobile Communications) 方式のサービスを開始した（表 3.9）．世界に先駆けてディジタル方式を採用した．欧州内で規格を統一し，国境を越えてどの国にいても電話ができるシステムとしてスタートしたが，ディジタル方式として国際的にも標準化され，現在アジア諸国を含め全世界 100 か国以上で実用されている．

携帯電話サービスは，1987 年に始まった．自動車電話の延長として開発されたが，今は自動車電話は数少ない．人が持ち歩くため，小型で軽いのが好まれ，1999 年には容積が 57 cc，重さは 58 gr 程度にまでなった（図 3.75 △印）．電池で動作させるので連続して送信できるのは数百時間である（充電して使

う).しかし最近では電話だけでなくメール,カメラ,ゲームなどさまざまな機能が付加されて消費電力が増え連続動作時間が短くなる傾向にある.軽くて高い効率の電池が望まれ,燃料電池の採用などが検討されている.

　携帯電話はアナログ方式(第1世代)からディジタル方式(第2世代)へと進展し,2002年にはさらに進んだ第3世代方式 IMT 2000(International Mobile Telecommunication)の運用が始まった.WCDMA,cdma 2000 などである(表3.9).現在,さらに高速データ伝送が行える第3.5世代が実用化され,第4世代へ向けて進展しつつある.

　IMT 2000* は国際電気通信連合 ITU(International Telecommunication Union)で承認されたシステムで,この方式は

　① パーソナル化:周波数有効利用の向上による個別通信(パーソナル化)の促進

　② グローバル化:1つの携帯機器で世界中どこでも電話ができる国際ローミングの実現

　③ マルチメディア化:各種メディアサービスの高速伝送,高品質化を実現
などを目指して世界共通の標準化が図られてきた.

　パーソナル化は,機器が小さくなるに従いいっそう進んできた.携帯機に対する個別配信サービス,情報の個人別化など個別に細かいサービスが受けられることによる.グローバル化は,1つの携帯電話で世界中どこの国へ行っても使えるようにする構想である.マルチメディア化は音声だけでなく,音楽,映像(動画,静止画),大容量データ,文字などいわゆるマルチメディアが携帯電話で扱えるようにする.

　しかし,結局,世界統一の標準化はできず,5つのシステムに分かれた方式が承認され,現在,日,米,欧,それに中国などそれぞれ特徴のあるシステムを採用され,運用している.わが国では WCDMA と cdma 2000(表3.9),アメリカでは cdma 2000 と TD-TDMA,ヨーロッパでは WCDMA などである(表3.10,図3.76).中国ではこれらとは別の TD-TSCDMA 方式を導入している.なお第2世代がまだ共存しており,GSM システムが全世界で多く

＊ IMT 2000:2000 MHz 帯を用い,2000 bps の高速伝送を 2000 年に実現するという観点で名づけられた.

表 3.10 WCDMA と cdma 2000 方式

		W-CDMA	cdma 2000
拡散帯域幅		5 MHz	1.25 MHz
符号速度		3.84 Mcps	1.2288 Mcps
音声符号化方式		AMR(1.95〜12.2 kbps)	EVRC(0.8〜8 kbps), SMV
最大通信速度	回線交換	64 kbps×N($N=1$〜6 程度)	64 kbps×N($N=1$〜2 程度)
	パケット (下り/上り)	2 Mbps/2 Mbps (384 kbps/64 kbps)	643.2 kbps/451.2 kbps (144 kbps/64 kbps)
デュプレックス方式		FDD	FDD
1 次変調	下り/上り	QPSK/BPSK	QPSK/BPSK
2 次変調	下り/上り	QPSK/HPSK	QPSK/HPSK
レイクの数		実装の規定なし(4 程度を想定)	最低 3
基地局間同期		同期/非同期	同期

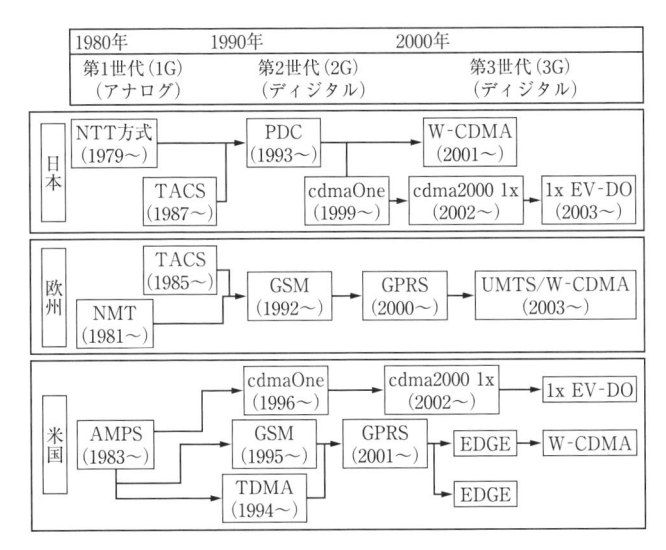

図 3.76 移動通信方式の進展(1 G から 3 G へ)[16]

利用されている．

WCDMA は DS-CDMA を用い，帯域 5 MHz の広帯域方式である．使用周波数は 2 GHz 帯で，基地局からは，屋内など停止している移動局に対しては 2 Mbps の高速伝送ができる．ユックリ移動する（歩く程度）移動局に対して

表3.11 各種CDMA方式の仕様比較

	システム (交換方式)	音声/データ種類	データ通信 MAX速度
W-CDMA	W-CDMA (回線/パケット)	5 MHz 音声/データ	2 Mbps (静止) 384 kbps (移動)
HSDPA	W-CDMA (パケット)	5 MHz データ専用	下り最大 14.4 Mbps 平均 2.2 Mbps
cdma 2000 1 x	CDMA (回線/パケット)	1.25 MHz 音声/データ	144 kbps 上り 64 kbps
cdma 2000 3 x	CDMA (回線/パケット)	1.25 MHz×3 音声/データ	2 Mbps (静止) 384 kbps (移動)
1 x EV-DO WIN	CDMA (パケット)	1.25 MHz データ専用	下り最大 2.4 Mbps 平均 600 kbps
1 x EV-DV	CDMA (回線/パケット)	1.25 MHz 音声/データ	4.8 Mbps

も384 kbps の速さ，つまり漢字を1秒間に24,000字送れる速さである．速く動く移動機には144 kbps の速さになる．一方，携帯機からの伝送能力は64 kbps である．しかし，TV 電話や映像（動画を含む）再生，高機能なゲームなどのダウンロードができる．

2006年にはHSDPA（high speed down link packet access）方式が導入されて速度は高められ，下り回線で最大14.4 Mbps，平均で2.2 Mbps の速さになった（表3.11）．

一方，cdma 2000 は使用周波数は800 MHz で，通信速度は下り（基地局から）は144 kbps，上り（携帯機から）は64 kbps であったが，cdmaOne を進めた cdmaOne 1 x EV-DO（evolution-data only）と呼ばれている）方式では，下り最大で2.4 Mbps，平均600 kbps に高められている．さらに下り回線で3つの搬送波を使って cdmaOne 1 x を3つ合わせた cdmaOne 3 x では（図3.77），帯域を広げて2 Mbps の高速伝送が行える．

近年の携帯電話はもはや"電話"とはいえないくらい多彩な機能をもつ端末になっている．メール，カメラ，メモ帳，電話帳，地図，アドレス帳，パソコン，時計，鍵，定期券，財布，電子決済，その他，TV 受像，ゲーム，チケット購入，音楽，小説，辞書，ショッピングなどなど（図3.78）[15]，これらは携帯電話へのカメラの搭載，いろいろな情報サービスが得られるiモード，それ

3.7 動く対象に情報を送る

方式	無線帯域	
	移動局→基地局	基地局→移動局
(W-CDMA)	3.84 Mcps	3.84 Mcps
(cdma 2000 3X)	3.6864 Mcps	1.2288 Mcps×3
(cdma 2000 1X)	1.2288 Mcps	1.2288 Mcps

図 3.77　3 方式の無線帯域

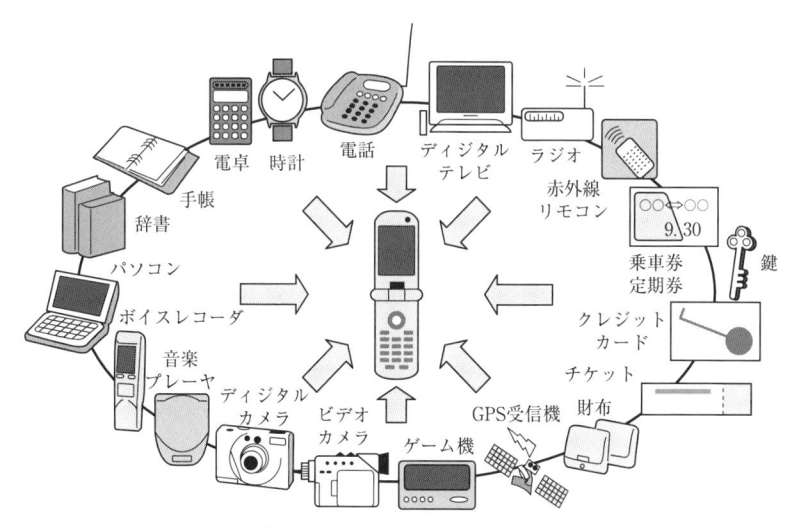

図 3.78　"携帯電話"はもう"電話"だけではない[17]

に GPS や RFID 機能などの組み込み，suica の搭載などによって実現したものである．携帯電話を使って預金をする，買い物をする，チケットを買うなどができる携帯電話は"お財布携帯"と呼ばれている．Suica の機能をもつ携帯電話は，改札でそれをかざせば"すいすい"と通れ，電車に乗れる．TV 受信機能をもつ"ワンセグ TV"携帯（図 3.61 参照）は，無料で TV 受像を楽しめる．利用料金も次第に下がり，利用しやすくなった．これからもっと進化が

みられるであろうし,"携帯文化"といえるほど社会への影響は大きいものがある.

携帯電話の普及は一時急激であったが,近年人口比率が78%を超えたこともあって増える率は減っている.しかし,加入者の数でいえばPHSを含めて1億を超え,まだ増え続けてはいる.

移動系と固定系の融合も始まっている.FMC (fixed mobile convergence) と呼ばれ,携帯電話を屋内では固定電話通信網に接続して使用し,屋外では移動通信網に接続して使う,という新たなサービスである.利用者は固定,移動どちらのエリアにいるかは別に気づかないが,固定通信網を利用するので料金は安くなる.英国では,携帯電話とBluetoothを内蔵した端末を使い,One-phoneという名称でサービスをしている.韓国でもBluetooth内蔵のcdma携帯電話を使用する同じようなサービスDuを運用している.

(b) コードレス電話[18]

家庭等で使う電話の送受話機からコードをなくしたものがコードレス(cordless)電話機である.使われるようになったのは1980年の始め頃である.建物内で約20〜50 m程度電話機本体から離れて動きながらでも通話ができる.送受話機と電話機本体を電波で結んだシステムで,それぞれに無線送受信機が入っている(図3.79).送受話機からのダイヤル信号は250 MHzの電波で本体に送られ,本体で復調されて通常のダイヤル信号となり相手の呼び出しに使われる.相手からの信号は本体を経て380 MHzの電波で送受話機に返ってくる.このようにして双方が接続され通話が始まる.コードレス電話にもマルチチャネルアクセス方式((d)項脚注参照)が使われている.

(c) PHS[19]

コードレス電話を延長して屋外でも使える簡易携帯電話として開発されたのがPHS (personal handy phone system) で,1995年4月に実用が始まった.小さい基地局を設け,その近く100〜200 m以内で使う簡易携帯電話システム(900 MHz帯,図3.80)として英国で開発されたのが最初である.PHSは,ディジタル方式を採用した小電力,小ゾーンのシステムである.利用できる地域は全国に広まり,加入者数も1997年7月には700万になった.しかし携帯電話の普及とともに利用者は激減し,一時は500万程度になったが,データ伝

3.7 動く対象に情報を送る

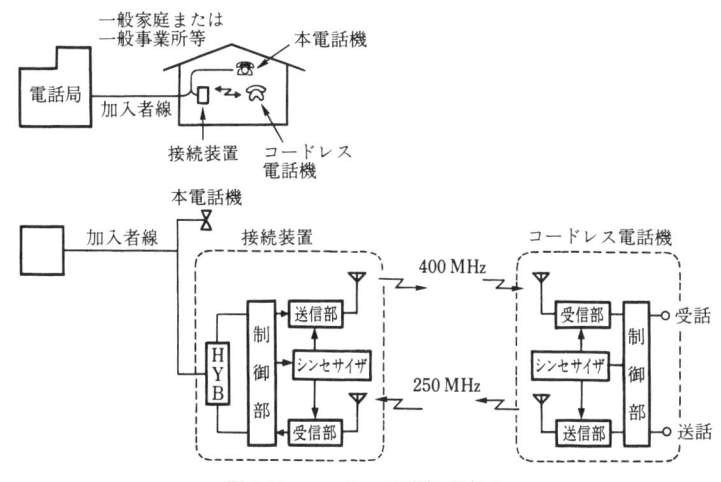

図3.79 コードレス電話の仕組み

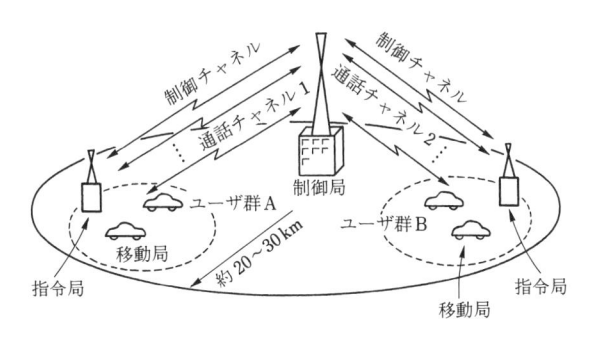

図3.80 MCAシステムの構成[23]

送の速度が速いため，それを生かしたサービスの提供が始まり，2005年には再び利用が増加してきている．現在通信速度は8チャネルを束ねて最大408 Kbpsである．次世代のPHSは最大20 Mbpsを目指している．諸外国におけるPHSは中国，台湾をはじめ，世界26か国・地域にも導入され，利用者総数は8000万を超えている．PHSは安価であるし，マイクロセル通信なのでデータ伝送や位置情報などの利用に特長が生かされ，利用者数は増え続けている．欧州ではCT-2やDECT等のシステムがある．

表 3.12 ディジタルコードレスシステムの諸元[18]

項　目	PHS	CT-2	DECT
使用周波数帯	1.9 GHz	800 MHz	1.9 GHz
アクセス方式	TDMA/TDD	SCPC/TDD	TDMA/TDD
1 波当りのチャネル数	4	1	12
変調方式	BPSK-256 QAM	GFSK	GMSK
音声符号化方式	32 kbit/s ADPCM	同左	同左
送信出力ピーク（平均）〔mW〕	80(10)	10(5)	250(10)
キャリア間隔	300 kHz	100 kHz	1728 kHz
最高信号速度	上り/下り 1Mbps 程度	72 kbps	1.15 Mbps

(d) MCA（マルチチャネルアクセス）システム[20]

公衆通信とは別に各種事業，たとえば運送，製造，販売，土木，建設等の企業が使う無線システムである．MCA システム（multi channel access system）は，音声だけでなくデータやファクシミリの伝送にも使う．800 MHz 帯を使用し，半径 20〜30 km のゾーンのほぼ中央にある制御局を介してユーザが設けた指令局と移動局の間で通信する仕組みになっている．制御局が指令局や移動局の回線制御（呼びの受付けや空いた回線を探して指定する操作：マルチチャネルアクセス*）を行うので MCA システムと呼ばれている．

アナログ方式のシステムは，加入者容量を大きくし，かつデータ伝送能力を増すために 1990 年にディジタルが導入された（表 3.13）．実際の運用では空港内 MCA システムが東京国際空港（成田）に導入されている．アメリカではケネディ空港，ロサンジェルス空港，オランダではスキポール空港，ドイツではフランクフルト空港などで使用されている．また新しくディジタル方式で 1.5 GHz 帯を使用したシステムが実用され，大阪ではバス運行管理システム

＊ マルチチャネルアクセスシステムは，複数の周波数を，その数より多い局が共有して空いた回線を選び効率良く周波数を使って通信するシステムである．携帯電話システムや，コードレス電話システムにも使われている．MCA システムは，個有のシステムにその名称がつけられているので混同しないよう注意が必要である．(3.7.2(a)参照)

表 3.13 MCA システムの諸元[20]

項　目	内　容
使用周波数帯	800 MHz, 1.5 GHz 帯
送受信周波数間隔	55 MHz, 48 MHz
キャリア周波数間隔	25 kHz
空中線電力	移動局：2 W 中継局：40 W
変復調方式	M-16 QAM (M=4)
伝送速度	64 kbps
アクセス方式	TDM-TDMA
多重数	6 (フルレートコーデック適用時)

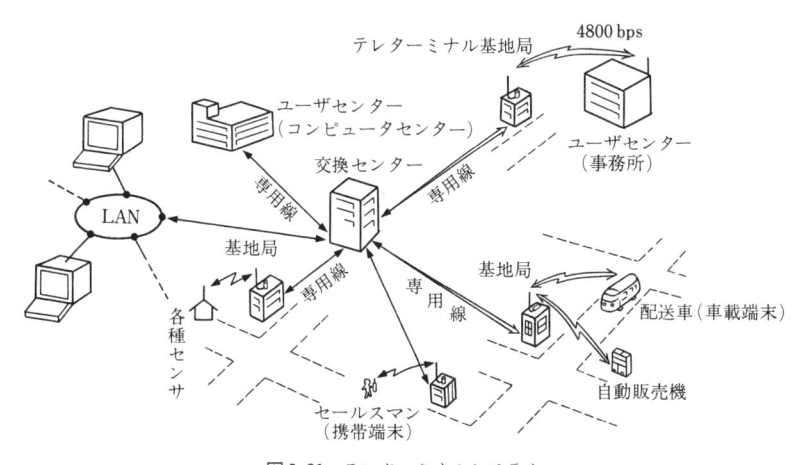

図 3.81 テレターミナルシステム

に採用されている．

(e) テレターミナルシステム[21]

移動体通信用にデータ伝送だけを目的とするシステムである（図 3.81）．ユーザは車や携帯機から基地局であるテレターミナルにデータを無線で送る．データはテレターミナルから専用線で共同利用センターに送られ，各ユーザのセンターに転送される．一方，ユーザのセンターからは移動機に指示を与えたり，コンピュータデータを流したりできる仕組みである．無線パケットシステムとして 1989 年に東京 23 区でサービスが始まった．1997 年には，JR 山の手

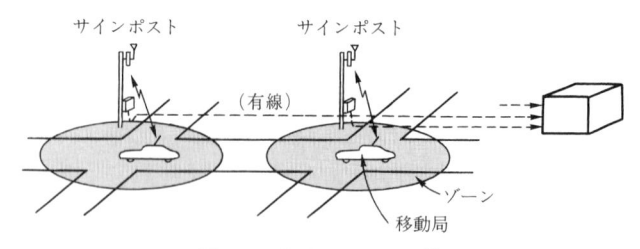

図3.82 AVMシステムの例

線内でディジタルセルラとの共用システムPDP-Pのサービスが始まった．無線パケットシステムは専用の800 MHz帯を使用し，9.6 kbpsの伝送速度で双方向のデータ送受信ができる．ゾーン半径は3-5 kmで，標準通信のほか同報通信のサービスを行っている．

(f) AVM[22]

AVM (automatic vehicle monitoring) システムは要所要所にサインポストがあり，その周辺を通過する車両との交信（400 MHz帯）により車両の位置（サインポスト近辺）を知るシステムである（図3.82）．基地局に集められたサインポストからの情報により車両の位置や動きがわかるのでタクシーなどの配車や管理に利用されている．

(g) バス運行管理システム[23]

電波を使用するシステムは小規模で使われているが，大規模なシステムは電磁誘導（周波数96 kHz）を利用した無線通信方式が東京，横浜など大都市で運用されている．バスとサインポスト間の情報伝送を行い，バスの位置，バスの行先，番号等の情報をバスセンター（営業所など）に送られる（図3.83）．これらの情報をコンピュータ処理し，バスの運行管理を行うシステムである．バス停留所の手前でバスの接近を検知し，停留所で待つ利用者にバスが来るのを知らせるバス接近表示システムはその一部である．

バス接近表示システムはバスを待つ利用者に，どこ行きのバスが今どの辺りに来ているか，どのくらいの時間で来るかを停留所で表示して知らせるシステムである．停留所で待つ乗客にバスの接近状態を知らせることにより，バスが来ない，といらいらする利用者の気持を柔らげ，あるいは諦めないでバスを待つという気持にさせる効果がある．

3.7 動く対象に情報を送る

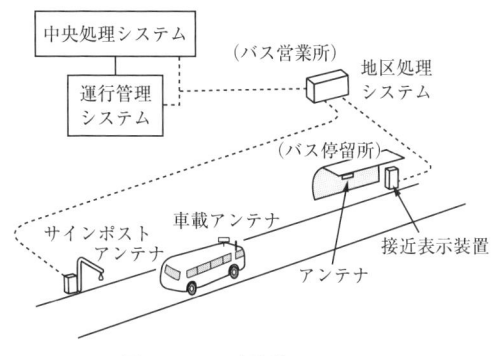

図3.83 バス運行管理システム

　路側で得られた情報は，バスの現在地を知らせることにもなり，その時々刻々の情報はバスの運行をスムーズにしたり，運行記録の作成に使われたりして，バスの運行管理に利用される．運行管理システムは，乗客サービスに役立つばかりでなく，経済運行の設計などにも有効で，営業利益を生む効果をもたらしている．

　このようなシステムは，現在，東京，横浜，京都，大阪などの大都市で運用されている．

　無線系には，誘導通信方式が用いられてきているが，扱う情報量が小さいので，大阪では1.5 GHz帯のディジタルMCAシステムを導入してバスと管理所との間で多量のデータ伝送を行っている．このシステムでは，新たにバスの運行を監視する機能やバスに対する音声連絡や指令，緊急時の連絡なども可能にしている．

(h) 列車用無線電話システム

① 列車電話

　乗っている列車から電話できるシステムは，1957年に近畿日本鉄道の特急に取り付けられたのが最初である．後に，1960年にJR（当時，日本国有鉄道）の東海道本線を走る特急でサービスが始まり，1965年には東海道新幹線にも列車公衆電話が設置された．

　平成5年に開通したつくばエキスプレスには無線LANシステムも搭載され，パソコンを持って乗れば高速のデータ通信が利用できるようになってい

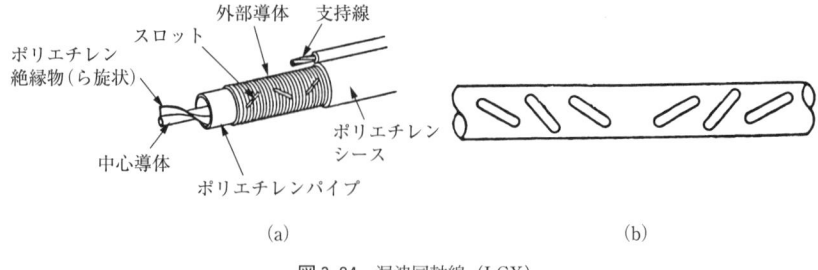

図 3.84 漏洩同軸線（LCX）

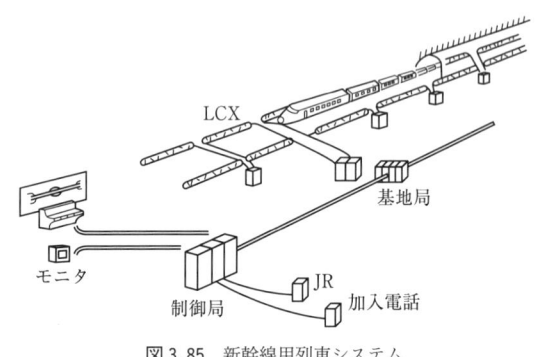

図 3.85 新幹線用列車システム

② 新幹線電話システム[24]

新幹線の列車内から電話がかけられる．もちろん新幹線に乗っている人にも電話ができる．新幹線システムは，漏洩同軸ケーブルLCX（図 3.84(a)）をレール沿いに敷いて（図 3.85）列車と地上を結び，通信する．トンネル内でも電波が途切れないシステムになっている．漏洩同軸ケーブルは，同軸ケーブルの外部導体にスロットを設けて（図 3.84(b)），アンテナとして動作させ，列車に搭載されているアンテナと交信する（図 3.86）．使用周波数は 400 MHz 帯であるが（表 3.14），電話は，漏洩同軸ケーブルから制御局を経て一般の加入電話交換局に接続され，全国の加入電話とつながる．

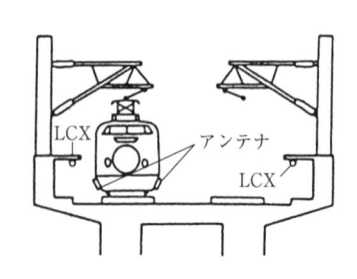

図 3.86 新幹線用列車システムのアンテナ系

表3.14 新幹線列車無線方式

	東海道，山陽	東北，上越
1列車当たり同時使用周波数ch数	2 ch	2 ch
指令，業務，公衆	8 ch（データ2 ch）	2 ch（データ2 ch）
電話用	LCX	LCX
無線方式	400 MHz	400 MHz
使用周波数	基地2，移動40波	基地1，移動24波
無線機出力	基地4 W，移動4 W 基地　全線LCX	基地2 W，移動4 W 基地　全線LCX
アンテナ	移動　パッチアレイなど	移動　スロットアレイなど
ゾーン	指令系　大ゾーン （約60 km） 業務，公衆　小ゾーン	指令系　大ゾーン （約60 km） 業務，公衆　小ゾーン

(i)　ITS[25]

ITS（高度道路交通システム：intelligent transport system）は車と道路，交通のインフラストラクチャ（設備，施設，運用者，コンピュータなど）との通信（図3.87）を行い，道路交通の安全性を高め，輸送を向上し，走行の快適性を増す，環境の保全を図る，経済性を高めるなどを目指したシステムである．これまで交通管制，制御などで交通安全や事故減

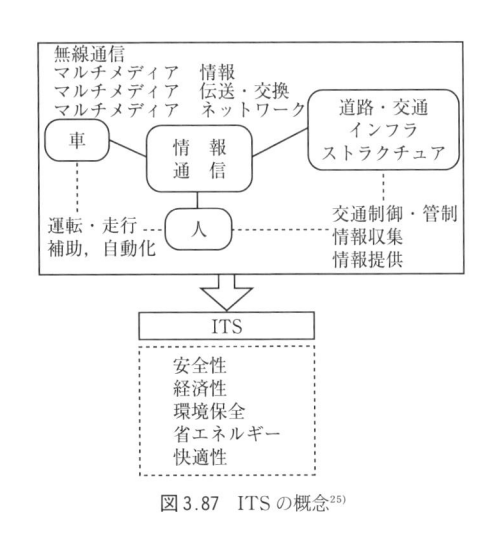

図3.87　ITSの概念[25]

少など図られてきたが，さらに進歩した情報通信技術，ならびにコンピュータシステムの導入により，これをいっそう推進しようという考え方である．

ITSには最先端の情報通信技術を活用して電波がさまざまな形で使用されており，その形態には通信型，放送型，センサ型などがある（図3.88）．技術的な要素は，双方向通信，マルチメディア情報の利用，マルチメディア伝送，交換，そのネットワークなどである．そして，道路/交通の情報授受，それに

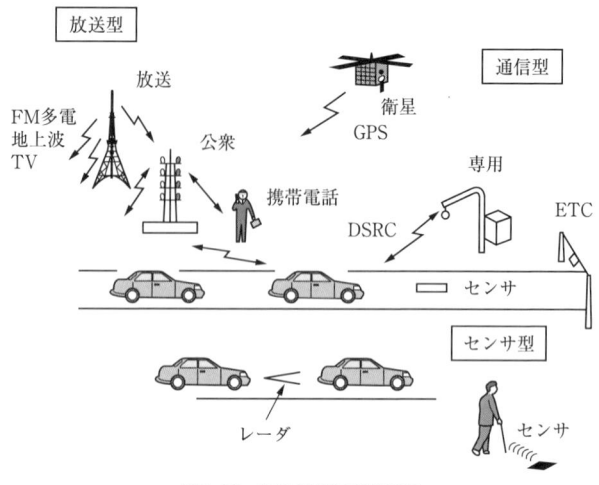

図3.88 ITS用通信系各種[25]

表3.15 車と道路交通インフラストラクチャとの通信[25]

	方式		サービス	システムの例
広域型	放送		広域にわたり同じ情報を一斉に伝える	FM多重放送
	個別		広域サービスであるが個別に通信	セルラシステムなど 公衆・業務通信
狭域型	局所	個別	局所的な通信ゾーンで個別に情報通信	AVM，VICS， バス運行管理システム
		同報	放送型と同様に同一情報を特定多数に伝送する 狭い範囲	カーナビなど 道路交通情報提供
	長域		狭く，長い通信ゾーン	高速道路，鉄道，バス路線，一般路*

* 将来計画

運転/走行の補助，自動化などを行う包括的なシステム概念である．

① 道路・交通に利用される通信システム

広域型と狭域型とがある．サービスの形態に応じての方式もある（表3.15）．この中で個別に通信を行う形態が最も多く，狭域で利用される個別方式が道路・交通に利用されるシステムの特徴的なものといえる．このような近距離で専用に行う通信方式を，DSRC（専用狭域通信システム：dedicated

表 3.16 DSRC 通信方式仕様

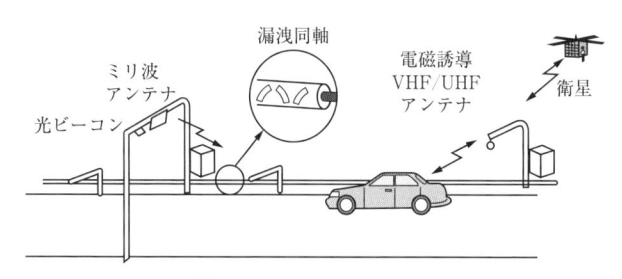

周波数	5.8 GHz 帯の 14 波
通信方式	アクティブ　　　路側機：全二重　　車載機：半二重
変調方式	スプリットフェーズ符号を使用した ASK 変調方式，または 4 相位相変調方式
データ伝送速度	上り下りともに，1 Mbps(ASK 変調方式)，2〜4 Mbps(QPSK 変調方式)
通信距離	数 m〜数百 m
プロトコル	同期式
空中線電力	300 mW 以下（基地局），10 mW 以下（陸上移動局）
占有周波数帯域の許容値	4.4 MHz 以下
空中線利得	20 dBi 以下（基地局），10 dBi 以下（陸上移動局）

図 3.89　路車間通信の各種[25]

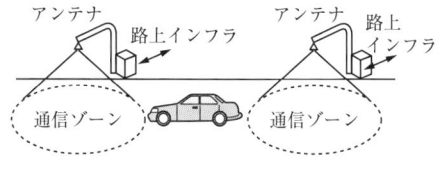

図 3.90　路車間通信ゾーン構成[25]

short range communication system）という（表 3.16）．

このような通信方式には車と道路の間の通信（路車間通信）と，車同士の通信（車々間通信）の 2 種類がある．

①-1　路車間通信

代表的には，一般の VHF，UHF のほかマイクロ波，ミリ波などによる通信がなされる．他に誘導通信，放送，光波，衛星通信などの利用もある（図 3.89）．通常は路側に設置した無線設備と，車載無線機（移動機）との交信に

より道路・交通に関する情報伝達，あるいはデータ伝送が行われる．一般的には，局所的な通信ゾーンを経路に沿って必要な箇所に設定し，移動体がゾーンを通過する際，路上のインフラと情報のやり取りがなされるシステムが多い（図3.90）．

局所的に設置された路上設備は，制御局などに接続され，ここで車からの情報を集めて処理をし，一方，逆にここから車に向けて情報を発信し，路上設備を通じて車に伝送する．

このような局所通信には多くの特徴がある．通信ゾーンが狭いので，他の電波の干渉を受けにくく，また逆に与えにくい．1つの周波数を繰り返して使用できるので，周波数が有効に使える．移動局の数も非常に多く運用できる．ノイズの混入も少なく，誤り率も小さくでき，高い通信品質が保たれ，高速，大容量の伝送も可能である．送信電力も小さく抑えられ，機器の小型化，軽量化ができる．ゾーンの設定などシステム設計も柔軟にできる．

路車間通信の応用範囲は非常に広く，ITSの重要な要素の1つである．たとえば交通や走行情報，道路情報だけでなく，運輸，物流情報，自動運転，自動料金収集，危険防止，緊急情報などである．

①-2 車々間通信

比較的近くを走っている車同士の通信である（図3.91）．ドライバ同志の会話，意思（車線変更，追い抜き，合流など）の交換，走行している環境の状況（渋滞，道路状況，積雪，事故による交通制限など），緊急情報の伝達，近隣の車同士のやり取りをする．その結果としてドライバがより安全に，かつ快適に走行できるよう，きめ細かい運転支援が行える．交通流の改善，事故の減少も期待できる．また，自動運転や自動走行にも利用される．

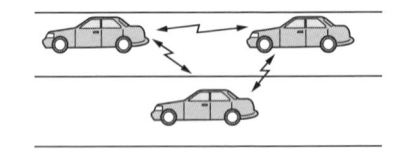

図3.91 車々間通信[25]

車々間通信では，路車間通信と違って基地局（路側設備）がなく，走行している車自体が通信ゾーンを形成し，かつ移動していること，また通信の相手も移動し，かつ不特定なのでネットワークの規模も一定しない．通信の約束事（たとえば，FDMAの周波数，TDMAのタイムスロットなど）を制御する制

御局もない．したがってシステムとしては，移動局自体が自律制御することになる．各移動局が独自のデータ整理を行い，他者へ送る情報内容を判断する機能をもち，ネットワークは自立分散的なデータリンクを構成する．このようなシステムは，アドホックシステム（AdHoc system）といわれる．

無線通信には，VHF，UHFのほかマイクロ波，ミリ波などが使われる．通信方式には情報伝送だけでなく，車間距離の測定を考慮してSS（スペクトル拡散）方式や，OFDMなどが使われる．車間距離測定は追従走行，衝突防止などへの利用を目的とする．他に，レーダも使われる．

③ 実際のシステム

③-1 VICS（vehicle information and communication system）[26]

DSRCの一種であるが，電波だけでなくFM多重放送，光ビーコン，衛星通信などをも利用して，車に対して音声，画像，データなどを送り，道路・交通情報を提供するシステムである（図3.92）．情報には現在地，渋滞，目的地への所要時間，交通障害情報（事故，工事など），交通規制（通行止め，速度規制など），駐車場（場所，空き状態など）である．この他，GPSやカーナビとの共用によりさらに多元的な情報提供サービスが受けられる．

電波ビーコンは2.4 GHzを用いる路車間通信方式である（表3.17）．

③-2 ETCシステム（electronic toll collection system：自動料金収受シ

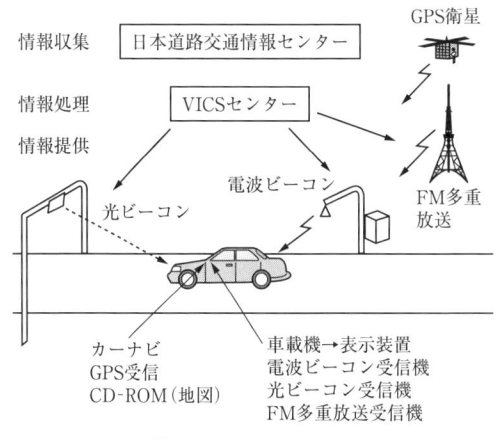

図3.92 VICSシステム

表 3.17 VICS の諸元

	電波ビーコン	光ビーコン	FM 多重放送
周波数 波長	2.45 GHz	850-50 nm 950-50 nm	76〜96 MHz
通信ゾーン	小ゾーン 3 車線幅(最大) 進行方向 10〜70 m	極小ゾーン 1 車線幅 進行方向 3 m	広域 10〜50 km
情報量	約 8,000 文字相当 (1 か所当たり)	約 10,000 文字相当 (1 か所当たり)	約 50,000 文字相当 (約 5 分)
情報	現在位置,渋滞, 規制,駐車場などの 動的,静的情報	現在位置,渋滞, 規制等動的情報 車からは,ID 番号 DRGS 要求など	渋滞,規制, 駐車場等の情報
情報提供繰り返し	2〜3 回/1 受信	2〜3 回/1 受信	2 回/5 分
対応車速	100 km/hr 以上も可能	70 km/hr 以下	関係なし

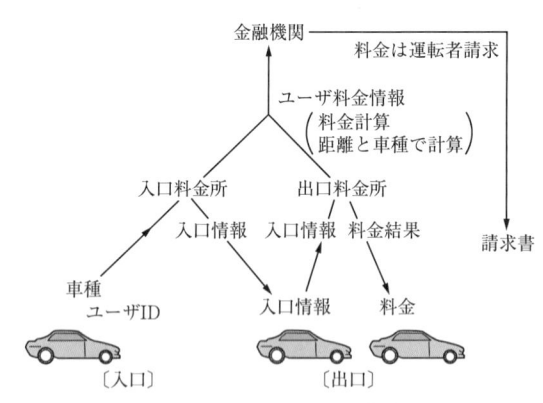

図 3.93 ETC システムの概念

ステム)[27]

　これも DSRC の応用の1つである.車が高速道路の料金所をノンストップで通り抜け,料金はその間に自動的に支払われている,というシステムである(図 3.93).料金の収受は,車と料金所の間の通信でなされる(図 3.94).入り口では車種情報が料金所に伝えられ,車には入り口料金所の情報が与えられる.出口料金所では,入り口,および車種に応じた料金を計算し,車に伝えると同時に料金情報は銀行など金融機関に転送され,料金はドライバの口座に入

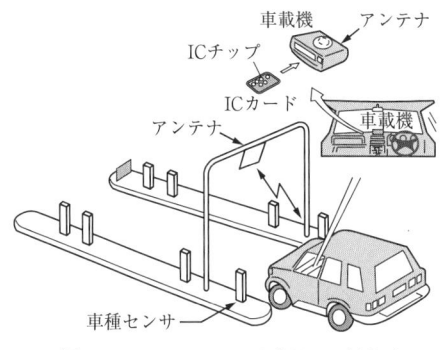

図 3.94　ETC システムを使用する料金所 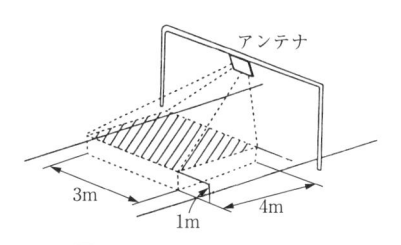　　　　図 3.95　ETC の有効通信範囲

金される．

　ETC 導入の利点は，車の通過時間を短縮し，料金所における渋滞を解消する．その結果，排気ガスの量を減らし，環境汚染を少なくする効果がある．また，ガソリンの消費量も少なくなり，エネルギーの節約にも貢献する．

　車と料金所間の通信は DSRC の応用である．5.8 GHz の電波を使い，1024 kbps のデータを ASK 変調により 1 Mbps の伝送速度でやり取りをする．信号には暗号が使われ，認証がなされるので通信により料金が扱われても安全性（セキュリティ）は高度に確保されている．多数の車が数少ないチャネルを選び通信するのに FDD-TDMA が採用されている．通信用のアンテナは料金所のガントリ上部に設置され，狭いビームで路面を照射して通信領域を設定し（図 3.95），その範囲で確実に通信ができるように設計されている．アンテナの外形は平板状で，フェーズドアレイが用いられている．車載機は車内のダッシュボードにおける程度の小さい寸法で，アンテナは内蔵式か，本体と離してダッシュボードに置くかどちらかである．アンテナ素子にはマイクロストリップアンテナが用いられる．

　④　ミリ波の応用[28]

　ミリ波は自由空間での損失が大きいので，近距離通信に使われる．アンテナは小形で利得が高く，ビームを狭くできるので局所の通信には都合がよい．また，周波数が高いので大容量の情報伝送ができる．このような特長を生かして，ITS の分野では路車間通信や車々間通信，それにレーダへの応用が考え

られている．

路車間通信の例では，60 GHz 帯を使って 156 Mbps の伝送を行うシステムも考えられている．車載 LAN（IEEE 1394 規格）を利用して車同士で 100 Mbps 程度のデータや音声，映像のやり取りも検討されている．

レーダは 40 GHz 帯で検討されていたが，現在は 70 GHz 帯が主流である（表 4.5 参照）．方式には，パルス，FM-CW，2 周波などがある．FM-CW 方式は，回路構成が簡易，距離および相対速度の同時測定精度が高いので最も多く試作されている．ITS におけるレーダの応用は，車間距離の計測，それに基づく速度制御による衝突防止が主であったが，最近では危険性を判断して警告を出す，ブレーキをかける，シートベルトを強く引くなどの制御を行うほか，自動追随走行の支援をするなど衝突被害軽減システムや道路管理などの考えに進化してきている．

レーダとしての動作だけでなく，通信装置としても路側と情報をやり取りする Radarcomm も検討されている．

ITS 分野でもユビキタス環境を構築し，誰でも，どこでも，何とでも快適に，意のままに移動できる安全，安心な道路を実現する交通社会の実現を目指している．ITS はまだこれから発展させるシステムで，その普及促進，高度化，研究開発など世界的に進められている．

(2) 海上で使われるシステム

(a) 船舶無線

船舶に搭載されている通信システムは，使用場所と用途によってさまざまなものがある．使う周波数，方式により，港湾内，近海，遠海など使用区域が異なる（表 3.18）．機能別に分けると，双方向通信，航海安全，緊急通信などで，それぞれ使用する機器の搭載基準は国際法，および国内法により定められている（表 3.19）．

表 3.18 船舶用無線通信システム[27]

主な用途	地上系システム	衛星系システム
港湾内，沿岸，船間で使用するもの	VHF 無線	インマルサット，N スターなど
近海で使用するもの	MF 無線	同上
遠海で使用するもの	HF 無線	インマルサット

表 3.19 機能別分類[27]

主な用途	地上系システム	衛星系システム
双方向通信	VHF, MF, HF 無線	インマル A, B, M など
安全航海情報受信	ナブテックス受信機 DSC 受信機 遭難周波数聴取受信機	EGC 受信機
緊急時送受信	レーダトランスポンダ	EPIRB

① VHF 無線

150 MHz 帯の送信, 150, 160 MHz の受信機能をもつ単信, およびプレストーク方式の無線電話である. 国際 VHF は, 国際電気通信条約の無線通信規則に従っている.

② MF/HF 無線

遠距離通信は 4, 6, 8, 12, 16 MHz 帯の短波が用いられている. 電離層反射のため, 時間, 季節, 周波数などにより伝搬状態が変化し, 通信が不安定になる場合があるので, 適切な周波数を自動選択する方式が取られている. 中距離には 2 MH 帯が使用され, 2.182 kHz は無線電話による遭難安全通信に使われる.

③ DSC 受信機

ディジタル選択呼出し (DSC：digital selective call) は, 主に船舶および海岸局の呼び出し, 船舶からの遭難信号の発信などに用いられる. 周波数は MF 帯 (2187.5 kHz), HF 帯 (4, 6, 8, 12, 16 MHz 帯), および VHF 帯 (156 MHz 帯) である.

④ EGC 受信機

EGC (enhanced group call) 受信機は, インマル A, B, および C と組み合わせて使用され, 海上安全や商用通信のサービスを受けることができる.

⑤ EPIRB (emergency position indicating radio beacon)

遭難救助用ブイで, 船の沈没時に自動的に離脱して海上に浮遊しながら 406 MHz の遭難信号と, 121.5 MHz のホーミング信号を自動発信する「非常用位置指示無線標識」である. 遭難信号は COSPAS/SARSAT 衛星で受信され, 地球局に送信され, その情報は救難調整センター (日本では海上保安庁)

に送られ，さらに救助船に伝達されて救難活動がなされる．ホーミング信号は航空機などで受信され，遭難救難活動が行われる．

⑥　ナブテックス受信機

海岸から400海里程度までの沿岸水域に関する船舶情報，気象情報，捜索救助情報など海上安全情報をテレックスで受信する．周波数は518 kHzである．

⑦　レーダトランスポンダ

この装置は船が沈んで海上に投げ出されると，船舶や航空機に装備されている9 GHzのレーダ電波に応答して同じ9 GHzの電波を出し，船舶や航空機にそれが表示されて生存艇の位置を指示する．

船舶には通信設備以外にレーダ，衝突予防システム，航海情報ディスプレイシステム，電子海上図表示システム，暗視装置，GPSなど，航海に必要なシステムが搭載されていて，これらと通信システムとを統合配置したIBD (integrated bridge systems) が導入されている．

(b)　漁業無線

漁業に従事する人が使用する業務用音声通信で，加入電話には接続されない．気象，漁場の位置，漁群の状況等，漁船と漁業用海岸局との通信および漁船どおしの通信等に使われている．27 MHz帯および40 MHz帯を使用したDSB方式，あるいは1.6〜3.3 MHzを用いたSSB方式が小型漁船で用いられ，大型漁船では150 MHz帯も使用されている．

(3)　航空用のシステム

航空用無線システムには大きく分けて通信，航法および監視の3種類がある．通信には航空交通の円滑，安全のため，ならびに業務用あるいは旅客用等がある．航法には，地上の電波を受けて，方位や距離情報を得る各種の無線航法システムがある（表3.20）．監視用には各種レーダ（4.2.2項(3)参照）が使われ，空港や航路で航行の監視や管制，誘導がなされている．

(a)　業務通信[30]

空港や航空路の主要点にある基地局を介して航空機と音声通信を行う業務用通信では，世界中どこの空港でも通信できるよう使用周波数は国際的に統一されている．通常領空内近辺ではVHF帯無線電話，洋上などではHF帯無線電話が使用されている．

表 3.20　各種の航空用無線

	名称	略称	周波数帯	機能（有効距離）	精度	備考
通信	通信用無線機		3〜20 118〜137 [MHz]	業務用通信		
航法	電波高度計		4.25〜4.35 [GHz]	高度測定 (−20〜+2500 ft)		
	自動方向探知器	ADF	195〜405 500〜1750 [KHz]	方位測定 長波帯ビーコンおよび中波帯送信波受信による		
	超短波全方向無線標識	VOR	108〜118 [MHz]	方位測定 地上局標準信号受信による(100〜200 海里)	±3°	
	距離測定装置	DME	960〜1215 [MHz]	距離測定 地上管制局との送受信時間(200 海里)	0.5 海里または3%	空港用は有効20海里 ±12〜250m
監視	ATCトランスポンダ	ATC	送信 1090 受信 1030 [MHz]	航空管制レーダビーコン用		
	計器着陸システム	ILS	108〜118 329〜335 75 [MHz]	着陸姿勢誘導 方位25 海里 仰角10 海里	0.1〜0.5° 0.1〜0.2°	
		MLS	5.03〜5.09 [GHz]	同上 方位25 海里(±40°) 高低20 海里 (0.9〜15°)	0.08〜0.23° 0.1〜0.14°	
	衝突防止装置	TACS		周辺の航空機監視，パイロットに情報提供		
情報	気象レーダ		5.3〜5.4 9.0〜9.2 [GHz]	気象状況把握		4.2.2 (4) 参照

(b)　航空管制[31]

滑走路への着陸を誘導する電波システムに，計器着陸装置（ILS：instrument landing system）がある．ローカライザ，グライドパス，マーカ等で構成される．航空機は滑走路の中心線上ILSコースに対する左右のずれをローカライザにより知り，上下の偏りはグライドパスにより知って（図3.96），コースを修正する．マーカは滑走路末端までの距離を与える．さらに滑走路への進入，着陸をより安全にし，かつ曲線進入経路がとれるよう広い角度で誘導できるマイクロ波着陸システム（MLS：microwave landing system）がある．1998年には国際標準化され，2000年以降標準として運用されている（図

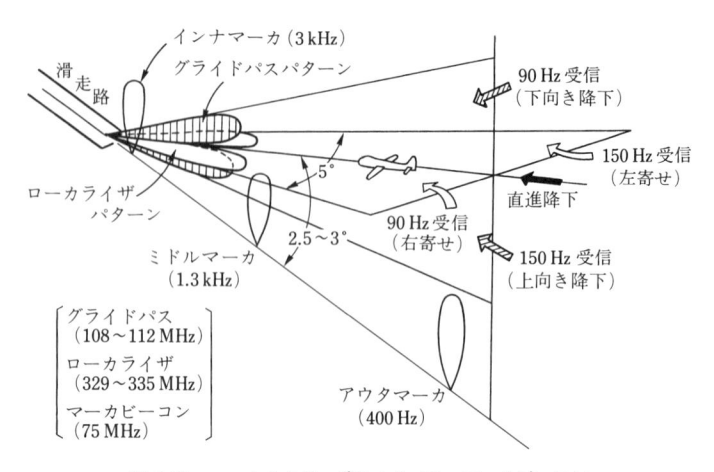

図 3.96 ローカライザ，グライドパス，マーカビーコン

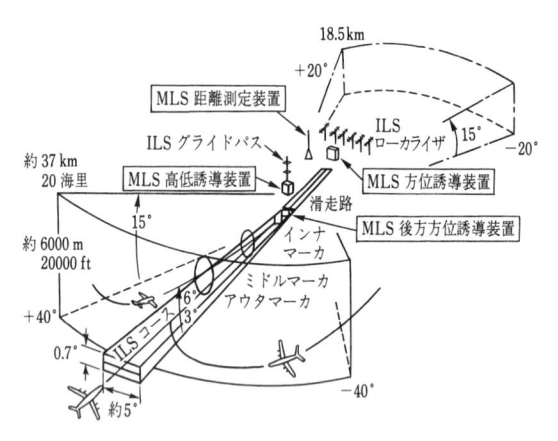

図 3.97 ILS と MLS 共用の状態[30]

3.97)．これは，地上のアンテナによる電波走査により滑走路に入る航空機の方位と仰角を求め DME（距離測定装置）による距離のデータと合わせて航空機に送り，誘導するシステムである．仰角，方位の測定には周波数 5 GHz のフェーズドアレイを使う．そのビーム走査範囲は仰角 0〜15°，方位 ±40° で，測定精度はそれぞれ ±0.14° 程度である（4.2.2 項 (3)(d) 参照）．

(4) 静止衛星利用によるシステム[32]

　移動体を対象とする衛星通信は，移動衛星業務と呼ばれていて，移動中の通信だけでなく，特定しない点に停止して通信する場合も含められる．
　移動衛星業務には，次の3様がある．
　① 一般通信サービス（電話，画像，データ，ファクシミリなど）
　② 無線測位や無線航法など
　③ 遭難安全や捜索救難のためなど

　衛星を利用する移動通信の意義は大きい．太平洋など陸地から遠く離れて航行する船舶や，飛翔する航空機に対する通信は，かつては短波帯の電波に限られていたが，不安定であり，かつ伝送する情報量が小さい．衛星を利用すればこの問題は解決する．地球上だいたいどこにいても，高速データの伝送やファクシミリによる文字，図形，それに TV 映像などを安定して品質良く送れる．気象情報や航行情報など多くの種類の情報伝送により安全航行，運行が保たれ，さらに遭難救助などにも役立つ．

　船舶や航空機に限らず，陸上の移動体（人，車両）等との通信にも衛星は利用される．国際的にはインマルサットによるシステムが世界的規模で船舶に対する通信サービスを行っているが，船舶だけでなく航空や陸上へのサービスも行っている．

　(a) インマルサット（INMARSAT）システム[32)33)]

　国際海事衛星機構（INMARSAT : International Maritime Satellite Communication Organization）による船舶を対象とした衛星通信システムとして運用を始めたが（図 3.98），運営は国際インマルサット機構に変わり，さらに国際衛星移動機構 ISMO に移って，1999 年に運営は民営化された．第 3 世代の衛星 9 基と第 4 世代の衛星 2 基を，大西洋東および西，インド洋，太平洋に配置し，グローバルなサービスを行っている．

　サービスの形態は当初の海事だけから，陸上，航空機の利用にまで広がっている．地球局も移動体では小型，可搬機の利用などがある．サービスの主なものは（表 3.21），1976 年に開始された標準 A（アナログ電話，音声，ファックス，データ通信とテレックス），船舶搭載型で A の後継としてディジタル伝送（64 kbps 高速データ）を行う標準 B，船舶搭載型で，GMDSS（(e)項参

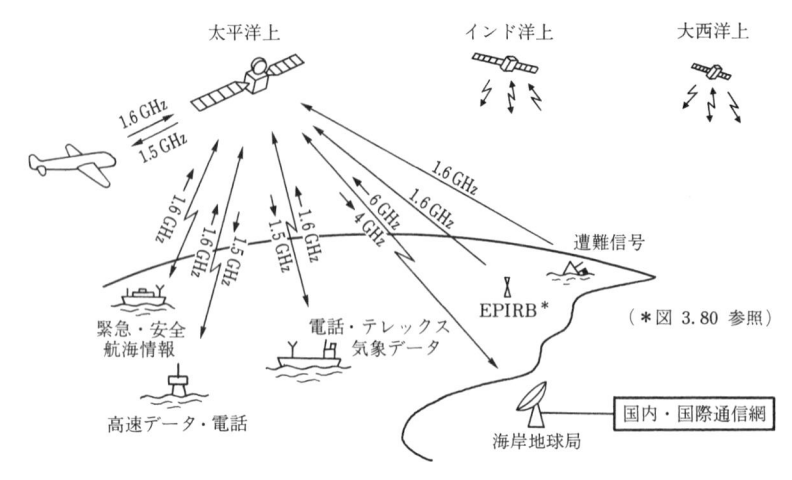

図 3.98　INMARSAT システム

照）に対応し，また，パケット通信のほかに e-メールなどが可能な標準 C, B システムを小型化し，可搬型で陸上移動端末，あるいは小型船舶への搭載が可能な標準 M, さらにスポットビームアンテナを搭載した第 3 世代衛星に対応して，端末を小型化した mini-M（車載，船舶，航空機）などがある．mini-M では，音声，ファックス，データ通信および，64 kbps の高速通信サービス（M 4 サービス）により，ISDN との統合，インターネット，TV 電話などへ利用が拡大している．これらの他，Fleet システム（A のデータ伝送後継として導入），R-GAN（Regional Broadband Global Area Network），ならびに航空機搭載用ディジタルシステム Aero-L と-H がある．Aero-L はパケット通信のみで，Aero-H は電話（音声，ファクス，データ通信）の利用ができる．このほか，Satweb-28 や SNAC などがある．

　平成 16 年に打ち上げられた第 4 世代衛星は高速データ通信サービス（B-GAN：Broadband Grobal Area Network）を提供する．第 3 世代の 20 倍の容量（20,000 回線/電話交換）を有している．衛星には 200 の狭域スポットビーム，17 の広域スポットビーム，それにグローバルビームなど，それぞれを形成するアンテナを搭載し，地球局に軽量，小型の端末が使えるようにしている．端末に電話機，パソコンを接続することにより，ISDN（64 kbps），IP パ

表3.21 インマルサットシステムの各種サービス[33]

標準システム	標準 A	標準 B	標準 C	標準 Aero	標準 M
サービス対象	海事	海事	海事・陸上	航空	海事・陸上
サービス開始	1976 年	1993 年	1991 年	1990 年	1992 年
主要サービス	音声・TELEX・FAX 07 年にサービス終了	音声・TELEX・FAX・データ	蓄積型データ	音声・FAX・データ Aero-L はパケットデータ通信のみ	音声・FAX・データ 標準 B の小形化 可搬型で小形船舶に利用

標準システム	Mini-M	標準 M 4	Fleet	R-BGAN	標準 D+
サービス対象	海事・陸上・航空	海事・陸上	海事		海事・陸上
サービス開始	1996 年	2001 年	2002 年	2002 年	2005 年
主要サービス	音声・FAX・データ (64 kbps) インターネットアクセス TV 電話 可搬型端末で車載,船舶,航空機に利用	音声・FAX・ISDN	F 77*1 F 33*2 F 55*2 遭難・緊急通信の発信受信 *1 標準 A の後継 *2 F 77 の拡充	インターネットアクセス 144 kbps データ送受信 Thuraya 衛星をリース	蓄積型双方向データ通信 GPS 装備 船舶保安警報装置 携帯 CD プレーヤ程度の端末

ケット通信（最大 432 kbps）などの高速データ通信サービス（B-GAN）の提供が受けられる.

2004 年度では 170 カ国以上にわたり，陸，海，および空で約 47 万局の移動局が利用していた.インターネット接続サービスもあり，米国民間航空機搭乗者向けに Ku バンド通信衛星を使っている.ルフトハンザ，SAS，シンガポール航空，および JAL，ANA の一部路線で利用されている.

(b) ETS-VIII (Engineering Test Satellite)[34]

総務省が文部科学省と連携し，人工衛星の共通基盤技術を開発する目的で進めている技術試験衛星シリーズの 8 型である.S バンド（2.6 GHz 帯）の利

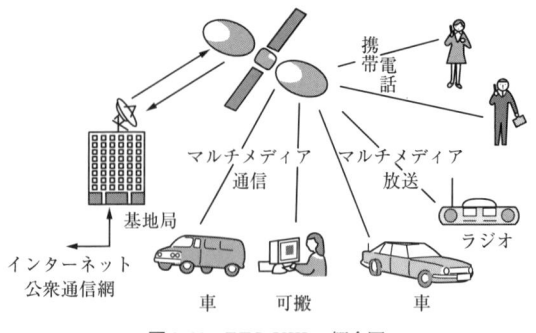

図 3.99　ETS-VIII の概念図

便性を高め，日本全国あらゆる場所で携帯電話が使える「S バンド移動通信」や走行中の車などでも FM 放送以上の高品質の音声やマルチメディア放送を行う「S バンド移動体ディジタル衛星放送」の研究開発，ならびに原子時計との高精度比較装置を構成し，きわめて精度高い時刻を生成できる測位システムの開発を目指している（図 3.99）．主な研究目標は

① 静止衛星であっても携帯端末が利用できる移動体衛星通信システムの実現
② CD 並みの高品質音声，画像の伝送を可能とするマルチメディア衛星同報通信システムの実現
③ 衛星測位システムなどの基礎技術の開発
④ 大型静止衛星バス技術
⑤ 大型展開アンテナ技術（19 m×17 m）（図 3.100）

などにある．小型携帯端末が使えるのは，衛星局に大きいアンテナを積み，地上での受信電力密度を高くするからで，携帯電話や PDA 型などが使えるようにする．

(c)　MSAT[35]

陸上移動，とくに長距離トラックを相手に比較的高品質の音声通信を提供する目的で，米国とカナダの合弁会社

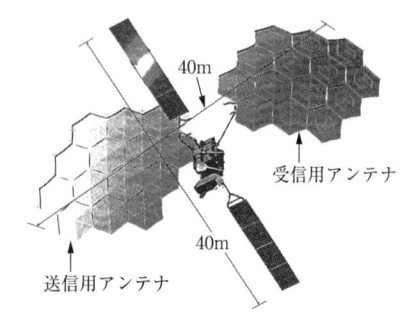

図 3.100　ETS-VIII 用衛星搭載アンテナ

が運用しているシステムである．800 MHz または 1.5 GHz 帯を用い，衛星は直径 9 m のアンテナを 2 個使い 4 ビームを形成する．車両だけでなく，航空機，船舶を含めた通信で，カナダ全土，米国全土，ハワイ，南米，および沿岸 200 マイル以内を対象としている．音声（自動車電話，業務用電話），データ（2.4 kbps）などのサービスも含まれている．

(d)　N-STAR[36]

携帯電話や船舶電話でカバーできない地域へのサービスを行うために 3 基の衛星（NSTAR a，b，c）を使った，移動体衛星通信システムである．サービスエリアは日本および近海（約 200 海里）で，4 つのビームでカバーしている（図 3.101）．移動体-衛星間は S バンド（2.6/2.5 GHz 帯），フィーダリンク（衛星-地球基地局間）には C バンド（6/4 GHz 帯）を使用している．

地上のセルラシステムとネットワークが統合され，山間部など携帯電話のサービスエリア以外の地域や船舶電話などのサービスの継承，ならびにエリアの拡大を行っている．衛星には回線交換，およびパケット交換の中継器を搭載しており（表 3.22），電話サービスに加えパソコンからのデータ通信やファクスなど非電話系により，インターネット接続やメール通信，画像情報による気

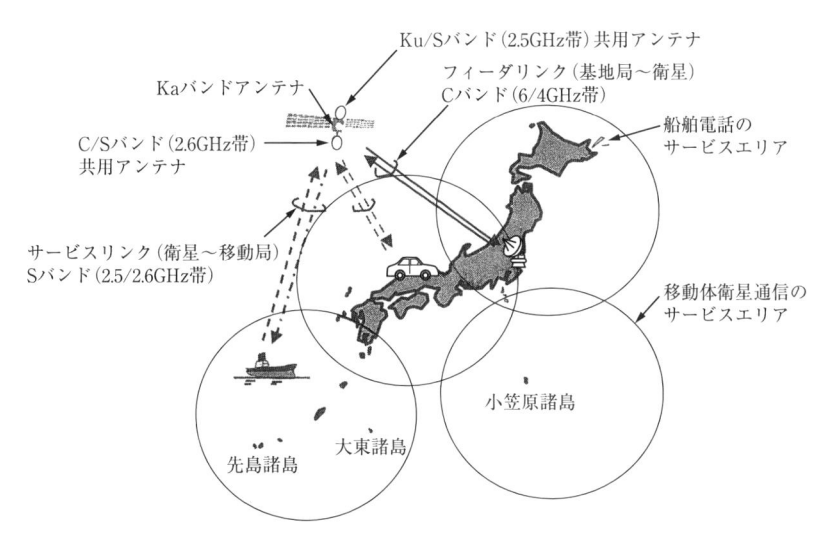

図 3.101　N-STAR による通信

表 3.22 N-STAR の主要諸元[36]

項 目	内 容	
	回線交換方式	パケット交換方式
アクセス方式	FDMA/SCPC	リターンリンク：FDMA（SCPC） フォワードリンク：TDM
伝送速度	14 kbps	リターンリンク：14 kbps フォワードリンク：154 kbps
変復調方式	$\pi/4$ シフト QPSK/同期検波	$\pi/4$ シフト QPSK/同期検波
誤り訂正方式	畳込符号化/ビタビ復号	畳込符号化/ビタビ復号
データレート	音 声：5.6 kbps FAX/データ：4.8 kbps	パケット：上り 4.8 kbps 　　　　　：下り最大 64 kbps

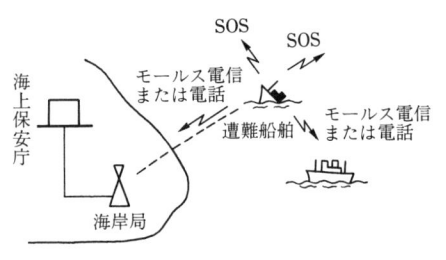

図 3.102 従来の海上遭難安全通信システム

象，海象情報サービスなどを行っている．

地上における端末は，ノートパソコン型の可搬機や車載機，あるいは船舶用の小型機である．新しく使われているワイドスター・デュオには可搬型，車載型，船舶型があり，デュオユニットを使ってインターネット，電子メール．データ通信などができる．また GMDSS（(e)参照）対応の一般通信設備として認証されている．

(e) 海上遭難安全通信システム（GMDSS）[37)38]

海上における遭難救助および安全を保つ通信は永年緊急信号に使われてきた人手による SOS 発信（図 3.102）により行われてきたが，1992 年 2 月からは固定衛星（INMARSAT）および軌道衛星（COSPAS-SARSAT）を利用する世界的規模の通信システム GMDSS（Global Maritime Distress and Safety System）と呼ばれるシステムの運用が始まった（図 3.103）．衛星通信を利用

図 3.103 GMDSS の構成

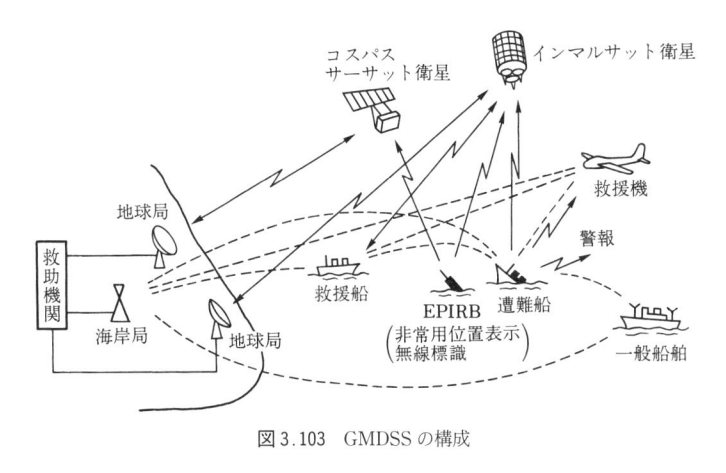

するため遭難信号など即時にデータの伝送が行え，遭難場所，時刻，状況などが正確，かつ簡単な操作で迅速に伝えられるので救助活動が速く確実に行える．このシステムは世界的に整備され SOS 発信は 1991 年以降行われなくなった．

静止衛星による移動体通信は，INMARSAT 以外に ACeS（インド），Thuraya（UAE）などが地域システムとして運用されている．国内移動体衛星は，国内固定衛星通信サービスを提供している衛星を使っている．米国やカナダの MSAT は移動体専用衛星である．

(5) 非静止衛星移動通信システム[39]

1980 年代にヨーロッパを中心に多くのシステムが提案されたが，実現に至らなかった．1990 年代になって，アメリカを中心にイリジュームなど，中高度軌道の LEO（low earth orbit）や Meo（medium earth orbit）を利用する大規模 Big Leo，さらに小規模の Little Leo と呼ばれる多くの衛星システムが提案され，小型携帯端末を用いて陸上だけでなく，海上，航空など，世界規模で利用できるシステムが現れた．

非静止衛星が使われる理由は，静止軌道上の衛星配置がほぼ一杯になり，また静止衛星にみられる伝搬遅延の問題がないからである．また，高度が低い周回衛星に多くの衛星を配置して全地球をカバーするので，衛星からの電波の受信電力密度が大きくでき，小形アンテナを備えた携帯端末が使える．したがっ

て，世界中どこでも共通した携帯機が使える利点があり，国際的なパーソナル通信システムの実現が容易である．

(a) Big Leo

代表的なシステムは，イリジュームと Globalstar である．イリジュームシステムは 1998 年に，Globalstar システムは 2000 年に，それぞれサービスを始めたが，事業主の経済破綻によりどちらも一時運用を停止した．しかし，新しい事業主により，イリジュームは 2001 年に運用を再開し，Globalstar の方は 2004 年に運用再開手続きを終えた．

① イリジュームシステム[40]

高度 780 km の円軌道 6 面に 11 基の衛星，合計 66 基を配置し，地球全体をカバーする（図 3.104）．各衛星は約 100 分で地球を周回する．軌道傾斜角* は 86.4 度で，南極，北極双方をカバーする．隣接する衛星間相互で通信を行い，かつ衛星内で交換機能をもつので，地上で複雑な中継器がなくても全世界で国際間の通信ができる．

情報伝送の速度は音声 2.4 kbps，データは 4 kbps である．現在はロシアなどで利用が多い．

② Globalstar システム[41]

高度 1,414 km の円軌道 8 面の各軌道面に，傾斜角 52 度で 6 基の衛星，計 48 基を配置し，緯度 70 度程度までの地球をカバーするシステムである（図

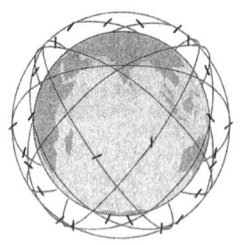

衛星数 ：48＋8（予備）
軌道高度 ：1,414km
軌道傾斜角：52度
軌道面数 ：8

図 3.104　イリジューム衛星の軌道配置[40]

図 3.105　グローバルスター衛星の軌道配置[41]

----

* 赤道面と衛星軌道面のなす角度．

3.8 ワイヤレスシステムのいろいろ

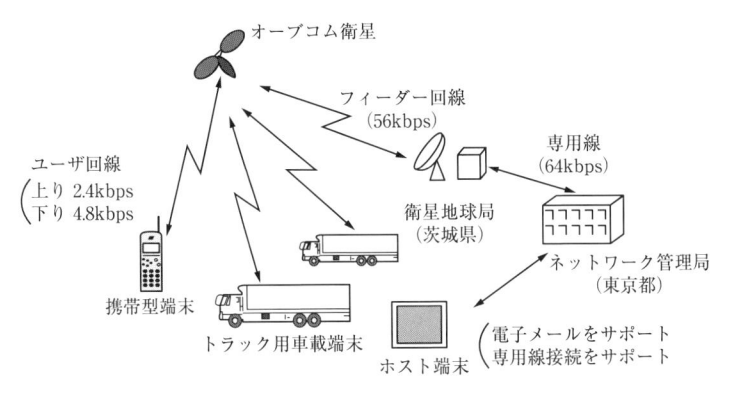

図3.106 オーブコムシステムの概念図

3.105）．衛星間通信は行わず，地球局はすべて地上でのゲートウェイによる中継で通信する．

(b) Little Leo[42]

データ通信を目的とするシステムで，携帯端末を用いてメッセージ通信，データ収集などを行う．運用されているのは，Orbcomだけである．

Orbcomシステムは，高度825 km（周回時間約100分），軌道傾斜角45度に4面，70度に1面，108度に1面，合計で35基の衛星を配置し，双方向のデータ通信専用のサービスを行っている（図3.106）．VHF帯（アップリンク148-150 MHz，ダウンリンク137-138 MHz）を使用しており，端末は小型，低消費電力にできる．通信システムは，アップリンク72 kbps，ダウンリンク4.8 kbpsのデータ通信とショートメッセージである．グループID（識別）利用で同報通信や，GPSを内蔵していれば自動測位などのサービスを受けられる．端末のアンテナにはホイップが使え，場所をとらない利点がある．

3.8 ワイヤレスシステムのいろいろ

ワイヤレス（無線通信）システムは，いろいろな形態で利用されるようになった．ごく近くで行う通信NFC (near field communications)，有線ネットワークを無線に置き換えるWLAN (wireless local network)，それと多量の

第3章 情報を送る

表3.23 通信距離と無線ネットワーク

ネットワーク	通信距離	システム・規格	備考
距離無線	数センチ〜数十センチ	・RFID　IC tag ・NFC[*5]　Suica	携帯電話に組み込まれるものもある.
無線 PAN[*1]	数メートル〜数十メートル	・Bluetooth (IEEE 802.15.1)[*6] ・UWB (IEEE 802.15.13 a)[*6] ・ZigBee (IEEE 802.15.4)[*6]	・業界団体 Bluetooth SIG, WiMedia Alliance, USB Forum, ZigBee Alliance
無線 LAN[*2]	数十メートル〜百メートル	・IEEE 8022.11 b/a/g[*6]	・次世代高速版 IEEE 802.11 n ・業界団体 Wi-Fi Alliance
無線 MAN[*3]	〜数キロメートル	・Flash-OFDM ・iBurst	・業界団体 WiMAX
無線 WAN[*4]	広範囲,〜1キロメートル (ゾーン)	・第2世代(PDC, GSM 等) ・第3世代(W-CDMA, cdma 2000) ・第3.5世代(HSDPA, EVDO/EVDV)	・2010年より第4世代

[*1] Personal area network
[*2] Local area network
[*3] Metropolitan area network
[*4] Wide area network
[*5] Near field communication
[*6] IEEE(米国電気電子学会)の委員会で, 802はLANなどの標準策定に設定された組織. 802.15.1は, 802委員会で15番目に設立された作業部会で, その中の第1グループを意味する.

情報を高速に伝送する無線ブロードバンドシステムなど各種中長距離通信システムである (表3.23).

(1) 近距離通信システム

　情報をあまり遠くないところに送る利用は非常に多くなってきた. 最近ではごく近くの距離の通信が増加してきている. 距離的には, 数メートル以下, 数メートルから数10メートル程度, 100メートル前後, 数100メートル程度など目的や用途に応じていろいろなシステムがある. ごく近い距離で行う無線通信は近距離非接触通信と呼ばれており, その代表的なものはRFID (radio frequency identification) である. 品物にその産地, 特性などの情報を入れたICチップを埋め込んだごく小さいスリップをつけ, それを非接触で読み出す装置, 鉄道の改札をICカードをかざすだけで通るSuicaなど, その例であ

る.非接触 IC カードには,日本とオランダの会社で共同開発した NFC 技術による Felica がある.Suica もこの技術を使っている[43].

(a) RFID (radio frequency identification：無線識別)[44]

近距離非接触通信の代表的なもので,無線によって個別識別・認識を行う.個別（人間を含む）識別にはバーコード,磁気カード,光カードなどが用いられてきているが,非接触,つまり無線で個別識別を行うシステムとして登場したのが RFID システムである.これには,携帯しやすい大きさであること,情報を記憶する機能をもつこと,非接触通信ができることなどの条件がある.無線タグ,IC タグ,電子タグ,ID タグなどと呼ばれるものは,基本的にはこの RFID である.しかし用途,目的によって使い分けられている面もある.

無線で行うためには電磁誘導,電磁波などを使う.電磁誘導は,コイルに電流を流すと近くにある別のコイルに電圧を誘起する相互誘導（図 3.107）を利用するもので,一方のコイルの電流に情報を

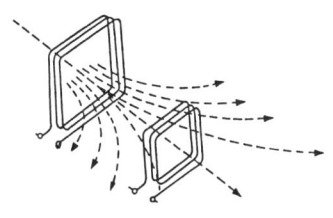

図 3.107　電磁誘導の概念

のせ,他方に電磁誘導でそれを伝える仕組みである.この場合はごく近い距離である.

電磁波の場合は,いうまでもなく電波の放射を利用するもので,そのためにアンテナを使う.このほか,光波や赤外線も使われる.

RFID システムの構成は,ID 情報を読み出す側のリーダと,ID 情報をメモリしているトランスポンダとより成る（図 3.108）.リーダからトランスポンダに信号を送って ID 情報を読み出す,あるいは情報を書き込む.その読み出

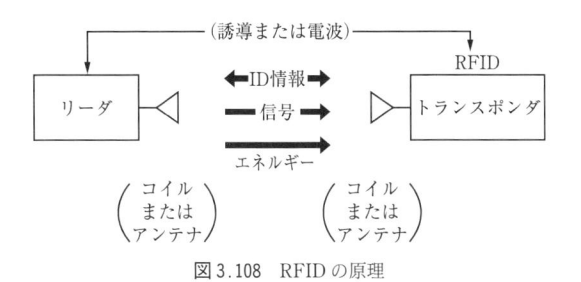

図 3.108　RFID の原理

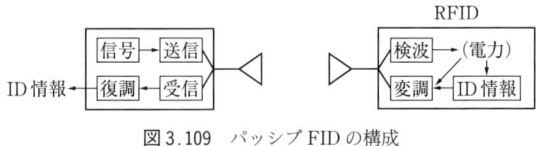

図 3.109 パッシブ RFID の構成

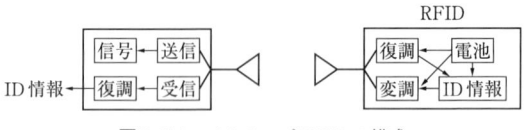

図 3.110 アクティブ RFID の構成

表 3.24 RFID の各種

	電磁誘導方式		電波方式	
使用周波数	長波帯 125 kHz	短波帯 13.56 MHz	UHF 帯 950 MHz	VHF 帯 2.45 GHz など
交信距離	〜1 m	〜1 m	〜5 m	〜数 m
通信速度	小	中	中→大	大
アンテナ寸法	大	中	中→小	小
指向性	広	広	広→狭	狭
用途	至近距離用	近距離用	広範囲	広範囲

し、あるいは書き込みには2方式がある．パッシブ方式とアクティブ方式で、パッシブ方式では、リーダからID情報を記憶したトランスポンダに電力を送り、その電力で記憶回路を動作させ、ID情報を送り返させる．あるいは、記憶回路に情報を書き込む．トランスポンダには検波回路があり、リーダから送られる搬送波の電力を取り出す．一般的にRFIDは移動体に取り付け、あるいは携帯して使うので、トランスポンダでは電池はもたない（図3.109）．一方のアクティブ方式では、トランスポンダ側に電池をもち、情報の発信、受信を行う（図3.110）．

非接触でID情報を取り出す距離は、ごく至近の数mmから遠くて5m程度で、無線の周波数には、数kHzから数GHzの間の4周波数帯が使用される（表3.24）．RFIDの形状はいろいろあり、細いリボン型、ラベル型、カード型、円筒型、箱型などである（図3.111）．識別（ID）のための情報量は1

リボン型	ラベル型	円筒型	カード型	箱型

図 3.111　RFID の各種形状

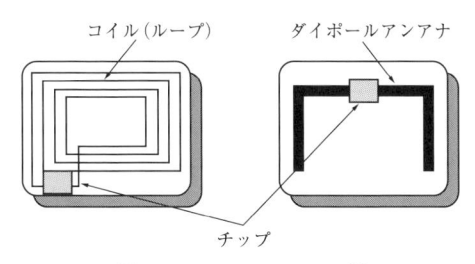

図 3.112　RFID アンテナの例

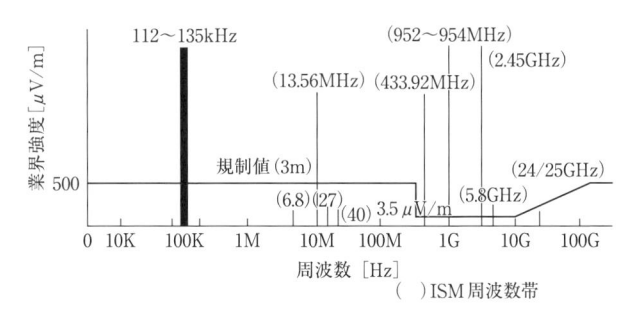

図 3.113　RFID 用周波数

ビットから数キロバイトである．

　リーダとトランスポンダの間の結合は，電波方式では最も基本的なダイポール，ループなどのほか，マイクロストリップアンテナなどが用いられる．電磁誘導方式では，RFID にカードなど平らな形状が使われる場合が多く，コイルがよく使われる（図 3.112）．これらは，RFID の形状によって使い分けられる．

　電波の使用は，電波法に従う必要がある．RFID には，国際的に ISM バンドを含む 5 周波数帯（図 3.113）が定められているが，国によって使い方が違

う．たとえば，433 MHz は米国では使っているが，わが国では使えない．電波法上は，微弱電波の無線装置の扱いになっている．無線局の 3 m の距離における電界強度は，322 MHz 以下に対して 500 μV/m 以下，322 MHz 以上，10 GHz までは，35 μV/m 以下となっている（図 3.114）．実際には，RFID 側からは電波を発しないので，その送信側が電波法に従うようにしなければならない．ID 情報の伝送に用いられる変調方式は，ASK, FSK, PSK などである．

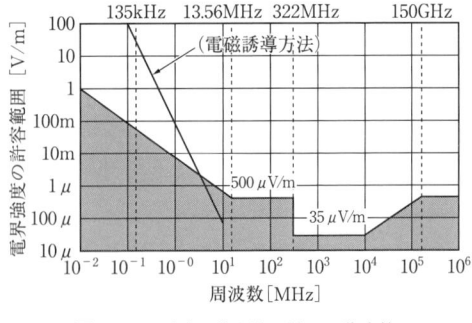

図 3.114 電波を使う際の強さの許容値

RFID の応用は非常に広い．たとえば，入退室管理，自動改札，在庫管理などがある．愛知万博では，入場券にミューチップを使った RFID が用いられた．ミューチップは寸法が 0.4 mm × 0.4 mm の超小型の IC チップで，128 ビットの ROM を有する．小さい薄型のアンテナ（図 3.115）にこのチップを取り付け，カード状の入場券に埋め込まれて（図 3.116）使われた[45]．無線周波数は 2.45 GHz である．万博パビリオンの自動ゲート入退場や，パビリオンの入場事前予約，迷子探し支援などに利用された[46]．

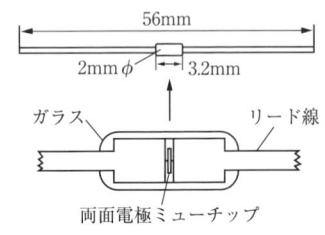

図 3.115 ミューチップのアンテナ[45]

これらのほか部品在庫管理，万引き防止，回転ずし，駐車場入退場管理など，利用は今後ますます増加するであろう．1 つの例として，Suica がある．首都圏エリアで鉄道の乗車券に IC カードを導入し，カードを改札機にかざすだけで改札を通過するシステムである（図 3.117）．すいすい通れるという意味で Suica（スイカ）と名づけられている．2007 年から，

図 3.116 RFID システムを組み込んだ愛知万博の入場券[46]

バスなど鉄道以外の乗車券にも共通して使えるパスモ（PASMO）が導入されている．電磁誘導方式で，ISO 14443に準拠し，使用周波数は13.65 MHzである．カードにループコイルが入っている．カードの容量は1.4 Kバイトで，通信距離は10 cm以下である．関西地域でも電車とバスの乗車券をICカードにしたPiTaPaが使われている．NFC技術による非接触ICカードは，欧米では社員のIDカード，入出管理などに使われ，アジア諸国でもバスや地下鉄の乗車券に採用されている．また，携帯電話に内蔵した非接触ICカード機能を使って電子チケット，電子マネーなどに利用する"電子サイフ携帯"が使われるようになってきた．

図3.117 Suicaによる自動改札

今日，情報のやり取りを，いつでも，どこでも，誰とでも，何とでも，というユビキタス社会の実現に向けての進展がみられるが，RFIDはその一端を担う大きな役目を果たすものである．

近距離通信で代表的な今ひとつのシステムとして，Bluetoothがある．

(b) Bluetooth[47]

Bluetoothは機器と機器の間を結ぶ線をなくし，無線に置き換えるという考え方で，シンプルで，妨害など受けにくい（堅牢な），そして低消費電力，低コストの無線システムである．Bluetoothという名称はブルーツース王の故事に因んでつけられたもので，王が10世紀にデンマークとスウェーデンを武力でなく，説得と対話で統合したことに因み，このシステムも全世界に統一的に使われるようになることを念じて名つけられた．

このシステムは，1994年にエリクソン（スウェーデン）が内部プロジェクトで始めたものであるが，やがて1998年には5社がプロモータとなり，それが9社に増えて今運営されている．また，Bluetoothに賛同した企業数千社の集まり，SIG（Special Interest Group）により，さまざまなプロジェクトが進められている．このことから，Bluetooth王の名をとった思想は実現しているといえよう．

Bluetoothは，2.4 GHzのISMバンドを使うので無線免許の必要はない．最大10 m程度の通信距離向きで，機器はウエアラブル（身に着けられる）タ

イプや携帯機型である．パソコンとその周辺機器，パソコンと携帯電話，ステレオとヘッドホンなど身近な機器を無線で接続する，いわば PAN（personal area network）を形成する．通信速度は 1 Mbps，端末 1 台に付き最大 7 台まで同時に通信できる．

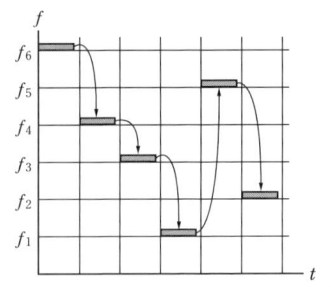

図 3.118　周波数ホッピングのパターンの例

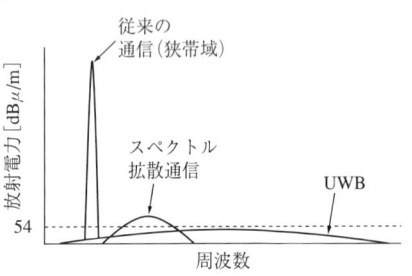

　変調には，IEEE 802.11 と同様，周波数ホッピングスペクトル拡散（FHSS）方式を採用している．FHSS 方式は，2.4 GHz 帯を 29，あるいは 79 分割してそれを時間的にとびとびに変化して送る（図 3.118）．このとびとびのパターン（ホッピングパターン）を符号にしているので，受信側ではこれと同じパターンの符号を読み取り，自局宛の電波を受信する．分割した周波数の各フレームには情報がのせられているので，それを復調して情報を受け取る．携帯電話と組み合わせてFMC（(d)項）にも利用されている．

図 3.119　UWB の周波数範囲

(c) UWB (ultra wide band) システム

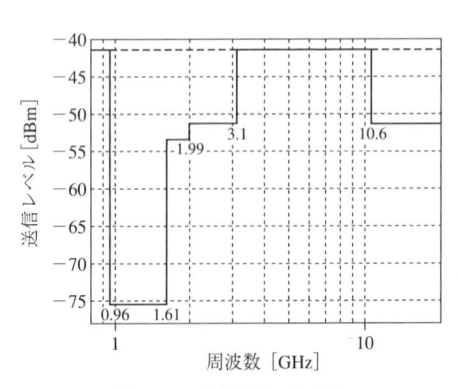

図 3.120　放射強度の規制値

非常に広い周波数帯域を使用して情報を送る無線システムで（図 3.119），FCC（米連邦通信委員会）によれば 3.1 GHz～10.6 GHz にわたる周波数帯域内で比帯域が 20% 以上あるいは，500 MHz 以上の帯域を占め，放射強度の許容規制値（図 3.120）以下に従う信号を扱うシステムを UWB と称する．比帯

域 W_c は，f_H，f_L を，それぞれスペクトルの最大値から 10 dB 低いレベルの最高周波数と最低周波数とすると

$$W_c = 2(f_H - f_L)/(f_H + f_L) \quad (3.34)$$

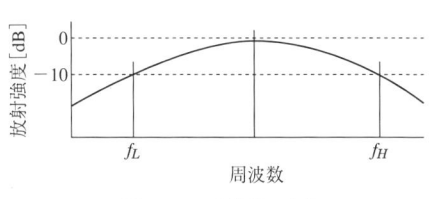

である（図 3.121）．

図 3.121　比帯域の定義

非常に短いパルスを使うシステムと搬送波を使用するシステムとがある．パルスを使用するシステムは，電波利用の初期にはすべてパルスを使ったことを思うとその歴史は古い．1940 年代に，干渉に強く，秘匿性に優れているとして軍用に検討され，1990 年代になってインパルス無線としてさらに開発が進んだ．超短パルス（数十ナノ秒）を使えば，そのスペクトルは超広帯域（GHz 単位）を占め，一方で電力密度が非常に低くなり，既存のシステムへ妨害を与えたり，あるいは逆に受ける可能性は低く，共存できる．平均電力が小さい（mW）ので伝送距離はそれほど大きくはないが，送る情報量は従来の他のシステムに比べて格段に大きく，短い距離で 100 Mbps，あるいはそれ以上である（図 3.122）．また消費電力が小さい．パルスはその振幅，位置，位相などを変調して，つまり PAM，PPM，PSK などで伝送する（図 3.123）．FDMA，TDMA，CDMA などの多元接続も適用される．

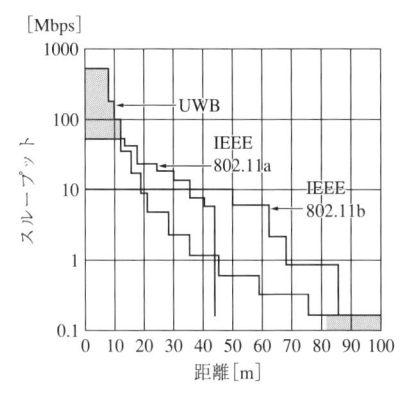

図 3.122　送れる情報量（スループット）と距離の関係

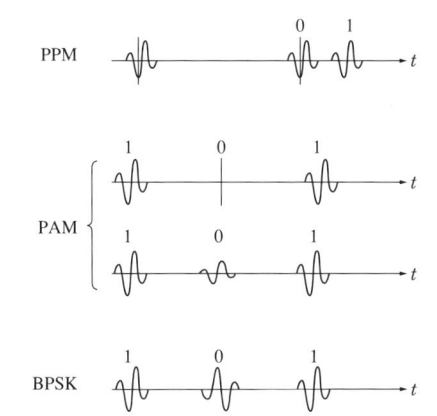

図 3.123　UWB 波の変調例

通信だけでなく，レーダや測距などにも利用される．レーダの応用には，地

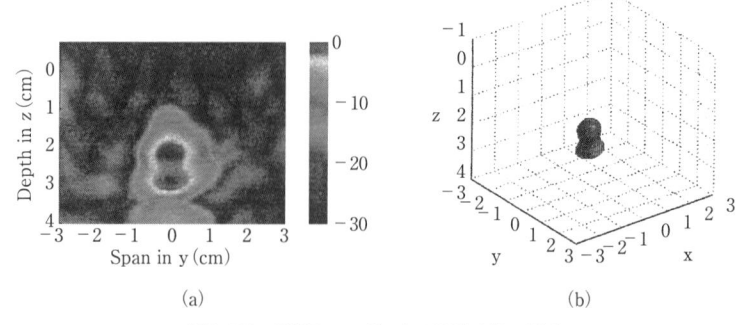

図 3.124　UWB レーダによる電波映像の例[48]

中探査，医療，壁の内部探査，セキュリティなどがある．これらは対象物のイメージング（映像化）に有用である．たとえば，癌細胞の探知に利用される．モデルを使った実験では，ガウス波形のパルスを 110 ピコ秒の幅で発射し，皮膚内 2 cm のところにある 4 mm の大きさの癌細胞を鮮明に映像化できた（図 3.124(a)映像，(b)座標系）．周波数範囲は 1〜11 GHz で，アンテナを移動しながら 6 cm×6 cm の範囲を 2 次元的に走査して 1 cm おきに合計 49 点のデータを得て映像化した[48]．

壁の内側にいる人間の探知も可能で，発射したパルスの位相の変化から人の動きを感知する方法や，発射電波の人の動きによるドップラ周波数偏移を検知して人の存在を知るシステムなどの例がある．

(d)　FMC（fixed mobile convergence）

新しい通信サービスで，携帯電話を家庭やオフィスで固定通信網に接続して使用し，屋外では移動通信網に接続して使用するという，いわば固定通信と移動通信との融合した形態である（図 3.125）．利用者は屋内では固定通信網を経由するので通信料金が安くなる．もちろん，利用者は屋内

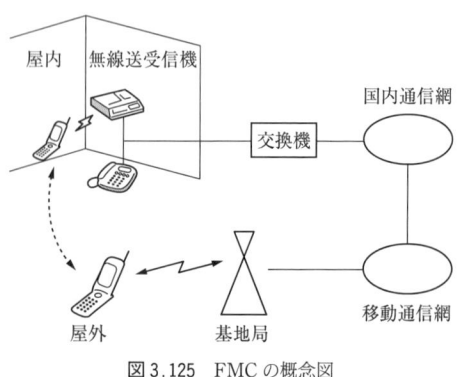

図 3.125　FMC の概念図

も屋外も端末が自動的に選択するのでどのエリアにいるかを意識することはない．実際に運用している英国では，BT Fusion という名称のサービスで，Bluetooth を内蔵した携帯電話（GSM 端末）で屋内，屋外ともに使える．韓国では Du という名称のサービスで，cdma 2000 に Bluetooth を内蔵した端末を使用する．わが国では，PHS で同様なサービスが受けられるが，今のところ家庭ではなく，企業内，たとえばオフィス内と屋外で使用できるサービスである．

FMC の導入は欧米で業界団体が強力に進めており，携帯電話とワイヤレス網（WLAN，Bluetooth など）双方に利用できる端末もいろいろ進化してきている．携帯電話が地上ディジタル TV のワンセグ放送（3.6.2(2)，図 3.61 参照）を受信する形で通信と放送の融合が進んできている中，FMC の導入でさらに分野をまたぐ通信と放送の融合が進むと考えられる．これは，いわゆるユビキタス環境を実現する一端であり，新しいコミュニケーションの形態が生まれ，情報処理も革新されて新しい文化の創生すら予想される．

(2) 中距離通信システム

(a) WLAN[49]

無線通信でデータの送受信をする LAN で，とくに IEEE 802.11 規格（表 3.25 参照）で使用するシステムを称する場合が多い．室内に LAN 配線がない場所，あるいは配線ができない場所で無線により LAN 接続ができるように

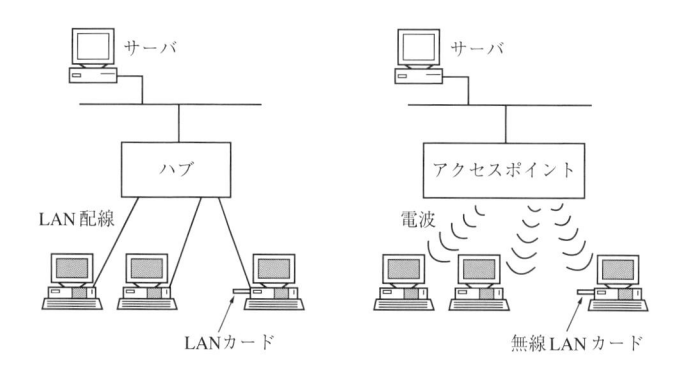

(a) 有線LAN　　　　　(b) 無線LAN

図 3.126　WLAN とは

したシステムである（図3.126）．端末（パソコンなど）には常に移動したり，あるいは持ち運べる可搬型を使う．屋内の至る所から中継点（アクセスポイント）を通してネットワークに接続ができるので利用されやすい．また，屋内でケーブルを敷設する際の煩雑さや敷設するスペース確保の難しさなど，移設に関わる問題をなくせる特徴もある．したがってLANシステム構築の自由度は高く，ネットワークへの接続も容易である．そのため一般家庭でも使われ始め，ノートパソコンにWLANカードを標準搭載している機種が増えている．ADSL*やFTTH**などの有線回線と組み合わせ，インターネットを楽しむの

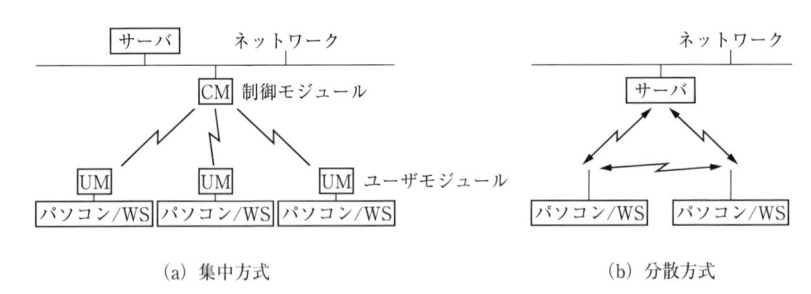

(a) 集中方式　　　　　　　　(b) 分散方式

図3.127　WLANの方式

表3.25　各種ワイヤレスシステムの規格[50]

名称	規格		使用周波数帯域	所要帯域幅	最高伝送速度	サービスエリア
PAN	Bluetooth		2.4GHz	1MHz	723kbps	屋内 屋外
	ZigBee		2.4GHz	5MHz	250kbps	
WLAN	IEEE802.11 (Wi-Fi)	IEEE802.11a(Wi-Fi)	5GHz	300MHz	54Mbps	公共空間, プライベート空間
		IEEE802.11b(Wi-Fi)	2.4GHz	26MHz	11Mbps	
		IEEE802.11g(Wi-Fi)	2.4GHz	300MHz	54Mbps	
	HIPER LAN/2		5GHz	455MHz	54Mbps	
MAN	IEEE802.16 (WiMAX)	IEEE802.16	10〜66GHz	20, 25, 28MHz	32〜134Mbps	屋外, 広域
		IEEE802.16a/d	11GHz以下	1.25〜20MHz	75Mbps	
		IEEE802.16e	6GHz以下	1.25〜20MHz	15Mbps	
WAN	IMT-2000	WCDMA	2GHz	5MHz	2Mbps	
		cdma2000	2GHz	1.25MHz	2.4MHz	

*　ADSL：電話線に音声通信で使用している周波数より高い周波数を使ってデータ通信を行うシステム．

**　FTTH：光ファイバを使って通信事業者から直接家庭や事務所に電話，インターネット，TV放送などの伝送を行うシステム．

が普通になってきている.

　システムには集中方式と分散方式の2種類がある.集中方式は,オフィスなどLAN配線から制御モジュール(CM)を通してユーザ(UM)に接続する(図3.127(a))構成で,一方の分散方式は端末同士が直接接続できる構成である(図3.127(b)).通信距離はデータ伝送速度によって異なるが,数10〜100m程度の範囲である.

　LANシステムの相互運用を保証するための業界WiFi(Wireless Fidelity Alliance)が機器の認定をしているが,IEEE 802 11によるシステムをWiFiとも呼んでいる.

　公衆インターネットサービスが駅,空港,ショッピングセンター,公共施設などで提供されている.これはホットスポットと呼ばれている.ホテルや喫茶店などでも手軽に利用できる便利さがある.携帯電話にもWLANを搭載した機種があり,インターネットを使って声を送るVoIPによる内線電話としての利用もある.

(b)　WiMAX[51]

　無線基地局間や基地局とユーザとの間の通信をブロードバンド(広帯域)で結ぶのを目的とする無線技術(ワイヤレス)技術である.標準化はIEEE 802 16ワーキンググループによる.WiMAXは普及,実用化を推進する標準化団体WiMAXフォーラムが名つけた名称である.802 16には,16,16 a,および16 eの3種がある(表3.25).16 eは移動体を対象としていて,サービスは都市内のエリアを主とし,すでにあるワイヤレス技術とも接続性がある.利用の主なものに,企業内のVoIPや移動者との通信手段など,また公共面では行政,緊急サービスなど,一般ユーザではオンラインゲームやビデオメッセージ,位置情報サービスなどの提供がある.

　国ごとに周波数が違うので,目下,2.5 GHz帯(2.3〜2.4 GHz,2.5〜2.69 GHz),3.5 GHz帯,および5.8 GHz帯の3周波数帯の標準化が進められている.韓国では2006年から2.3 GHz帯を使ってモバイルWiMAXであるWiBroのサービスを開始した.

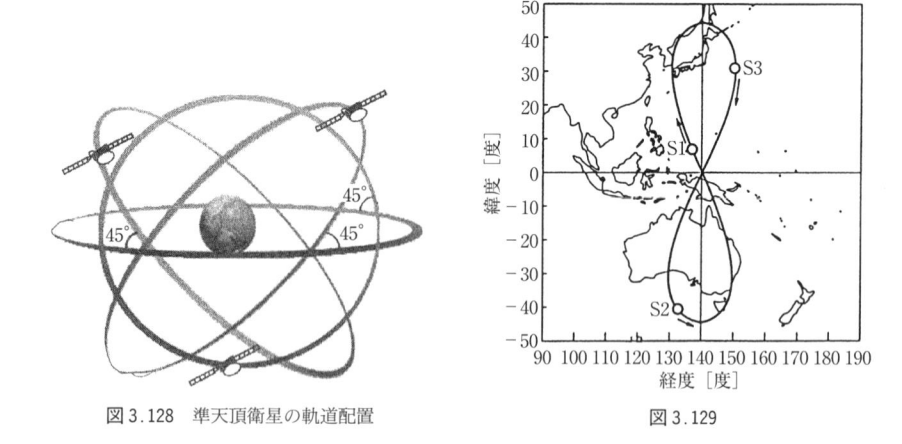

図 3.128 準天頂衛星の軌道配置

図 3.129

3.9 次世代衛星移動通信システム

(1) 準天頂衛星システム[52]

　衛星がほぼ頭上近くにあり，ビルや山陰などの影響が小さい通信・測位システムを目指し，準天頂衛星システムの開発が進められている．衛星を追尾する必要がなく，移動体も容易に高精度の測位，あるいは高品質の通信や放送受信ができる．衛星を静止軌道から 45 度傾けた軌道（図 3.128）に 3 基配置すると，地球上衛星直下点の軌跡は 8 の字を描き，日本全土をほぼカバーし（図 3.129），つねに 1 つの衛星が日本の天頂付近に滞留する．衛星が地上から見てほぼ天頂にあるため，ビル陰などで電波が遮られる心配はあまりない（図 3.130）．静止衛星と同じ周波数が共用できるので周波数有効利用ができる．2008 年度の運用を目標に実証実験が行われている．

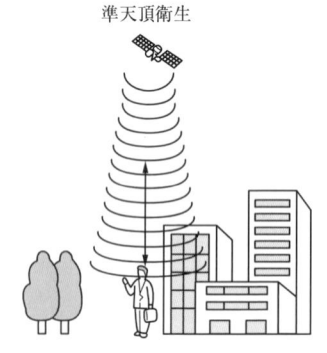

図 3.130　準天頂からの電波はほぼ真上から（ビル陰など生じない）

(2) 成層圏プラットフォーム[53]

　気象が比較的安定している高度 20,000 m の成層圏に通信機能を搭載した無人の飛行船を滞空させ，固定端末への高速通信・放送，高機能移動端末への移動通信，放送などを全国どこでも行えるようにするシステムである．

　センサや監視カメラも搭載して，大気観測や地球観測を行い，そのデータや画像を伝送し，高分解能な地球観測をしたり，地球観測データベースを作成したりする（図 3.131）．多くの固定ユーザには 2 Mbps ないし 150 Mbps の高速アクセス回線を提供するが，地上の機器は小形アンテナを用いる小型無線機である．考えられている主な利用は

① ITS のための基幹アクセス回線
② 地上系携帯電話 IMT 2000 ネットワークの基幹回線
③ 歩行者，車，物などに発信機をつけ，プラットフォームでその位置を正確につかみ，ナビゲーションに利用
④ 地上放送の補完，代替
⑤ 広域防災無線
⑥ 山岳，海上などの緊急遭難通信
⑦ 犯罪捜査，緊急交通連絡，管制

など多くある（図 3.131）．

　全国どこでもカバーするには最低サービス仰角を 10 度が必用なので飛行船

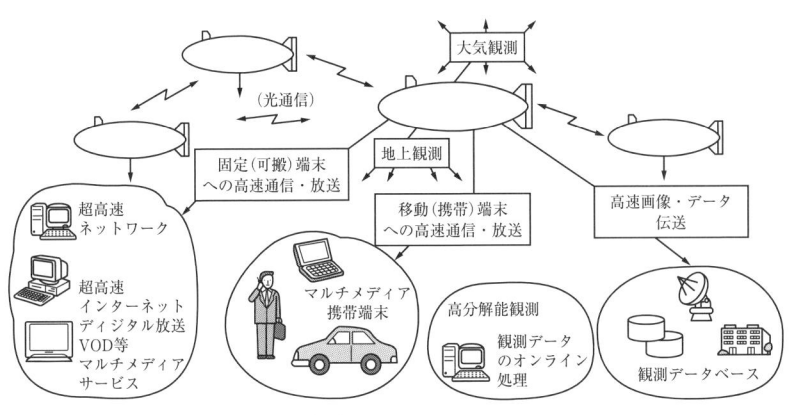

図 3.131　成層圏プラットフォームシステム

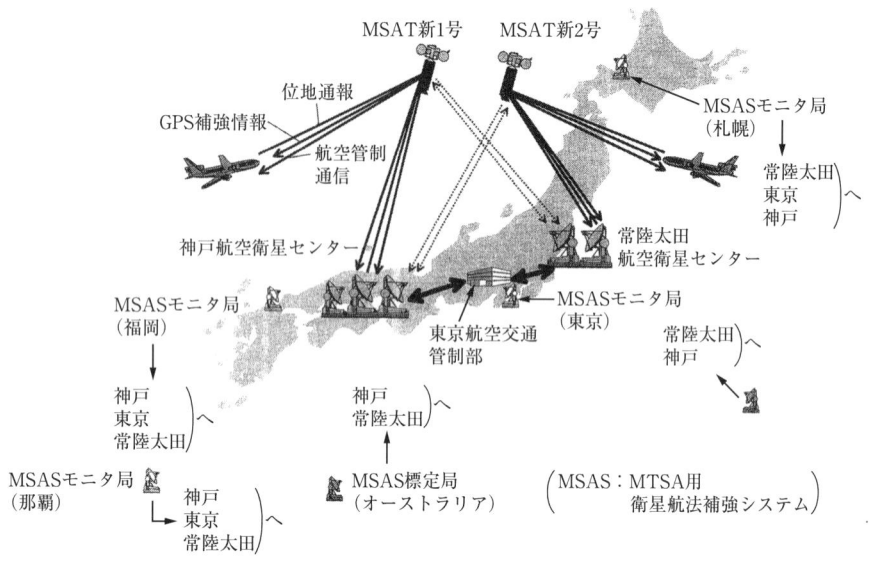

図 3.132 MTSAT システム（通信関連）[54]

を 16 基使う．衛星や地上系移動通信ネットワークより経済的である．高速インターネット，高品質ディジタル放送などが衛星や光などの地上のインフラなしにサービスができる利点がある．

(3) 運輸多目的衛星（MTSAT）[54]

静止衛星を用い，航空管制のための通信，航法・監視情報の伝送，および気象データ情報の配信などを行うシステムである．衛星は 2 基使うが（図 3.132），1 基は予備の役目とともに，2010 年から 1 号機（気象衛星ひまわり 6 号）の後継をする（ひまわり 7 号）．通信には，航空機と地上管制機能との中継，ならびにパイロットと管制官の間の高品質な音声通信，およびデータ通信などの機能を果たす．また GPS の衛星航法システムの信号放送を行い，航空機は GPS を用いる航法により離陸から着陸まで，より効率的に高精度に航行できる．

さらに，航空機の位置情報を地上の管制機関へ通知しレーダの届かない洋上空域でも管制官はそれを知り，安全で円滑は航空管制ができる．2 号機と併せて GPS の利用により，航空管制の精度が格段と向上し，従来の VHF による

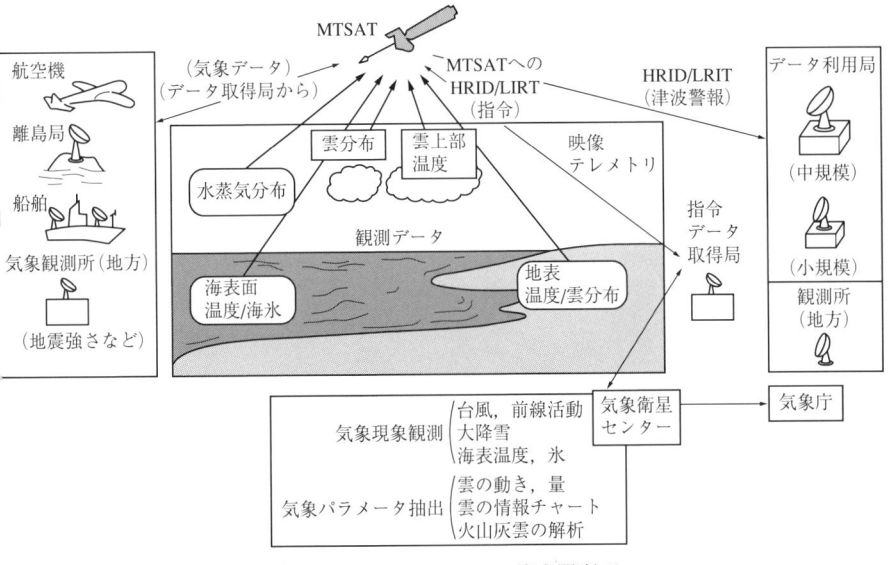

図 3.133　MTSAT システム（気象関連）[54]

航空管制に比べ、離着陸の間隔が 100 マイル程度から 30 マイルに縮められた。

気象観測では、アジア、太平洋地域の気象観測のほか、画像データ/気象データを利用している局に配信したり、気象資料の収集、緊急情報の中継などを行う（図 3.133）。

演習問題

情報を送る

3.1　電波で情報を送れる原理は何であろうか。

3.2　電波で情報を送る特長を有線伝送の場合と比較して考察してみよう。

3.3　変調の本質は何であろうか。そしてその意義を考察してみよう。

3.4　周波数変調の特長は何であろうか、そして振幅変調との違いを考察してみよう。

3.5　変調指数の小さい FM の伝送帯域幅は変調信号の最高周波数の 2 倍でよい。これは AM の場合と同様である。しかし FM 受信機で AM の信号は受信できない。それは何故であろうか。

3.6　4 [kHz] の正弦波を周波数偏移 $f_d = 0.8, 4, 20, 40$ [kHz] それぞれで変調した場合の周波数変調波のスペクトルはどのようになるであろうか。

3.7 変調に際して，搬送波周波数 f_c は，変調信号スペクトルの最高周波数 F_m の2倍以上でなければならない．それは何故であろうか．

3.8 振幅 A [V]，幅 $\tau=1$ [μs] の方形パルス波の周波数スペクトルはどのようになるか．また，このような方形パルス波が間隔 $T=4$ [μs] で繰り返すパルス列の場合，その周波数スペクトルはどのようになるか考察してみよう．

3.9 幅 $\tau=4$ [μs] の方形パルス波を帯域幅 $B=50,\ 100,\ 500$ [kHz] それぞれの低域沪波器 LPF に入力した場合，出力の波形は大体どのようになるであろう．

3.10 ディジタル変調とその特徴を述べなさい．

3.11 情報を多く速く送りたい．そのためパルス幅を狭くすると，伝送回路にどのような考慮が必要になるであろうか．

3.12 ASK，PSK，FSK それぞれの方式の特長をあげ，どのように実用されているか考察してみよう．

3.13 FSK の伝送帯域幅を狭めるにはどのような方法があるであろう．

3.14 PAM は主にどのように利用されているであろう．

3.15 符号変調（PCM）の原理と主な特長をあげ，どのように実用されるか考察してみよう．

3.16 スペクトル拡散変調の特長は何であろう．その特長を生かしてどのように実用されているであろうか．

3.17 多重通信の原理と代表的方式について説明しなさい．

3.18 OFDM の原理とその特長をあげ，実際にどのように利用されているか考察してみよう．

3.19 雑音に強い変調方式にはどんなものがあるか，代表的な方式について簡単に説明しなさい．

遠くに情報を送る

3.20 送信機から 1 [W] の電力をアンテナに入力し，10 [km] 離れた地点で 1 [μW/m²] の電力密度を得るには，送信アンテナの利得を何 [dB] にすればよいであろう．

3.21 電力密度 1 [μW/m²] の電波を受信して出力電力 1 [mW] 得るにはアンテナの実効開口面積は何 [m²] にしなければならないであろう．また，このアンテナの利得は何 [dB] であろうか．ただし周波数は 1 [GHz] とする．

3.22 静止衛星を利用する通信の特長は何であろう．

3.23 衛星通信では主に GHz 帯の周波数を使う．その理由は何であろう．

3.24 INTELSAT 衛星では，利用回線数を増やすためにどのようなアンテナビームを使用しているであろう．

3.25 マルチビームアンテナとはどんなアンテナであろう．マルチビームを使うことによってどのような通信が行えるのであろうか．

3.26 宇宙探査機が惑星の近くからカラー画像を送ってきた.
   (a) 使用周波数 2 [GHz], 送信電力 200 [W], アンテナは直径 3.7 [m] のパラボラアンテナとすると, 地球上に到達する電波の電力密度は何 [W/m²] になるか.
   (b) 地球局では, 直径 60 [m] のパラボラアンテナを使い受信した. 受信アンテナからの出力電力は何 [W] か. ただし地球上と惑星の間の距離は約 5 億 [km] とし, 電離圏での電波の減衰はないものとする.

広く情報を送る

3.27 同報通信と一般の放送との違いは何であろうか.
3.28 アナログ方式では音,映像など異なる情報(伝送帯域幅,品質等)の放送には違う変調方式を使う. それぞれどのような変調方式が使用されるか, 理由を考えてみよう. 一方でディジタル方式ではどのような変調がなされるであろうか.
3.29 AM ラジオ放送には MF 帯が使われている. 一方で国際放送に HF 帯が使われている. それぞれ理由は何であろう.
3.30 TV 放送でカラー画像がどのようにして送られてくるか調べてみよう.
3.31 衛星放送の特徴について述べなさい.
3.32 放送に OFDM 方式が導入されている. 理由を考察してみよう.
3.33 ディジタル化による放送の進化について考察してみよう.
3.34 放送と通信の境界が次第になくなってきている. それは何故であろう.

動く対象に情報を送る

3.35 移動通信の特長をあげ固定通信と比較してみよう.
3.36 移動通信に必要な主な技術的要素は何であろう, 要点を説明しなさい.
3.37 多重路伝搬によるフェージングを軽減する方法を考察してみよう.
3.38 マルチチャネルアクセス方式を採用している移動通信システムの例をあげ, 要点を簡単に説明しなさい.
3.39 携帯電話の進化について, 電波利用の観点から考察してみよう.
3.40 ITS について
   (a) 概念を考察してみよう.
   (b) システムの 1 例をあげて, その役割を考察してみよう.
   (c) 望ましいシステムとしてどのようなものが期待されるか考えてみよう.
3.41 海上移動通信の代表的なシステムをあげ, それらがどのように利用されているか概略説明しなさい.
3.42 航空移動通信の代表的なシステムをあげ, それらがどのように利用されているか概略説明しなさい.
3.43 衛星利用移動通信の代表的なシステムをあげ, それがどのように利用されて

いるか概略説明しなさい．
3.44 移動通信の社会的役割について考察してみよう．
3.45 近距離通信システムにはどのようなシステムがあって，どのように使われているだろう．
3.46 中・長距離通信システムの代表例をあげ，その役割について考察してみよう．

[参考文献]
1) 高田，浅見：ディジタルテレビ技術入門，p.68，米田出版(2001)
2) 衛星通信年報，(17)，pp.169-170，KDDIエンジニアリングアンドコンサルティング(2005)
3) 同上 p.171
4) 同上 p.173
5) 村谷，野坂：衛星通信入門，p.191，オーム社(1994)
6) 2) pp.90-117
7) 高野忠ほか：宇宙通信および衛星通信，p.152，コロナ社(2001)
8) 山本善一：ボイジャ2号と通信，信学誌，73，6，pp.616-619(1990)
9) 林，升本：科学衛星の通信・信号処理技術，信学誌，68，10，pp.1100-1105(1985)
10) 山田 宰(編著)：放送システム，pp.19-25，コロナ社(2003)
11) ディジタル放送の基礎技術入門，p.24，CQ出版(2003)
12) 塩見，羽鳥編：ディジタル放送，pp.47-48(1998)
13) 総務省編：情報通信白書(17)，p.175，ぎょうせい(2005)
14) 中川ほか：モバイル放送システム，東芝レヴュー，(59)11，pp.1-30(2004)
15) パナソニックモバイルコミュニケーションズ技術研修所編：携帯電話の不思議，p.11，(株)エスシーシー(2005)
16) 情報通信総合研究所編：情報通信ハンドブック，p.152(2005)
17) 15) p.17
18) 藤本，服部，山田，林：わかる移動通信技術入門，pp.16-21，総合電子出版社(2000)
19) 同上 pp.22-27
20) 同上 pp.34-37
21) 同上 p.93
22) 同上 p.37
23) 同上 pp.58-61
24) 同上 pp.63-64
25) 同上 pp.40-51
26) 同上 pp.51-55
27) 同上 pp.55-58

28) 次世代の ITS を目指す―ミリ波の応用,信学誌,(87)9,pp.744-769(2004)
29) 18) pp.64-70
30) 郵政省電気通信局電波部航空海上課監修：航空通信入門,電気通信振興会(1991)
31) 電子情報通信学会編：電子情報通信ハンドブック,pp.1495-1497,pp.1499-1506(1988)
32) 2) pp.198-200
33) 同上 pp.75-79,
34) 同上 pp.4-5
35) 同上 p.187,および pp.198-200
36) 同上 pp.84-89
37) 同上 p.76,p.88,および p.200
38) 市野,畑山：新しい海上遭難安全通信システム GMDSS の概要,信学誌,74,1,pp.53-56(1991)
39) 2) p.203-205
40) 喜多祥昭ほか：移動体通信がわかる,p.193,技術評論社(2000)
41) 同上 p.195
42) 2) pp.203-211.
43) 小川夏樹ほか：高速無線通信がわかる,pp.166-173,技術評論社(2006)
44) 日本自動認識システム協会編：RFID,オーム社(2003)
45) 宇佐美,石坂：世界最小の「ミューチップ」を実現する未来型アンテナの接続技術,pp.965-969,信学誌,(87)11(2004)
46) 高田隆：無線 IC タグ活用のすべて,p.72,日経 BP 社(2005)
47) 荒川弘熙編,NTT データ・ユビキタス研究会著：Bluetooth って何だ？,カットシステム(2000)
48) IEEE AP Magazine,(47)2,p.29(2005)
49) 吉村祥司ほか：電波のひみつ,pp.120-123,技術評論社(2002)
50) 16) p.162(2005)
51) 庄納崇：WiMAX,インプレス(2005)
52) 2) pp.8-9
53) 長谷：成層圏プラットフォーム,信学誌,(83)9,pp.699-706(2000)
54) 2) pp.24-28

[参考図書]
  a. 中嶋編：次世代ワイヤレス技術,丸善(2004)
  b. 松江英明ほか：高速ワイヤレスアクセス技術,電子情報通信学会(2004)
  c. 小牧編：無線 LAN とユビキタスネットワーク,丸善(2004)
  d. 塩見,羽鳥編：ディジタル放送,オーム社(1998)

e. 伊丹誠：わかり易い OFDM 技術，オーム社(2005)
f. 山田宰：放送システム，コロナ社(2003)
g. 笹岡秀一：移動通信，オーム社(1998)
h. 立川敬二監修：W-CDMA 移動通信方式，丸善(2001)
i. 飯田尚志編著：衛星通信，オーム社(1997)
j. 山本平一：衛星通信，丸善(1993)
k. 吉村和昭ほか：電波のひみつ，技術評論社(2002)
l. 喜多祥昭：移動体通信がわかる，技術評論社(2000)
m. 小川夏樹ほか：高速無線通信がわかる，技術評論社(2006)
n. 石井 聡：無線通信とディジタル変復調技術，CQ 出版社(2006)
o. Stellings W：Wireless Communications and Networks, Prentice Hall(2003)
p. Pareek D：WiMAX, Auerback Publications(2006)

第4章　情報を探る

4.1 電波でなぜ情報が探れるのか

　電波は，離れた場所，あるいは動いているものなどの情報を探り出すリモートセンシング（遠隔探知または探査）に有効に使われる．これには，電波を発射して物体に当て，それから反射してくる電波を受信して物体の情報を得る能動方式と，もともと物体から出ている電波を受信してその情報を得る受動方式との2通りがある．どちらも，物体の位置や大きさ，広がり，表面の状態や性質などの情報を探り出すものである．最も典型的なのはレーダ（radar：radio detection and ranging）である．離れたところから航空機や船舶の位置や動きを知る．また，雨雲や雷雲を探知して気象予報に用いるレーダもある．

　電波を利用するリモートセンシングでは，光波より波長が長いので光波による場合ほどきめ細かいデータは得られない．しかし，光波は太陽光のある昼間では使いにくく，また雲があると遮ぎられるなど天候の影響を受ける．このような弱点は電波にはなく，光波によるリモートセンシングではできない情報探査ができる．天体から放射されている電波を受けて天体観測を行う電波天文学（radio astronomy）では，光学的な天体望遠鏡では見えない多くの情報が得られる．電波を使うリモートセンシングにはいろいろの方式がある（表4.1）．反射波の信号処理を行って物体の像を得るのを電波映像，あるいはレーダ映像（radar imging）などという．

表4.1 電波によるリモートセンシング

方式		原理	用途	備考
電波によるリモートセンシング	能動		レーダ	航空用 船舶用 気象用など
			電波高度計	
			マイクロ波散乱計	
			合成開口レーダ[*1] 電波映像	受動式[*1] もある
			合成開口レーダ	移動走査 受信情報を記録 し，合成処理
			電波映像	走査式
	受動		ラジオメータ[*2] マイクロ波放射計 電波望遠鏡	電波干渉計[*2]
			電波干渉計 VLBI 電波望遠鏡	

[*1] 4.2.2(6) 参照
[*2] 4.3.2(4) 参照

4.2　電波を送り情報を探る方法―能動方式

4.2.1　基本的技術は何か[1)]

　電波を発射して物体（物標：target と呼ぶ）の情報を得るには，電波の直進性，反射，光波と同じ速さ（自由空間内）などの性質が利用される．すなわ

4.2 電波を送り情報を探る方法—能動方式

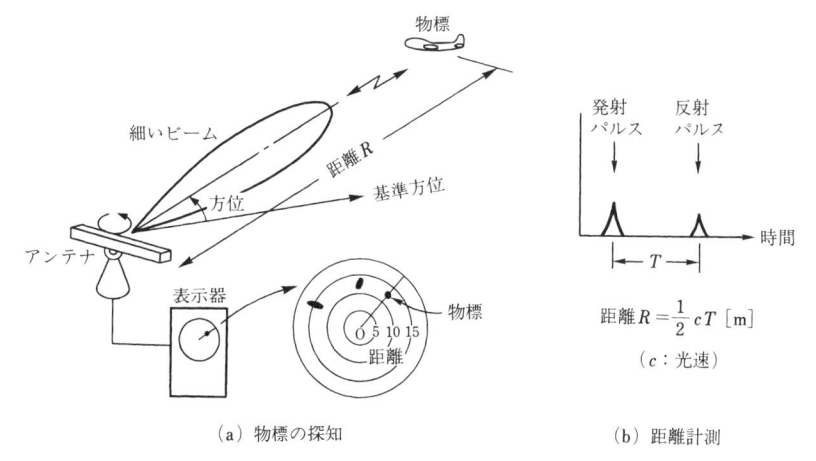

(a) 物標の探知

(b) 距離計測

距離 $R = \dfrac{1}{2}cT$ [m]

(c：光速)

図 4.1 電波による物標の位置（距離，方向）を知る原理

ち，鋭い指向性をもつアンテナから発射された電波（パルス状波）は光速で直進して物標に当たり，反射して再び光速で直進して返ってくる（図4.1）．アンテナの向き（正確には反射電波の受信方向）から，物標の方位がわかり，発射電波が返ってくるまでの時間から物標までの距離がわかる．距離 R は，発射パルス波の反射波が返ってくるまでの時間 T を測ると，$R=(1/2)cT$（c：光速）から求まる（図4.1(b)）．

電波の波長が短いほど鋭い指向性が得られる．また直進性が良く電波が回り込む回折（diffraction）の現象が少なくなる．指向性が鋭ければ方向精度が高く，直進性が良ければ方向と距離精度が高くとれる．そのためレーダには数GHzあるいはそれ以上の高い周波数の電波がよく使われる．

物標の方位（azimuth）は，鋭い指向性のビームを回転，すなわち走査（scanning）または掃引（sweeping）し，物標からの反射波を受信した方向から知る．そのためにアンテナを機械的に回転させてビームを振るか，アンテナ本体は固定しておいてビームを電子的に振る．

指向性を鋭くするのは，物標の方位を正確に知るためと同時に遠方にある物標をきめ細かく見分ける，すなわち方位分解能（resolution）を良くするためである．ビーム幅を狭くすると接近した2つの物標を識別できるが（図4.2(a)），広ければ識別できない（同図(b)）．指向性は周波数が高いほど，ま

たアンテナの開口を大きくするほど鋭くできる．パルス波を用いるレーダでは，パルスを送信している間反射波を受信できないのでその時間中は距離計測ができない．たとえばパルス幅が $1\mu s$ の電波を発射すると，$1\mu s$ の間にパルスが物標に当たって返ってくる距離，すなわち電波が $1\mu s$ の間に進む距離の半分の $150\,m$ は計測不能になる．このようにごく近くの物標が見出せない範囲を最小探知距離 R_{min} と呼ぶ．パルス幅 $\tau\,[\mu s]$ のとき，$R_{min}=150\tau\,[m]$ である．またパルスの間隔 T_p にも最小制限があり，物標からの反射パルスが返ってくる時間 $2R/c$ 以上にとらないと次の発射パルスと重なり計測ができない．

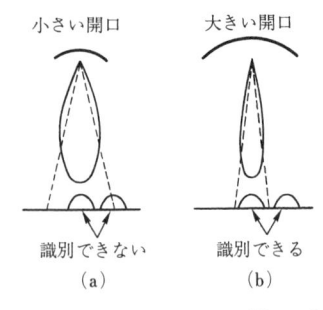

図4.2 方位分解能とアンテナ開口の大きさ

パルス幅 τ は，同一方向にある複数の物標を見分けるためにも短い方がよい．たとえば近くの物標からの反射と距離 d 離れた物標からの反射が重ならないようにパルス幅 $\tau<2d/c$ に選ぶ．逆に d は同一方向物標の識別距離分解能を表す（図4.3）．

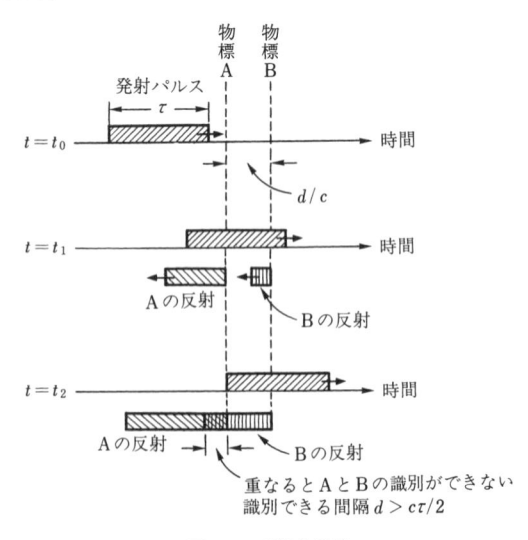

図4.3 距離分解能

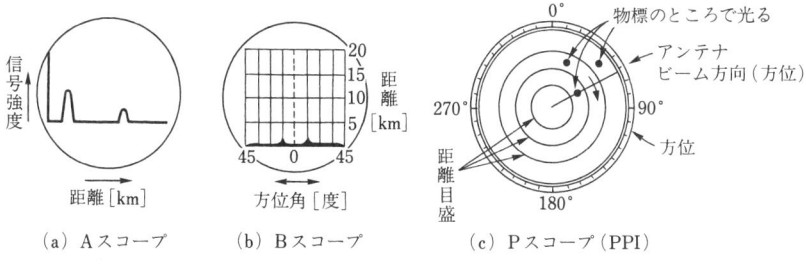

(a) Aスコープ　　(b) Bスコープ　　(c) Pスコープ（PPI）

図 4.4　物標の CRT による表示方法の例

　物標の位置を表示（display）するためにかつてはブラウン管を用いていたが，最近は液晶などを用いた平面型を用いる．直角座標または極座標を使い（図 4.4），その原点をアンテナの位置として物標の位置情報（距離，方位，仰角など）を表示する．表示には種々の方式があるが，PPI（plane position indication）方式が最もよく使用されている．これは極座標の中心にアンテナ位置があり，物標の存在（方位，距離による）があたかも地図上で示されるように表示できるのでわかりやすい（図 4.4(c)）．

4.2.2　代表的な能動方式：リモートセンシング

(1)　レーダ（RADAR）[1)2)]

(a)　種　　類

　発射した電波が物標から反射して戻ってくるのを利用するレーダを一次レーダと呼ぶ．一次レーダには発射する電波にパルス波を用いるパルスレーダと，周波数変調波を利用する連続波レーダがある．パルスレーダでは，物標の位置を標定するだけであるが，連続波レーダでは物標が移動する速さもわかる．レーダの用途には，航空機用，船舶用，監視用，港湾用，気象用などがある．これに対し物標で受けた電波を，同じまたは違う周波数で自動的に再発射する方式のレーダを二次レーダと呼ぶ．航空管制用には応答（transponder）形式の二次レーダを利用する．

(b)　レーダの性能

　レーダで肝要な性能は，最大探知距離，最小探知距離，それに方位分解能と距離分解能などである．送信電力 P_t [W]，アンテナ利得 G のレーダが発射し

た電波の距離 R [m] の点における電力密度 P_d は，$P_d = P_tG/(4\pi R^2)$ [W/m²] である．距離 R の点にある物標に当たり反射する電波の電力は，P_d のうち物標の有効反射面積 σ [m²] 分だけ，すなわち $P_d\sigma$ [W] である．この電波が再び距離 R を伝搬して受信機に返り，実効開口面積 A_e [m²] の受信アンテナで受信されると，その出力電力 P_r [W] は

$$P_r = P_tG\sigma A_e/(4\pi R^2)^2 \quad [W] \tag{4.1}$$

である（λ：使用波長）．ここで $A_e = G\lambda^2/4\pi$ を使うと

$$P_r = P_tG^2\sigma\lambda^2/\{(4\pi)^3 R^4\} \quad [W] \tag{4.2}$$

これはレーダ方程式（radar equation）と呼ばれている．σ はレーダ断面積 RCS（radar cross section）といわれ，一般の航空機では 1～30 m²，ジャンボジェット機で 100 m² 程度，船舶では 100～1000 m² 程度である．

レーダの最大探知距離 R_{max} は，式(4.2) の受信電力が最小（P_{rmin}）のとき最大になる．すなわち

$$R_{max} = [P_tG\sigma\lambda^2/\{(4\pi)^3 P_{rmin}\}]^{1/4} \quad [m] \tag{4.3}$$

この P_{rmin} は，受信機雑音からパルス波形を識別できる大きさでなければならない．受信機雑音電力 P_n [W] は受信周波数帯域幅 B [Hz] に比例するので，信号対雑音比（P_r/P_n）を大きくするには B が小さい方がよい．しかし B を小さくするとパルス波形がひずむので小さすぎてはいけない．結局パルス幅 τ [s] に対して $B = (1.2～2)/\tau$ が適当とされている．B が大きくなれば P_{rmin} も大きくする必要があり，P_{rmin} と τ は反比例の関係にあるので R_{max} は $(P_t\tau)^{1/4}$ に比例することになる．ここで $P_t\tau$ はパルスのエネルギーを意味している．

パルス幅 τ は距離分解能にも関係している．距離分解能は同一方向にある2つの物標を見分けられる距離 d で（図 4.3），パルス幅 τ [μs] のとき，電波の進む距離が 300τ [m] なので

$$d = 300\tau/2 \quad [m] \tag{4.4}$$

である．

次に同じ距離にある2個の物標を識別する方位分解能は，アンテナのビーム幅（電力半値幅）に依存する（図 4.2）．ビーム幅 θ が狭いほど識別能力は高くなるが，そのためにはアンテナの実効開口面積 A_e を大きくするか，使用波長 λ を短く選ぶ．直径 D のパラボラアンテナの場合，近似的に

表4.2 レーダに用いられる周波数帯とその呼称[3]

(a) レーダに使用する周波数

呼称	周波数 [GHz]	慣用	波長 [cm]
L	1〜2	1.2	25
S	2〜4	2.8	10.7
C	4〜8	5.3	5.7
X	8〜12.5	9.3	3.2
Ku	12.5〜18	16	1.9
K	18〜26.5	24	1.2
Ka	26.5〜40	34	0.9

(b) 周波数帯と呼称

$$\theta = 70\,\lambda/D \tag{4.5}$$

このビーム幅 θ は通常 1.5〜2° に選ぶ.

レーダに使われる電波は主にマイクロ波で(表4.2),波長が短い領域を使用するのは,電波の回折がより少ない,アンテナの指向性を鋭くしやすい,アンテナを小形にしやすい,周囲雑音が小さいなどの理由による.

(c) 連続波レーダ(CW radar:continuos wave radar)方式

連続して電波を発射し,送出波と同時に反射波を受信し物標の情報を得る方式である.物標が動いているときは,反射波の周波数がドップラー効果により偏移するのでその偏移周波数を知ると物標の動く速さがわかる.電波の進行方向に対する物標の速度成分を V_r とすると,送信周波数 f の偏移 Δf_d は

$$\Delta f_d = 2V_r f/c \tag{4.6}$$

Δf_d は,送信周波数と反射波周波数の差を取り出せば求まる.

送信周波数が一定の場合,距離は求まらない.そこで周波数を時間的に変化させる(図4.5).反射波が返ってくる時間には送信波周波数は変わっているので反射波 f_2 と送信波 f_1 の周波数の差 $\Delta f = f_2 - f_1$ をとれば物標までの距離がわかる.すなわち

$$\Delta f = f_2 - f_1 = \{df(t)/dt\}2R/c \tag{4.7}$$

送信周波数を直線的に三角波状(周期 T,最大周波数偏移 F_m)に変化させ

192   第4章 情報を探る

(a) 原理

$f_r = f_1(t_1+T) = f_t(t_1) = f_1$
$f_2 = f_t(t_1+T)$
$\quad = f_t(t_1) + \{df(t)/dt\}T$
$\quad = f_1 + \{df(t)/dt\}2R/c$
$f_2 - f_1 \propto R$

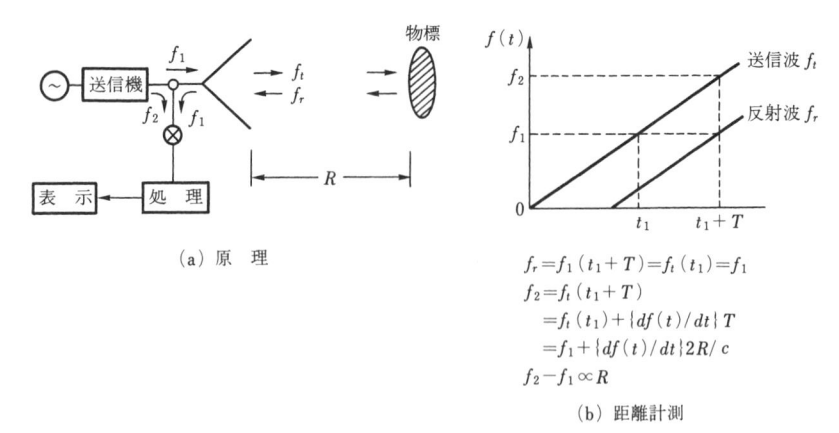

(b) 距離計測

図4.5　連続波レーダ

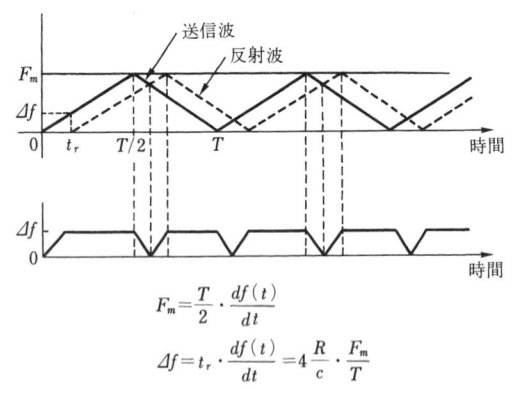

$$F_m = \frac{T}{2} \cdot \frac{df(t)}{dt}$$

$$\Delta f = t_r \cdot \frac{df(t)}{dt} = 4\frac{R}{c} \cdot \frac{F_m}{T}$$

図4.6　連続波レーダの周波数

る場合（図4.6），$df(t)/dt = 2F_m/T$ なので

$$\Delta f = 4RF_m/(cT) \tag{4.8}$$

この方式のレーダを FM-CW レーダまたはチャープ（charp）レーダ（図4.17参照）と呼ぶ．

(2) **船舶用レーダ**[1)4)]

第2次大戦中航空機や艦船の探知を目的として軍用に使用されたレーダは，大戦が終わって航空機や船舶の位置，ならびに周辺の状態，気象状況などを知

るために利用され，航行の安全や運航の監視に大きな役割を果たし，事故防止に貢献している．

レーダの利点は，航行中の自船の位置，近くを航行する他船の位置や動き，障害物等を常に探知できることである．しかも，肉眼で見えない夜間や濃霧中でも動作することである．

レーダ装置は大型船舶だけでなく，小型の漁船などにも装備され，その種類も大型から小型まで多くの種類がある．船舶用にはCおよびXバンド（表4.2）を用いる場合が多く，パルス幅は近距離用では$0.1 \mu s$を用いたりする．海上にあって船のローリングやピッチングにより物標を見失うことがないようアンテナの垂直面指向性を広くとるほか，風雪等の厳しい気象に耐える設計も必要で，船舶用のレーダに特有の条件である．

(3) 航空機用レーダ[1)5)]

航空機の航行の安全を守るために各種のレーダが用いられている．航空機に搭載して地形や気象の状態を知り，安全航行をはかる航空機レーダや，空港における離着陸を誘導する空港監視レーダ，ならびに航空路線の飛行状況を監視する航空路監視等の航空管制用レーダ等がある．

(a) 航空機搭載レーダ： 主として飛行中前方の悪天候，たとえば著しい気流のじょう乱，雷雲等の状態を探知し，安全に航行する目的のレーダである．波長 3.2 cm と 5.7 cm のマイクロ波が使用され，降雨の多い条件での探知には長い波長を用いる．

(b) 航空管制用レーダ（air traffic control radar）： 航空機の効率的な運行や事故防止の目的で，空港内や飛行中の航空機を監視したり飛行経路を誘導する航空管制に用いるレーダである．

(c) 航空監視用レーダ（ASR：airport surveillance radar）： 空港内および空港から 60〜70 海里以内にある航空機の距離や方向を監視し，航空機の発着の時期や順序を決めるために使用されるレーダである．2.8 GHz 帯で幅 $1 \mu s$，最大出力数 100 kW のパルスを用い，1.5°の細いビームをもつアンテナを1分間15回転して仰角 0.5〜30°の範囲内を走査する．空港では，別に滑走路に入る航空機に，その進入路の上下，左右のずれ等を計測して連絡し，精度高く誘導する精測進入レーダ（PAR：precision approach radar）がある

(3.7.2 項 (3) (b) 参照).

(d) 航空路監視レーダ（ARSR：airroute surveillance radar）： 比較的遠方を飛ぶ航空機の飛行状況を監視し，飛行航路を正しく誘導するレーダである．通常山頂に設置し使用する．誘導は飛行中の航空機を捕捉する二次監視レーダ（SSR：secondary surveillance radar）と組み合わせて行う．すなわち，地上から SSR の電波を受けた航空機が応答装置（トランスポンダ）により自動的に送り返してくる情報に基づいて誘導する．SSR は物標（航空機）に対して発射した電波が違う周波数で送り返されてくるので二次レーダである．

ARSR はだいたい 100〜200 海里の範囲で高度 25,000 m 程度までを探索領域とする．そのため 1.3 GHz 帯で，幅 5μs，最大出力数 MW のパルス波を幅約 1.3° のビームで走査する．航空機は移動しているため反射波はドップラー効果により周波数が変化する．これを利用して目標航空機を探知する方法がとられており，ARSR には移動目標別表示（MTI：moving target indication）方法は欠かせない．この方法では，位相検波により同一位相のものは固定物として消去し，位相変調出力を移動物体として識別表示する．これらのほか，空港における進入・着陸誘導用マイクロ波レーダがある（3.7.2 項 (3) (b)）.

(4) 気象用レーダ[1)6)]

パルス波を送り出して大気中にある雨や雲による反射から降雨の範囲，強さ等を観測する．天気予報や警報，大雪予報等に利用されている．雷雨観測を行い雷予報に使うレーダもある．雨や雲は，比較的小さい固体物標と異なり，不均一な広がりのある物標で雨粒の大きさや降雨量，それに大気の誘電率等によって反射の度合は変わる．したがって最大探知距離は簡単な数式で表されない．使用周波数は，3，5，9 GHz 各周波数帯で，遠距離観測には低い周波数を用いる．観測領域までの中間に強い降雨があると電波は減衰する．その度合は周波数によって違い，たとえば弱雨（3 mm/h 程度まで）では 9 GHz 帯，並雨（3〜15 mm/h）では 5 GHz 帯，強雨（15 mm/h 以上）になると 3 GHz 程度でないと減衰が大きく実用的でない．9 GHz 帯は比較的短距離で 50〜150 km の範囲の観測に使われる．減衰により情報が減るのを救うため，2 つの直交する偏波の電波を放射し，それらの反射波の合成を行う二偏波方式レーダもある．

降雨，雪の観測にドップラレーダが使われる．降水粒子に周波数 f_0 の電波が当たると，そのレーダ方向に対する移動速度に応じた周波数偏移 f_d を受け，(f_0+f_d) の周波数で戻って来る．この f_d を検出し，速度検出の処理をすると降水粒子の移動速度がわかる．たとえば，5.3 GHz 帯も電波が速度 20 m/秒で動いている降水粒子に当たると，約 706 Hz の偏移を受けて戻ってくる．これからレーダ測定点における風速（水平）風向，降水粒子の平均落下速度などが求まる．これらを求めるには，3 台のレーダが必要であるが，観測域での高度面内で風速，風向などは一様で降水粒子の平均落下速度が同じとすれば，1 台のレーダでも風の観測が行える．

観測領域に山岳や建物等があるとこれらの反射が雨雲等の反射と重なる．このような地上の固定した観測不要物体からの反射をグラウンドクラッタ (ground clutter) と呼ぶ．これらを除去するには，雨雲等の反射が時間的に変化をするのを利用し，固定信号をフィルタにより除去する．

(5) 大気観測レーダ[7]

中・高層大気の状態を観測する目的では MU レーダ (middle/upper atmosphere radar) と呼ばれる大型のレーダ（図 4.7）がある．パルス電波を発射して，その反射から，地上 10～300 km くらいまでの大気の状態，風向き，密度，温度，電界強度等の分布を知る．それには直径 110 m の円形領域内に配列した八木アンテナ素子 475 個によるビームで空間を走査し，大気による散乱を観測してデータを得る．火山の噴火や冷却機器のフロンガス等の作用によって，中・高層大気圏のエアロゾルやオゾン層の汚染が進行しているといわれている．この領域は衛星や地上からの観測が難しいが，MU レーダにより恒常的な観測ができる．

(6) 地球観測レーダ

航空機や宇宙船などから電波を発射しその反射波を受信して地形などを映像の形で表すレーダである．地形などの情報は反射波の強さの変化から得られるので地表の面像情報から資源の種類，分布等を探知するレーダなどがある．この目的には実開口レーダ (RAR：real aperture radar) と合成開口レーダ (SAR：synthetic aperture radar) が使われる[8][9]．実開口レーダは，アンテナの寸法によって方位分解能が決まる方式で，大きい開口アンテナを使い受信

(a) 概　観

中心周波数	46.5 MHz
占有帯域幅	1.65 MHz
送信電力(ピーク) 　　　　(平均)	1 MW 以上 50 kW 以上
アンテナ実効面積	8,330 m^2
送信パルス幅	1～512 μsec
ビーム走査範囲	1657 方向 天頂角　0 ～16°/1°ステップ 　　　　18～30°/2°ステップ 方位角　0 ～355°/5°ステップ
偏　波　面	右旋・左旋円偏波，東西・南北直線偏波

(b) 主要諸元

図 4.7　MU レーダ

情報を記録しながら，部分的に像を完成していく（図 4.8）．合成開口レーダは，小さい開口アンテナをいくつか配列して（図 4.9(a)）その出力の合成，信号処理を行い大開口アンテナと同等の出力を得る方式である．小さなアンテナを移動してその間に得られた情報の記録，蓄積を行い，それを合成しても同じ効果が得られる（図 4.9(b)）．大きな開口アンテナや多くのアンテナを積めない航空機，衛星などでは後者の方法が使われる．進行方向に対して横方向に電波を出して情報を収集するシステムは側方監視レーダ（SLR：side looking radar）（図 4.10）と呼ばれる．航空機搭載側方レーダは，水平方向に飛行する航空機の進行方向に直角に斜め下方に電波を発射し，地上からの反射波を受信する．円形開口アンテナの直径を D とすると，ビーム幅 β はほぼ λ/D なの

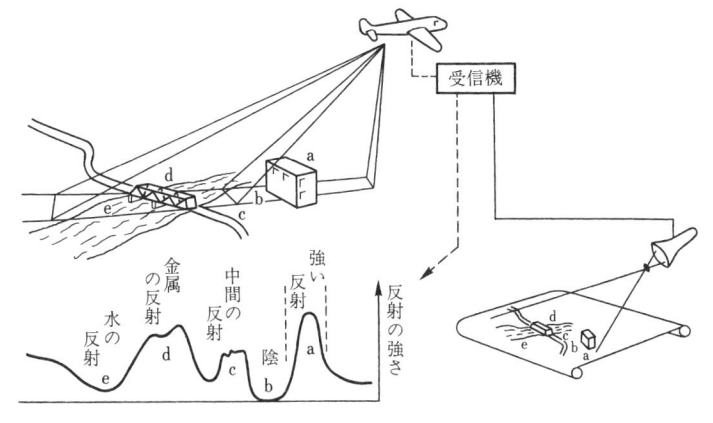

4.2 電波を送り情報を探る方法—能動方式

図4.8 実開口レーダ[8]

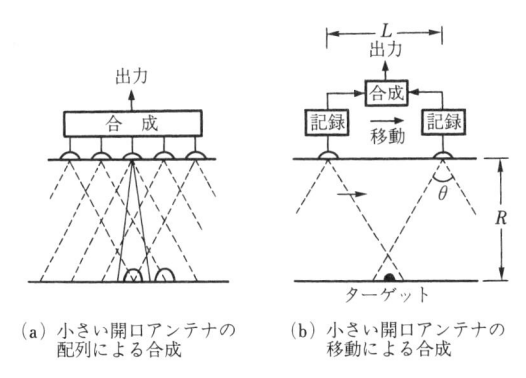

図4.9 合成開口レーダの原理

(a) 小さい開口アンテナの配列による合成
(b) 小さい開口アンテナの移動による合成

で，地上での方位分解能は地上までの距離を R として

$$dx = \beta R \fallingdotseq \lambda R/D \tag{4.9}$$

また刈り幅 dz は，伏角を γ として

$$dz \fallingdotseq (cT/2)\sec\gamma \tag{4.10}$$

合成開口レーダでは，航空機の進行方向にアンテナが照射する長さを L とすると，ターゲットは航空機が L だけ進む間ずっと照射し続けられる．このことは，アンテナは小さくても実効的に L の大きさの開口を合成したことに等しい．したがってアンテナのビーム幅を β とすると，方位分解能は

$$dx = \beta R \fallingdotseq D/2 \tag{4.11}$$

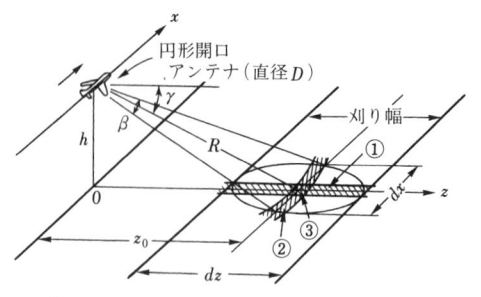

```
┌ 方位分解能  dx ≒ λR/D
│ 距離分解能  dz ≒ (cT sec γ)/2
┌ ③ 分解可能最小セル
└ ①,② 航空機から距離一定と見なせる領域
```

図 4.10 側方監視レーダ(SLR)[9]

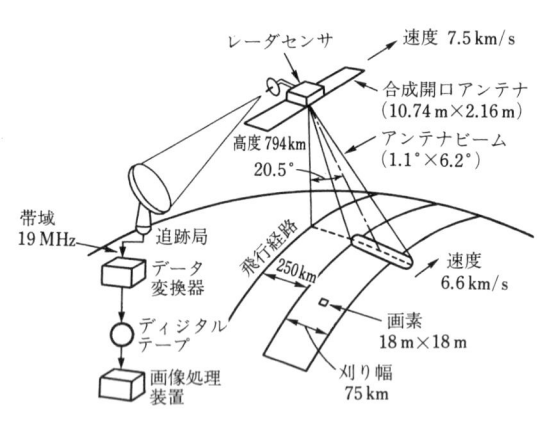

図 4.11 SEASAT の合成開口レーダ[8]

となる．アンテナの開口 D は小さいほどビーム幅が広いのでターゲットは照射されている時間が長くなり，収集するデータ量が多くなるので映像を完成する効果が大きくなる．

　実際の応用では，航空機やスペースシャトルなどによる資源探査，海洋気象，海面の状態，大気の状態，環境監視などの情報収集などがある．宇宙船による惑星表面の情報収集もある．海洋観測衛星 SEASAT には，高度計，散乱計，放射計等のいろいろなセンサとともに SAR が積まれており，海面波の波

長，波の向き，海面の汚染等の計測とともに地表物体の情報を画像として表している．SEASAT 衛星は地球上 794 km の軌道上にあり，1275 MHz（L バンド）の電波を使用した合成開口レーダの地表観測分解能は 18 m である（図 4.11）．海表面の風向きは 20° 以内の誤差，風速は ±2 m，波高は 10 cm の誤差で測定する．L バンドマイクロ波の電波は雲を透過するので昼夜，天候を問わず地表の情報が得られる．地表からの反射波で情報を画像化するには膨大な量のデータ処理を必要とする．

わが国では，地球資源衛星 JERS-1 を 1992 年に打ち上げた．軌道高度は約 570 km で，縦 2.4 m，横 11.9 m の合成開口レーダアンテナから 1275 MHz のパルス電波を発射して地表からの反射波をコンピュータ処理し，地球環境，資源などの観測を行う．地表面の最低 18 m のものを識別できる．宇宙の目を使って地球の環境保全に役立たせようとするものである．

JERS-1 を継いだ陸域観測技術衛星 ALOS（Advanced Land Observing Satellite）は，JERS に積まれていた合成開口レーダの機能，性能を向上し，解像度を 2.5 m に高めた，フェーズドアレイ式合成開口レーダ（PALSAR：Phased Array type L-band SAR）を用い，天候，昼夜の影響なく地形図形の作成，災害観測などを行う．

宇宙船からの地球観測は，非常に広い範囲を一度に観測できること，非常に短い時間でほぼ地球全面をカバーできること，軌道を選べばほぼ全地表面を一定の周期で観測できることなどの特徴がある．マイクロ波を使って観測するのに，地上からの電波を受信して行う受動（パッシブ）方式と，電波を送ってその反射により情報を得る能動（アクティブ）方式がある（表 4.3）[8]．マイクロ波散乱計，レーダ，高度計，映像レーダなどを搭載し，海面の状態，気象，大気の状態，地表面の状態，降雨分布などを観測する．

(7) 地中・水中探索レーダ[10]

電波の進む速さは水中や地中では自由空間と違う．また地中や水中では電波の減衰が大きく（数 dB/m～数 10 dB/m），あまり深くは入らない．しかし，数 10 kHz 以下，あるいは 100 MHz 以上など周波数帯を選び，かつ電波の変調方法を選ぶと，資源の探査や地層あるいは地中の埋設物の探査などに利用できる（表 4.4）．そのため，幅の狭いパルスレーダ方式，周波数を時間的に変

表4.3 衛星搭載のマイクロ波センサによる地表観測[8]

	種類	主要観測対象
受動方式 (パッシブ)	マイクロ波放射計	海面の状態, 海面温度, 海氷, 雪氷, 土壌分布, 水蒸気高度分布, 降雨, 気温高度分布
能動方式 (アクティブ)	マイクロ波散乱計	海面上の風速・風向, 波浪観測, 海氷の状況, 地表面の粗さ, 降水, 雲
	マイクロ波高度計	ジオイド観測, 海洋流の検出, 地表面高度測定
	映像レーダ	雪, 海氷を含む地表面のマイクロ波映像

表4.4 周波数と大地に関連した探査

性質	導電性	損失ある誘電体		
目的	資源探査	地層探査探鉱	埋没物探査遺跡探査	地表状態地層状態
周波数	0.1　　1M　　10　　100　　1G　　10G　Hz			

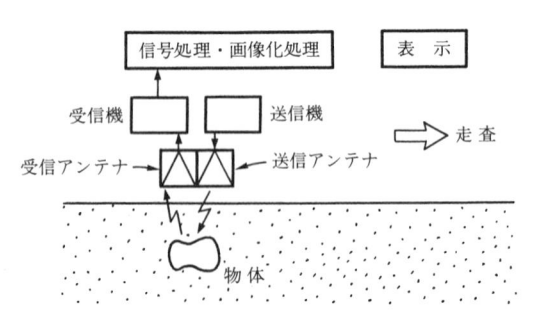

図4.12 地中(水中)物体観測の原理

えるCW-FM（連続波周波数変調）方式，偏波の違う電波を使う方式あるいは多周波による反射波の位相を測定する（ステップ周波数）方式などを利用し，物標の情報を得る（図4.12）．地中では周波数により減衰が違うので，鋭いパルス波（多くの周波数成分を含む）を送り込むと強さが弱まると同時に，

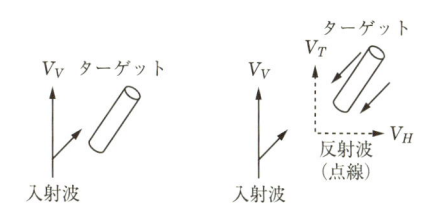

4.2 電波を送り情報を探る方法—能動方式　　201

図 4.13　2つの偏波成分の発生[11]

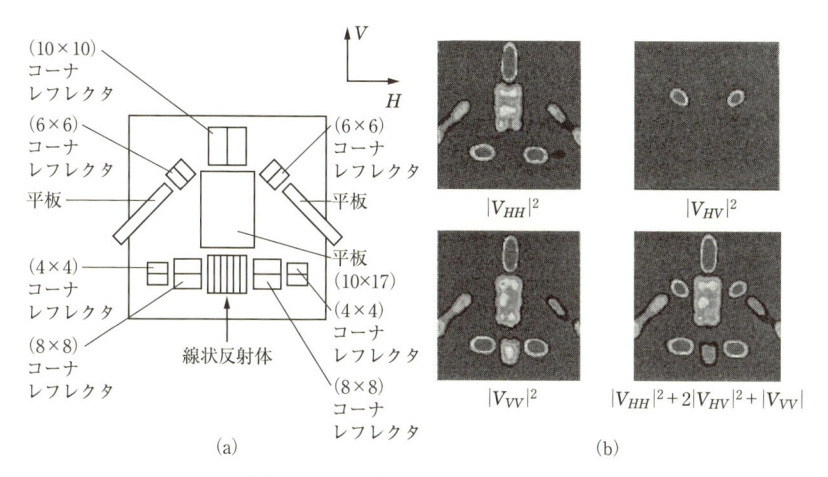

図 4.14　レーダポラリメトリの映像例[11]

波形も崩れて返ってくる（高い周波数成分が失われる）。また，地中内で媒質に不連続があると，電波の屈折，反射，散乱等のため発射パルスの波形がくずれ，物標の映像探知ができない。そのためこれら妨害（クラッタ）を除く信号処理がいろいろ工夫されている。

　直交する2つの偏波を使えば検知能力を高められる。斜めに横たわる物体に直線偏波 V_V の電波を当てると元の偏波と異なる偏波 V_H をもった電波が戻ってくる（図4.13）。そこで2つの異なる偏波の電波を受信して，その信号処理をすると物体の検知能力が上がる。これをレーダポラリメトリ（rada polarimety）技術という。さらに物体の検知能力を向上するには，合成開口技術を用いる。合成開口 FM-CW レーダを使った物体（ターゲット）の検知を行い，それを映像化（イメージング）した例がある[11]。この場合，水平（H）偏波で

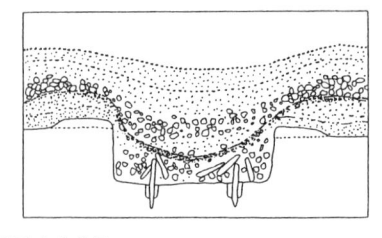

(a) 火山れきで埋もれた住居

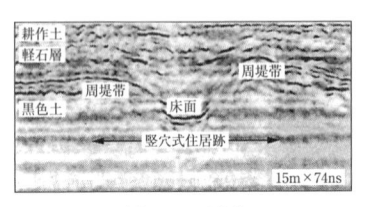

(b) レーダ映像

図 4.15　レーダ映像による遺跡探査[12]

送った電波を水平（H）偏波で，あるいは垂直（V）偏波で受けて受信信号 V_{HH}，V_{HV} 信号を得，別に垂直（V）偏波で送った電波を垂直（V）偏波で受けて V_{VV} 信号を得て，これら3つの信号を合成して信号処理を行い，イメージングしている．その結果，実際のターゲット（図 4.14(a)）に近い画像を得ている（図 4.14(b)）．

この技術は，遺跡探査に利用されている．群馬県子持村の田尻遺跡で竪穴式住居跡をレーダ探査した映像がある（図 4.15）[12]．

地中探査レーダは，金属やプラスチックの埋設管の探知だけでなく，古遺跡，岩盤，地下空洞，断層，氷の厚さ等の探査や計測に応用されている．

水中や海中の探査では，基本的には地中と同じであるが，海水に関しては高い周波数での探査は行えない．湖や河川については，固定の観測や川底の探査の実例がある．氷や雪は，比較的減衰が小さいので，厚い氷河の観測等の例がある．南極の昭和基地では 30 MHz の電波を使い，1800 m の深さの氷を観測している．積雪の厚さや誘電率の測定，さらに積雪内部の層構造などを調べる映像レーダもある．

表 4.5　車載用レーダの周波数帯

	24 GHz	47 GHz	60 GHz	76 GHz	94 GHz	139 GHz	26 GHz (UWB)	79 GHz (UWB)
日本	○		□	◎			△	△
米国	◎	□		◎	□	□	○	△
欧州	◎			◎			○	△

◎：現在主に利用されている周波数帯
○：現在利用可能な周波数帯
□：以前利用が検討されていた周波数帯
△：今後利用すべく標準化を進めている周波数帯

(8)　車載用レーダ[13]

車両に衝突防止や自動走行などに使う車載用レーダが開発されている．車載用レーダは，1960年ごろからマイクロ波帯を用いた開発がなされてきたが，近年では60〜70 GHz帯が主流である（日，欧）．アメリカでは70 GHz帯に加え，47 GHzもあり，90 GHz帯と139 GHz帯が検討されている（表4.5）．

ミリ波帯を使うのは，霧や煙など光をさえぎられた状態でも透過すること，また波長が短いのでアンテナは小形で利得が高く，細いビームが得られやすいので，車両の前後，側方の監視などの都合がよいこと，機器も小型にできるので，車載に場所をとらない，などがいえるからである．

車載レーダには，車間距離や対地面側速度の測定，障害物検知，前後，側方の監視などを行う機能をもたせる．方式にはパルス式，FM-CW式，二周波CW式，SS（スペクトル拡散）式などがある．

通信機能を付加したシステムも検討されている[14]．トランスポンダを車両の前後，および路上の要点，道路標識などに設置し，通信機能を利用して安全走行や運転支援の情報をやりとりする．路上トランスポンダはレーダ本体からFN-CWレーダ信号とパケットデータ信号を受信すると応答パケットデータ信号を返送する．車載アンテナは水平方向に∓15度を1周期2秒で走査する．FM-CWレーダ信号と通信パケットデータは1秒間に188回送られる．レーダ機能と通信機能は時分割で別々に動作さ

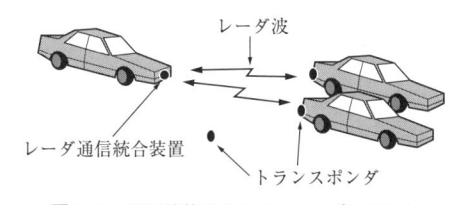

図 4.16　通信機能をもたせたレーダシステム

(9) マイクロ波散乱計[8]

レーダを応用して発射した電波が地表や海面で散乱する際の散乱係数を正確に測定することにより凹凸の地形，波浪，風速などが観測できる．海表面の油による散乱の具合から汚染の状態を知ることもできる．地表の粗さを知るには 3 GHz，農業，土木など土壌の含水率を調べるには 5 GHz，植生には 17 GHz，降雨には 10 GHz，雪には 35 GHz，雲には 75 GHz などを用いる．SEASAT の散乱計では，周波数は 14.6 GHz，風速の測定範囲 4～26 m/s，精度±2 m/s または 10%，風向精度±20° である．また，同じ原理で核融合反応実験等における高温プラズマの密度の測定にも使われる（5.2.4 項参照）．

(10) マイクロ波高度計[8]，その他

地表や海面に向けて発射した電波が反射して戻ってくる時間を計測して，高度を知る電波高度計はレーダの一種である．CW-FM 方式によるものと，パルス電波を用いる方式と 2 種類あり，通常 4 GHz 帯が使われる．パルス方式では，0.01 μsec という短いパルスを使っても，3 m 以上の精度は得られない．そのため周波数変調や符号変調によりパルス圧縮を行い，分解能を高めている．周波数変調は，連続波レーダ（図 4.5）と同じように，周波数を連続して変化（偏移 ΔF）した電波（幅 T）を送り出し（図 4.17(a)(b)），反射波を受けた際，送信波と逆の特性をもつフィルタ（図 4.17(c)）を通す．そうすると出力には狭い幅で大きい振幅のパルス状の波形が得られる（図 4.17(d)）．出力は，振幅が $\sqrt{T\Delta f}$ 倍，幅が $1/(T/\Delta F)$ 倍されたパルスである．Δf を大きくすれば出力の分解能は高くなり，ま

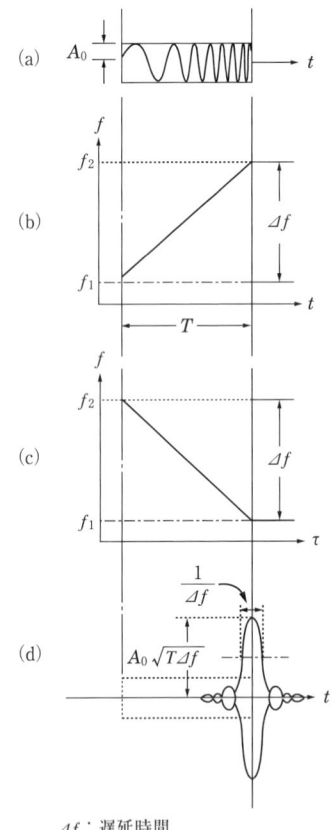

Δf：遅延時間

図 4.17　チャープレーダにおけるパルス圧縮概念図[15]

た S/N も大きくなる[15].

符号変調方式はパルスを分割して，それぞれに符号を与えて（図 4.18(a)(b)）送り出し，受信では遅延回路による合成器を通すと鋭いパルス状の出力を得る（図 4.18(c)(d)）．パルスの分割数を増すほど振幅は大きく，かつ圧縮されたパルスを得る[16].

衛星からは，地上で見られない現象が観測，測定される．とくに広い領域にわたる現象，周期的な状態変化などがわかるので，資源の探査，砂漠化の防止，災害の状態の観測，農林，林業などの観測に大きな効果がある．

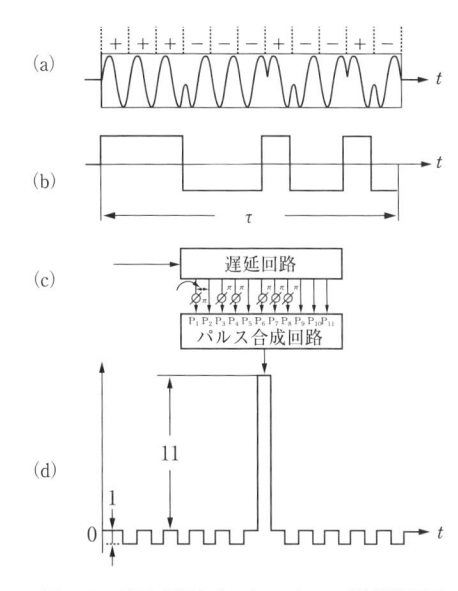

図 4.18　符号変調方式によるパルス圧縮概念図[16]

4.3　電波を受けて情報を知る方法―受動方式

4.3.1　基本的技術は何か

電波の直進性，その進む速さが光速と同じなどの性質を利用するのは能動リモートセンシングと同様である．しかし，物標の状態などを知るためには対象物から放射されている電波の周波数成分，すなわちスペクトルを探る．探る情報の内容としては，対象物の位置，分布，種類，性質などである．弱い信号や不規則な信号の場合は受信信号を処理して情報を取り出す技術が重要な要素となる．規則的な電波を受信して自己の位置を知る代表的なものに電波航法がある．これには双曲線航法が利用される．情報の分布や種類等を探る代表的な例は資源探査や宇宙探査などである．受信電波のスペクトル分布（周波数，振幅など）をきめ細かく検知して資源の種類，その分布などを知る．非常に遠方に

あり,かつ小さい電波星の観測を行う電波天文や,地殻変動を mm の単位で計測しようとする大規模な電波干渉計などは,電波の位相,時間など極度に高い精度の計測が要求される.このような観測では電波技術とともに通信技術,信号処理,画像処理,コンピュータ技術など,高度な技術の組み合わせが必要である.衛星を利用するリモートセンシングも多くある.

4.3.2 代表的利用にはどんなものがあるか

(1) 電波航法[1]

船舶や航空機では,航行中,常に自己の位置,針路,速度などを知りながら的確に運行する必要がある.そのため陸上から送られる電波を受信して位置情報などを得るシステムが数多くある.代表的なものはロラン(表4.6)である.衛星を利用した航法もある.

ロラン(LORAN：long range navigation system)にはロラン A とロラン C の 2 種類がある.ロラン A は 2 MHz 帯の電波を使用するので有効範囲は 700〜1400 海里程度である.ロラン C では 100 kHz 帯を使うので有効範囲は 1400〜2300 海里程度になる.位置測定の原理は双曲線航法による.これは,1

表 4.6 ロランシステムの諸元

			ロラン A	ロラン C
周 波 数			1750〜1950 kHz	100 kHz
利用電波			地表波,空間波	地表波,空間波
電波形式			パルス波	パルス波
送信出力 [kW]			100〜130	100〜1000
距離差測定法			到着時間差	到着時間差と位相差
局の構成			主局と従局	主局と従局(2〜4)
最大有効基線(海里)			200〜400	600〜1200
最高有効距離 [海里]	昼間	地 表 波	約 700	約 1400
		空 間 波		約 2300
	夜間	空 間 波	約 1400	約 2300
測位精度	昼　　間		1/4〜1/2 海里	30〜500 m
	夜　　間		1〜5 海里	100〜2000 m
備　　考			中距離用	長距離用

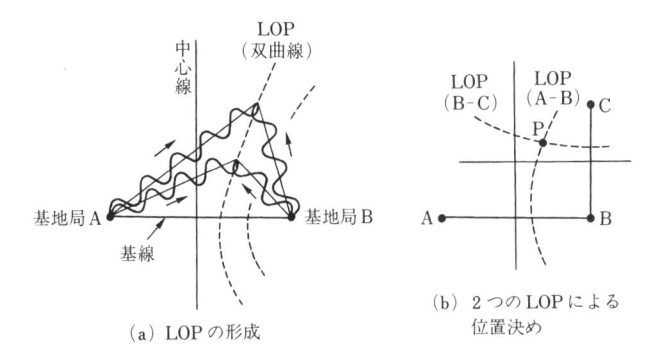

4.3 電波を受けて情報を知る方法―受動方式　　207

図4.19 P点におけるパルス波到達時間差一定双曲線群

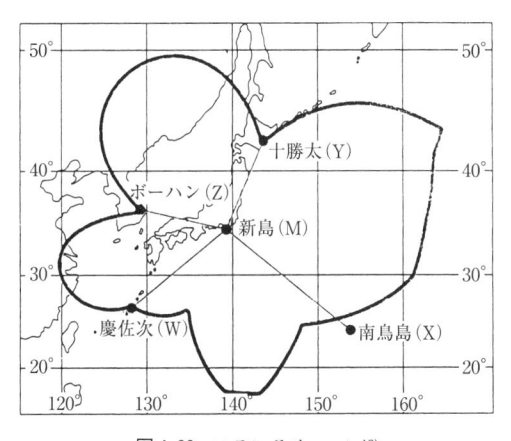

(a) LOPの形成

(b) 2つのLOPによる位置決め

図4.20 ロランCチェーン[17]

対の基地局からパルス波を受信した際，両局からのパルス波の到達時間差が一定になる位置が基地局を焦点とする双曲線上にあることを利用する（図4.19(a)）．双曲線は両基地局（A, B）を結ぶ基線（base line）を軸に描ける．この線を位置線：LOP（line of position）と呼ぶ．別の対の基地局（B, C）のLOPを求め，その交点（P）が自局の位置となる（図4.19(b)）．LOPは中心線を境に対称に現れるので実際には両基地局の送信時間を少しずらして非対称なLOPを形成するようにしてある．

わが国では，双曲線航法によるデッカシステム（70～1230 kHz）や，オメガシステム（10 kHz，位相差を測定する方式）を運用していたが，平成9年

までに廃止された．ロランシステムは GPS システムの完備に伴い，米国では廃止したが，わが国では漁船，商船など3万隻以上が使用しているので運用を続けている．そのため，北太平洋ロラン C チェーンを構築し（図4.20），韓国，中国，それにロシアを加えて4カ国国際協力による運用をしている[17]．

(2) 衛星測位システム (satellite navigation system)[18]

地球の極軌道を周回している衛星を利用して位置を知り（測位），それを航法に利用するシステムは，1964年に米海軍が NNSS (Navy Navigation System) の運用を開始したのに始まる．1967年にはそれが民用にも公開され，その後，海軍が空軍と共同で測位の精度を高めた NAVSATR/GPS* システムを開発し，1993年に運用を開始した．一般的に GPS (global positioning system) と呼ばれるこのシステムは，軍事目的であったが，やがて民生用にも使えるようになり，当初 C/A コード（粗コード）しか使えず100 m 程度の低い精度であったのが，最近では10 m 程度になった．その大きな要因は誤差補正にもよるが，米軍が S/A 信号という精度を劣化させる操作を2000年に解除して，P コード（精密コード）が使えるようにしたことによる．測位精度は，精密コードを使えば1 m 程度でも可能で，DGPS（次項）では数 m，高精度の DGPS では数10 cm，さらに信号処理の高度化で数 mm まで向上できる．

ロシアも GPS に対向して衛星測位システムを導入しており，1996年から GPS と同じ性能・機能をもつ GLONASS (Global Navigation Satellite System) システムの運用をしている．また EU も独自のシステム Galileo の開発を進めており，2008年に運用開始を目標にしている．

(a) **GPS** (gbobal positioning system)[18)19]：衛星からの電波を受信して地球のどの位置にあっても常に高い精度で位置，速度，時刻等に関する情報が得られる全世界測位システムである．地球上で移動する車両や船舶，航空機等の位置が数 m から10 m 程度の精度で求まる．1台の受信機で4個以上の GPS 衛星までの距離および時刻を測ることにより，その受信機の位置が3次元で算出できる．3次元の位置（図4.21(a)）は3個の衛星を中心とする球面の

---

* NAVSTAR：Navigation System (Satellite) with Time and Ranging

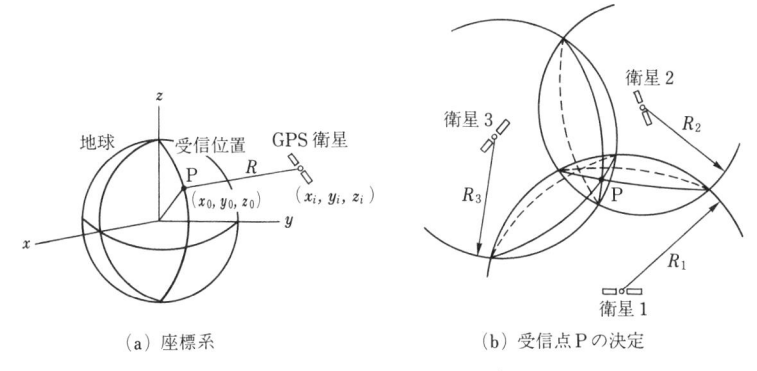

4.3 電波を受けて情報を知る方法—受動方式　209

（a）座標系

（b）受信点Pの決定

図 4.21　3 個の衛星による測位

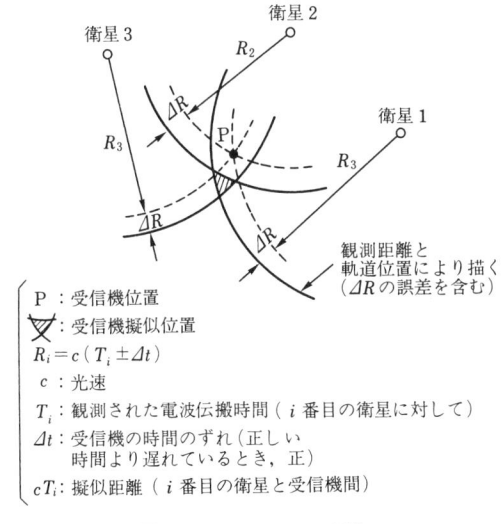

P：受信機位置
▽：受信機擬似位置
$R_i = c(T_i \pm \Delta t)$
c：光速
T_i：観測された電波伝搬時間（i 番目の衛星に対して）
Δt：受信機の時間のずれ（正しい時間より遅れているとき，正）
cT_i：擬似距離（i 番目の衛星と受信機間）

図 4.22　GPS システム測位

交点（図 4.21(b)）として得られる．各衛星からは 1.5 GHz 帯を使って原子時計による時刻や航法情報が送られてきている．衛星の位置 (x_i, y_i, z_i) は航法情報に含まれている軌道データから計算でき，衛星から受信機までの距離 R は時刻信号 t の受信により伝搬に要した時間 T_p から求まる．衛星の時計と受信機の時計に時間のずれ Δt があると 3 個の衛星から電波を受信した際 LOP が一点で交わらない（図 4.22）．それで LOP が一点で交わるように時間

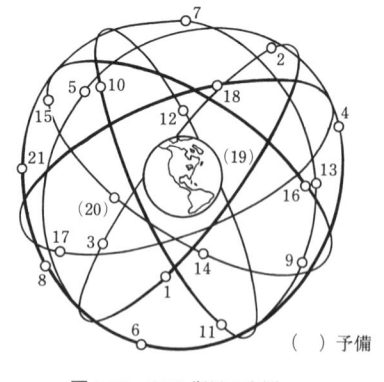

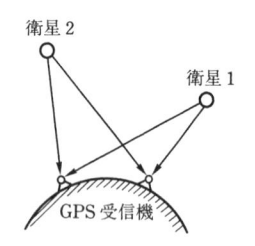

図 4.23　GPS 衛星の配置　　図 4.24　GPS による 2 点間距離測定

のずれ Δt による距離修正をして真の位置 (x_0, y_0, z_0) を求める．3 つの位置座標と時刻の 4 個の未知数を解くために 4 個の衛星から電波を受ける．衛星は高度約 20,000 km の 6 つの異なる円軌道面に 3 個ずつ計 24 個が配置されており，11 時間 58 分で周回するので，地球上どこにいてもその中の 4 個からの電波を受信できる（図 4.23）．

GPS 測位には，いくつかの誤差要因がある．受信機のノイズ，衛星搭載原子時計の誤差，軌道誤差などが主なものであるが，その他，電離層の密度の変化による電波の進み具合の変化，すなわち遅れの影響が比較的大きい．測位の誤差は数 m から数 10 cm になる．この誤差を小さくするために，参照点との補正情報を利用するシステムがある．DGPS（differential GPS）で，位置が正確にわかっている参照点（基準局）で衛星との距離を実測し，計算値との差を補正情報として GPS ユーザに与え，ユーザの測位点の誤差補正をして正確な測位ができるようにする．誤差は数 m 以下にできる．

さらに精度を上げるには，干渉測位法を用いる．これは電波干渉計（図 4.27 参照）と同じ原理で，受信電波の位相を測定し，基準局からの距離を求めて測位点の位置を求める．GPS 単独測位では，衛星からの航法情報（コード）を利用するが，この場合の誤差は波長単位に換算して 300 m に相当するが，干渉測位法では，受信電波の位相差を利用するので数 cm である（図 4.24）．

表4.7 GLONASSシステムの諸元[21]

項 目	内 容
衛星個数	21〜24個（システム完成時）
軌道数・周回周期	3軌道面（軌道傾斜角65°），1面当たり8衛星 周期11時間15分43.8秒
軌道高度	19,100 km
使用周波数	1.6 GHz および 1.2 GHz で FDMA （衛星ごとに異なる周波数） 送信信号はスペクトラム拡散（DS-SS）
測位精度	<100 m （※チップレートが低いため，GPSよりは劣る．測位クラス「標準」，「精密」）
備 考	チップレート 0.511 Mbps（標準用） 　　　　　　5.110 Mbps（精密用）

　干渉測位法には，複数の受信機を使って時間をかけて（30分〜1時間）電波の位相を観察して測位するスタティックGPS（static GPS）と，基準局の受信機は固定し，測位点を数秒ずつ測定して順次移動するキネマティックGPS（kinematic GPS）とがある．位相誤差を減らすために2周波を用い，C/Aコードと組み合わせて精度を数mmに高める．米国では，システムの堅牢性を高めるために民生用の信号の追加（第3周波数）など，近代的政策に取り組んでおり，それの対応した衛星を打ち上げている[19]．

(b)　GLONASSシステム[20]

　旧ソ連邦により軍事用に開発された衛星測位システムで（表4.7）[21]，現在は全世界的航法衛星システムGNSS（Global Navigation Satellite System）の基礎として利用されるよう，そしてまた科学，社会，経済などへの貢献を目的に利用するシステムを目指して，ロシア宇宙庁が運用管理している．傾斜角64.8度の軌道面3軸にそれぞれ8基，計24基の衛星を配置する構成で，北極域を十分カバーする特徴をもつ．GPSとの統合利用により全世界での利用が可能なシステムになる．国際的にはGPSとの統合で米ソ，Galileo（次項）との統合で欧ソ，それにインドが打ち上げるM-衛星との共同でインドなどとの協調を目指している．

表 4.8 Galileo システムの諸元[23]

項　目	内　容
衛星個数	30 個（システム完成時）
軌道面・周回周期	3 軌道面（軌道傾斜角 56°），1 面当たり 10 衛星 周期 14 時間 4 分
軌道高度	23,100 km
使用周波数	L1 帯：1559-1593 MHz L2 帯：1151-1214 MHz L5 帯：1254-1300 MHz
測位精度	4 m 以下（2 drms）
備　考	2 drms：95％の観測値を含む誤差円の半径

（注）2 drms：twice distance root mean square

(c) Galileo[22]

EU が 1999 年に発表した民生用航行測位衛星システムである（表 4.8）[23]．米国の GPS やロシアの GLONASS システムに頼ることなく欧州独で運用するシステムとして，EU 主導で開発が進められている．高度 23,000 km で，傾斜角 56 度の 3 軸に周回衛星を 27 基と予備 3 基，計 30 基を等間隔に配置する構成である．5 種類のサービスを計画しており，一般ユーザを対象，有料の商用サービス，特定ユーザ向け，政府機関向け，探索救難用などである．2008 年の運用開始を目指している．

(3) ラジオメトリ

(a) 地球観測

カメラは，光に感じるフィルムを使って像を再生する．物体からの光を受けているわけであるが，これと同じように，物体から出ている電波を受けてその存在や状態を映像化するのをラジオメトリ（radiometry）という．非常に微弱な電波を受ける場合が多いので，特殊な高感度受信機が用いられる．弱い電波の検出をしなければならないが，どれだけきめ細かく電波を読み取れるか（差の識別）も重要である．それには，受信したデータの処理に時間を多くかけ電波の強さの差をできるだけ細かく読めるようにする．衛星に積んだ受信機で地球表面からの電波を受信し，その周波数成分や強さなどのデータを分析して地球の表面温度，表面の粗さ，土壌含水率，降雨状況，積雪などの情報を得る．その他，海面温度，塩分濃度，海水，波浪，風向，それに大気の温度分

表 4.9 観測に用いられる周波数

周波数〔GHz〕	帯域幅〔MHz〕	測定対象
1.4 付近	100	土の含有量, 塩分濃度
2.7 付近	60	〃
5〜6	200〜400	河口水温, 海面温度
〃	100	雨, 雪, 海面状態
15〜24	200	雨, 水蒸気, 海面
30 付近	500	海水, 油汚染, 雲
55 付近	$250 \times n$	気温
90 付近	6000	雲, 油汚染, 氷, 雪
100, 49, 125, 61, 150, 74, 175, 86 など	2000	亜酸化窒素
115, 27, 230, 54, 345, 80 など	2000	一酸化炭素
184, 75, 235, 71, 237, 15 など	2000	オゾン
183, 31, 388, 20	2000	水蒸気

布,水蒸気量,気象状況などの観測も行われている.これら観測の対象は周波数により異なる(表 4.9).

(b) マイクロ波放射計[8]

地表や大気からは微弱なマイクロ波が放射されている.それを検出して地表や海面の状態(温度,風速,風向,土の含水率,水蒸気の分布など)を計測するセンサである.周波数領域は 1〜60 GHz 帯が主であるが,119 GHz 帯も使われている.アンテナと受信機から成り,入力電波は微弱で雑音状のランダムな波形をしているので,一般的には比較的大きな開口アンテナか大型フェーズドアレイと低雑音(高感度)受信機,ならびに信号処理回路とを組み合わせて用いる.航空機や衛星には合成開口アンテナを用いる.受信機には参照雑音源があり,アンテナからの入力信号(雑音状)との比較をとる方式(Dicke type)を用いて,その検波出力を感度高く得ている.

(4) 電波干渉計

電波による観測技術は,弱い電波をとらえること,電波発生源の位置を正確に知ること,短い波長で観測すること,などの 3 つの方向に進んできた.電波

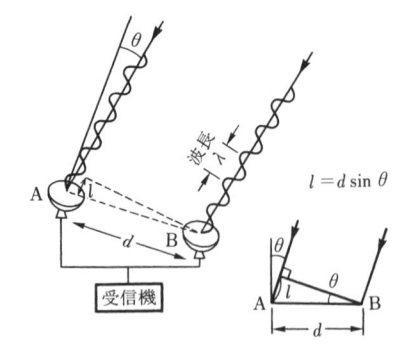

図 4.25 電波干渉計の原理

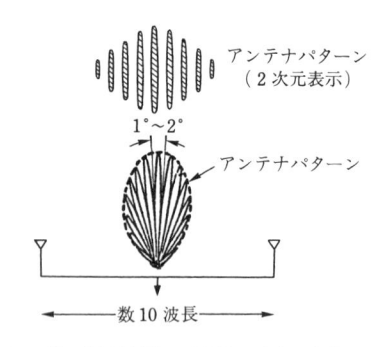

図 4.26 長い基線長 (数 10 波長) の電波干渉計の出力パターン

干渉計 (interferometer) は 2 つあるいはそれ以上のアンテナを使い, アンテナ間の距離と同程度の大きさ (開口) のアンテナのもつ解像度を実現する. その原理はそれぞれのアンテナに入射する電波の到達時間差 (幾何学的遅延時間) を測定することによる. 到達時間差 $\Delta\tau$ は (図 4.25)

$$\Delta\tau = d\sin\theta/c \tag{4.12}$$

これから, 電波源の方向が変わると $\Delta\tau$ も変位し, その変化の様子は基線長とその方向によって決まることがよくわかる. よって $\Delta\tau$ の変化を測定することにより基線長 d を決定できる. $\Delta\tau$ の測定精度は 0.1 ns 以下であり, 長さに換算して 3 cm 以下である.

一方, 角度分解能 $\Delta\theta$ は

$$\Delta\theta \fallingdotseq \lambda/d \tag{4.13}$$

したがって基準長 d が大きいほど $\Delta\theta$ は小さい. すなわち分解能が高くなる. 電波源の位置を 1/100 秒角*, すなわち 36 万分の 1 度のきめ細かさで決定できる高精度のものもある.

2 つのアンテナそれぞれで, 同時に 1 つの電波を受信した信号を合成すると, 経路差によって信号が同位置になり加え合わさって出力が倍加したり, 逆位相になり出力が零になったりする. たとえばアンテナの間隔すなわち基線長を波長の数 10 倍にとると, 出力が 0 になるところが何度か現れる (図 4.26).

---

* 1 [秒角] = 1/3600 [度]

実際に天体を観測すると，地球の自転によってアンテナの出力は最大-零を繰り返し，規則正しい正弦波信号（干渉波）出力が得られる．しかしこの出力では天体の像が2度，3度現れ，いわば2重，3重映しの写真と同じである．そこでアンテナの位置を変えて違う方位角で干渉波をつくる．この操作を何回か時間をかけて繰り返すと，きめ細かい電波源の像が得られる．アンテナの数を増やせば時間を短縮できる．これは合成開口方式の原理と同じである．

(5) VLBI[24]

電波干渉計では，アンテナ素子間隔すなわち基線長を大きくとれば分解能はいくらでも上がる（式(4.13)）．そこで国をまたがってアンテナを配置すれば基線長を大きくとれ，高精度の観測が行える．地球上でとれる基線長の最大は地球の直径である．このような巨大な干渉計は超基線長電波干渉計（VLBI：very long base-line interferometer）と呼ばれる．準星など電波を出している星からの電波を2点で同時に受信し，電波の到着の時間差を測定する．これから，2点間の距離，星の構造，地球の回転運動等を非常に高い精度で算出できる．わが国の(独)通信総合研究所（茨城県，鹿島）では，米国のNASAと共同して，基線長8000 km程度で数10億光年彼方の電波星十数個を観測し，地球上のいろいろな方向の距離を2 cm程度の精度で決定することができた（図4.27）．このような観測から地殻プレートの運動の検出が行われている（図4.28）．この計測にはきわめて正確にかつ精密に時間差を測定する必要があるので，日米両地点でそれぞれ安定度10^{-12}という高精度の原子時計をもち，時間差を100億分の1秒の精度で決めている．この実験にはスウェーデン，カナダ，西ドイツなども参加しており，地球上に全部で20個のVLBIがおかれて大規模な観測が行われている．

このように長い基線の干渉計の分解能は光望遠鏡に劣らぬ精度をもつ．たとえば基線長20 kmの干渉計で1.3 cmの電波を観測する際の分解能は0.2秒角である．逆に高い精度で位置を同定できる天体（準星）にVLBIの技術を利用すれば干渉計の基線長をきわめて正確に求めることができる．電波天文では，電波源の精密な位置や画像（輝度分布）などをきめ細かく求めていたが，その逆である．2点での天体からの電波の到達時間差が精密に求まれば，2点間の距離を精密に求まる．これは精密地図の作成，地球の自転の速度，海洋底

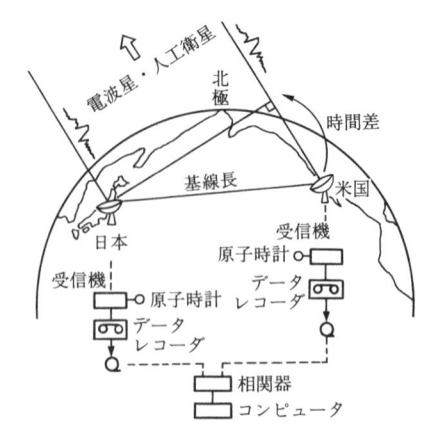

図4.27 日米共同VLBIによる長距離測定原理

図4.28 VLBIによる地殻プレート
　　　　運動の観測(太平洋実験)

のプレートテクトニクス理論による大陸移動の検証などへの応用がなされている．

(6) 電波天文と電波望遠鏡[25)26)]

1930年の前半に，ジャンスキ（Junsky，米）が空から来る電波を発見し，それが宇宙空間からであることを突きとめた．これがきっかけとなり天体や星

雲などから発生する電波の強度分布を検知して天体観測を行う電波天文が行われるようになった．

(a) 方　式

電波天文に用いるアンテナは，大形の開口面アンテナや干渉計である．これらは電波望遠鏡と呼ばれている．これには走査式と合成開口式の2種類がある．

走査式は，鋭いビームをもつアンテナで天空を走査し，天体からの電波の強度分布を求めるもので，西独には直径100mの大型パラボラアンテナ（分解能1分～30秒角），プエルトリコには，地形を利用した直径300mの球面鏡などがある．これらは地球の自転を利用して天空の走査をしている．また，多数のアンテナ素子を配列したアレイアンテナにより電波干渉計を構成し，それを制御して天空を走査する方式もある．

合成開口方式では，アンテナの間隔や観測の方向を変えて得られたデータを蓄積し，コンピュータを用いた高度な情報処理により高い分解能が得られる．奥深い宇宙にある天体の観測は，著しく視直径が小さいので非常に高い分解能を必要とする．光による観測の場合，望遠鏡の分解能は $1.22 \times$（波長）/（望遠鏡の口径）なので，口径1mのもので緑色（波長 $0.5\mu m$）を観測する際の分解能は0.125秒（角）というきめ細かさである．世界最大の天体望遠鏡は，口径8mの"すばる"（日本）で分解能は0.2秒角である．これと同等の性能を電波望遠鏡で得るには，波長が光の波長の 10^4～10^8 倍なので巨大なアンテナが必要になる．そこで，それに代わって使われるのが電波干渉計や合成開口法である．観測する波長が短いほど，あるいはアンテナ間隔が大きいほど高い分解能が得られる（式(4.13)）．たとえば波長が数cmの電波を観測するマンチェスタ（英国）電波望遠鏡は0.02

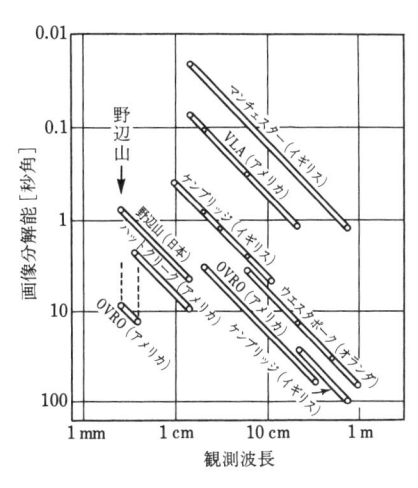

図4.29　主な電波望遠鏡の観測波長と分解能

図 4.30　45 m 電波望遠鏡[28]

図 4.31　10 m アンテナ 6 基による電波干渉計[29]

図 4.32　太陽観測用電波望遠鏡[30]

秒角，グリーンバンク（米国）にある VLA（very large array）は 0.1 秒角の分解能を実現している．ミリ波になると長野県の野辺山にある東京天文台の電波望遠鏡が波長 2.6 mm の観測において 1 秒角という最高の分解能を得ている（図 4.29）．

　(b)　野辺山電波望遠鏡[26)27)]

　野辺山の国立宇宙電波観測所には，45 m の大型天体望遠鏡（図 4.30）[28] と 10 m のパラボラアンテナ 6 基（図 4.31）を用いた電波干渉計[29] がある．また別に 80 cm のアンテナ 84 基を用いる太陽観測のためのヘリオグラフ（図 4.32）[30] がある．

　45 m のパラボラアンテナは高い検知感度を有し，1982 年に運用を始めて以来，星間分子雲の化学組成とその進化，星の形成，銀河構造と活動性などの観測をし，新星間分子やブラックホールなど数々の新しい発見をしてきた．電波

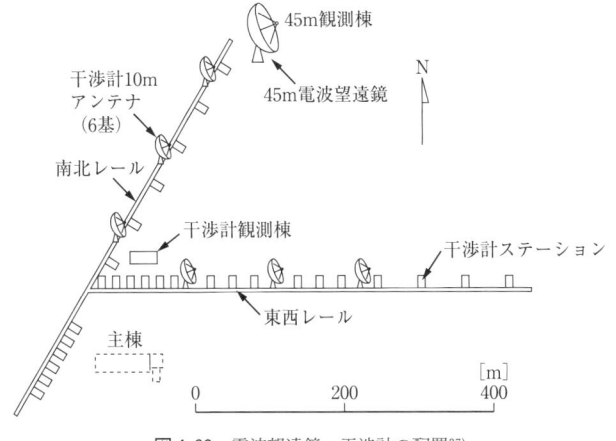

4.3 電波を受けて情報を知る方法—受動方式

図 4.33 電波望遠鏡，干渉計の配置[27]

干渉計は 1986 年の運用開始以来，高い空間分解能を活用して原始惑星系の円盤の発見や銀河中心核の活動性などの観測，研究などに多くの成果をあげてきている．これら観測の際の高品位の電波画像は光望遠鏡では見えない現象をきめ細かく可視化し，未知の天体現象の解明に大きく役立っている．

45 m のアンテナの主反射鏡面（放物面）は 600 枚のパネルでつくられており，各パネルの凹凸の精度は 60 μm で，鏡面全体の放物面からのずれは 90 μm という驚異的な精度でつくられている．観測する波長は 1 mm から 1 cm の間で，20〜230 GHz での視野は 9 秒から 19 秒，指向精度は 3 秒程度（風速が 5 m/秒）という世界最高水準の性能である．天体からの電波はすごく微弱なので，4〜20 K に冷却した低雑音受信機 9 台を用いている．受信機には広帯域分光相関器と高度な画像処理システムが接続され，高い分解能で分子組織などの高速データ解析を行うとともに高分解能の天体画像表示などを行っている．

電波干渉計は，6 基のアンテナを V 字型レール（一辺約 600 m）上に配列して構成する（図 4.33）．配列を並べ変えて基線長を変え，数秒角から 1 秒角，あるいはそれ以上の高い空間分解能（600 m のアンテナに相当）の電波画像を得る．観測波長 3 mm（100 GHz）から 1 mm（230 GHz）で，2 種類のディジタル分光相関器を同時に使用して 1 GHz にわたる広帯域の連続波の観測や

線幅の広い系外銀河などの観測をしている．新しい分光相関器は 32 MHz 幅で 1024 チャネル分光が可能で非常に高い周波数分解能を有する．

観測精度をさらに高めるために，アンテナ 6 基の電波干渉計に 45 m の天体望遠鏡を加えてミリ波干渉計を構成し，1 秒以下の空間分解能を実現している．集光力は干渉計の約 4 倍，検出感度は約 2 倍になっている．これは Rainbow 干渉計システムと呼ばれている．

ミリ波では観測できない高温，高密度の天体などの観測のため，サブミリ波を使う学問的な要請が高まり，すでに富士山頂やハワイなどにアンテナが設置され，稼動している．電波干渉計の 6 基目はサブミリ波観測に向けての高精度なアンテナで，現用の電波干渉計の性能向上とともに ALMA（次項）などで使われるであろうサブミリ波アンテナの設計資料の取得に利用されている．

ヘリオグラフは太陽観測専用の電波干渉計である．東西方向 490 m，南北方向 220 m の T 字型に配置し 17 GHz と 34 GHz の電波を受信し，太陽表面のさまざまな現象を観測する．11 年の周期で大きく変わる太陽活動期の，黒点の周りで発生するフレア（爆発）を観測し，エネルギーの高い粒子が黒点磁場に巻き付いて非常に強い電波を発生するのを捕えて高エネルギー粒子の発生機構を突き止めるのが目的である．空間分解能は 17 GHz では 10 秒角，34 GHz では 5 秒角である．

これらの他，45 m のアンテナに，ビーム数が 25 あるマルチビーム受信機と組み合わせて天体の 25 箇所の同時観測を行う BERAS（beam array receiver system）がある．観測の効率が 25 倍上がることに相当し，25 年かかる観測が 1 年でできるともいえるシステムである．すでに観測の実績をあげている．

野辺山観測所における成果は世界各国の科学者に提供され，天文学の研究に大きく貢献している．

(c) ALMA（Advanced Large Millimeter Array）システム[31]

チリに建設されている，口径が 14 km に相当する大型の電波望遠鏡である．日，米，欧の国際協力によるもので，口径 12 m の超高精度のアンテナ 64 基とコンパクトアレイ（口径 7 m のアンテナ 12 基）を用いる．これらに高感度のミリ波・サブミリ波受信機（30〜950 GHz 帯）を接続して受信した信号を超高速ディジタル分光相関器で解析するとともに，電波画像を現像する機能を

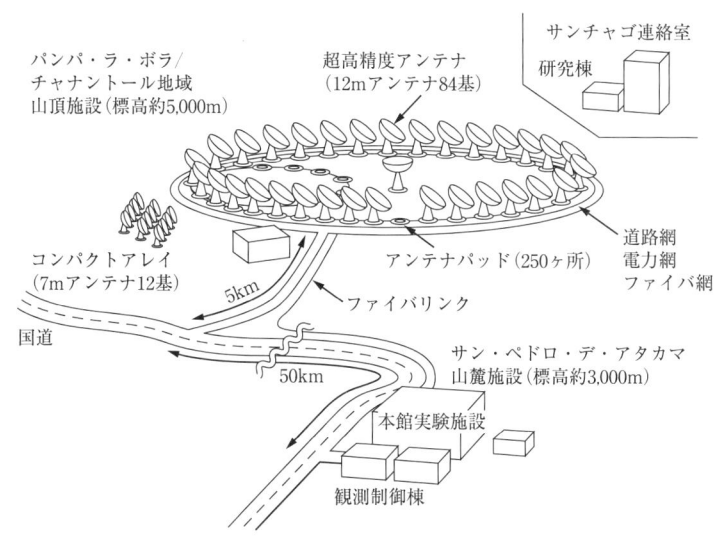

図4.34 ALMAシステムの概念図[31]

もつ大型計算機を導入し，広範な宇宙現象を観測する（図4.34）．場所はチリ北部の標高5000mの乾燥高地で，大気の揺らぎや地上の明かりの影響が小さく，観測効率が高められて広い天域の探査ができる場所が選定されている．アンテナは14kmの範囲にわたって配置され，口径が14kmに相当する大型の望遠鏡を構成する．分解能はハッブル望遠鏡を凌ぐ0.01秒角，集光力は口径100mの望遠鏡に相当する．

0.01秒角という高い分解能により，宇宙のどこにある銀河でもその形態を探ることができ，惑星系の生まれる様子なども観測できる．また大きな集光力によって，生まれつつある銀河の探査や，その形成の解明ができる．分光性能は，宇宙の物質の進化や太陽系や生命の起源などの手がかりもつかめる高いものである．

このシステムの果たす役割は非常に広い範囲にわたり，物理学，天文学，宇宙科学などの学問分野の進歩に貢献するに限らず，社会，経済の進展，教育への貢献などが見込まれ，さらに通信，情報技術への波及効果も大きいと考えられる．

光でとらえられない宇宙が電波で観測されるのは，光が低いエネルギーの穏

やかな電子の働きから放出されるのに対し，電波は高いエネルギーの電子が関わる爆発や衝突といった過程から放出されるからである．光では明るさの変わらない恒星など静的で規則的な世界を見るが，電波ではクエーサー，パルサーといった激しい宇宙活動の一面がとらえられる．さらに電波では百数 10 億光年という宇宙の果て近くの情報でもつかまえられる．宇宙の神秘の数々がこれから電波観測で解かれていくことであろう．電波利用にも大きなロマンがあるといえる．

(7) マイクロ波イメージング

離れた位置にある物体からの電波を受けて物体の存在，形状などをイメージングするのにミリ波がよく使われる．ミリ波は波長が短いので細い（角度分解能の高い）ビームで物標を走査でき，きめ細かい映像情報が得られる．また，ミリ波は霧，雪，塵，炎などを透過するので，煙や炎を通して検出ができ，目視ではできない観測，監視，情報収集などができる．火山の観測や災害現場などでの煙，炎の陰の状態も観測できる．また，衣服を通して武器や爆発物などの発見，暗いところでの侵入者の検出などにも役立つ．ミリ波は波長が短いので分解能の高い映像を明瞭に見ることができる特徴がある．

物体から出る熱放射（ミリ波成分）電波の検出する受動（パッシブ）方式の場合は，元々非常に弱い放射であり，それが受信機に到達する経路で大きく減衰をする．さらにその経路でノイズや他の電波などが妨害になるので，受信機には，利得の高いアンテナ，低雑音増幅器を使う．目的の信号（ランダム雑音に見える）を取り出すには，相関処理，標準との比較による差分の抽出処理などの方法を用いる．

イメージングの例として，35 GHz でミリ波帯ホーンアンテナを用い，広帯域低雑音増幅器（30～40 GHz，NF＝4 dB）を使って 21 m 遠方の自動車のイメージングを行った例がある（図 4.35）[32]．

また高度 750 m のヘリコプタから下の路面を映像化した例がある（図 4.36(a)）．98 GHz を用いているが，下に雲があって可視光では遮られていても（図 4.36(b)），電波でははっきりと映像化されている[33]．

電波の経路におけるミリ波の吸収や散乱を観測すれば，逆にその経路（媒質）の温度，密度などがわかる．超高感度の放射計によるスペクトル観測で，

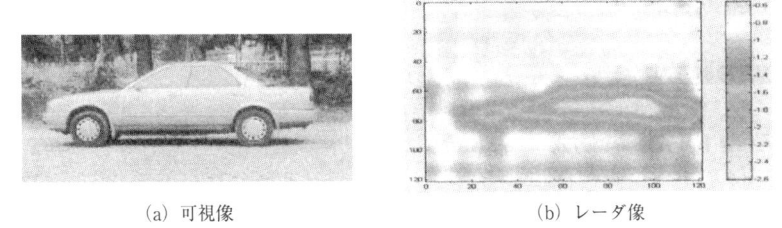

4.3 電波を受けて情報を知る方法—受動方式　　　223

(a) 可視像　　　　　　　　(b) レーダ像

図4.35　ミリ波によるレーダ映像の例（車両像）[32]

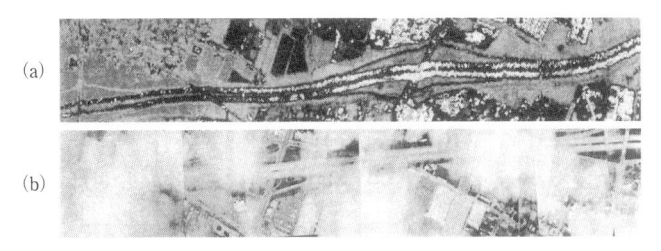

(a)

(b)

図4.36　ミリ波によるレーダ映像の例（地表観測）[33]

上空のオゾン濃度分布やオゾンを破壊する微量のガスの濃度分布を計測する研究がなされている．ミリ波帯での超高感度の放射計によるスペクトル観測で上空のオゾン層の温度分布や，オゾンを破壊する微量ガスの濃度分布を計測する研究がなされている．

(8)　地震予知[34]

地震の前後に発生する物理的な異常現象の中に電波の変動がある．岩盤の破壊，地殻プレートの動き等に伴い電波が発生する現象が観測されている．これまで地震の数日〜数時間前に始まる異常な電波の発生をロシヤ，中国，インドならびにわが国等で観測した報告がある．ロシヤでは数10 kHzから数MHzの電波の連続観測から地震と関連ある電波の強さの変化を記録し，コーカサスではイラン中央部の地震（M 7.4，1978年9月16日）の30分前に27 kHzおよび1.64 MHzの異常電波を観測した．わが国では浦河沖地震（1982年3月21日）の前後に1〜30 kHz帯での異常電波の記録の報告や，大島火山の噴火に伴う地震の前後にVLF帯（82 kHz）での観測記録がある（図4.37矢印）[35]．これら観測結果がよりきめ細かく追求され体系化されれば地震の予知

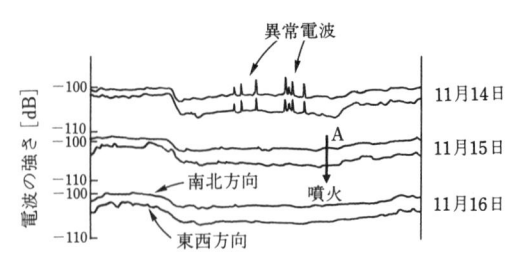

図 4.37 大島の火山噴火 (1986 年 11 月 15 日) の前に観測された 82 kHz の異常電波[35]

に役立つと期待される．

　1995 年 1 月 17 日に起きた阪神大震災のときも，対馬のオメガ局 (10.2 kHz の電波航法システム，1997 年に閉局) の電波を犬吠崎で受信した波形の位相が，前日の 14 日頃から変化していたのが観測されている (図 4.38)[36]．

　巨大地震の予知に関しては世界的に関心がもたれ，とくに地震活動の盛んな国々，日，米，ロシアなどで予知警報システムの研究が行われている．巨大地震の発生に伴う電磁現象は，地殻の変動，岩石の破壊などによって生じる電荷の地表への移動が源と考えられ，それによって現れる異常現象を検知するさまざまな試みがなされている (図 4.39)[37]．たとえば VLF 帯 (3〜30 kHz) や，HF 帯 (3〜30 MHz) の送信電波の強さを監視して電離圏の高さの変化を観測する，あるいは，GPS から送出した 2 つの信号の位相差を検出して電離圏の電荷の変化を検知するなどである．その他，地表からの ELF 磁界や，赤外線の放射の変化を求め，大気中の電荷，伝導度の変化と地震の関連性を見出す試みもなされている．

　地震に先行して電磁波が観測される理由はまだ明らかでないが，地下のストレス状態が局所的に変化して電位に変化を生じ，電磁波を放射するという

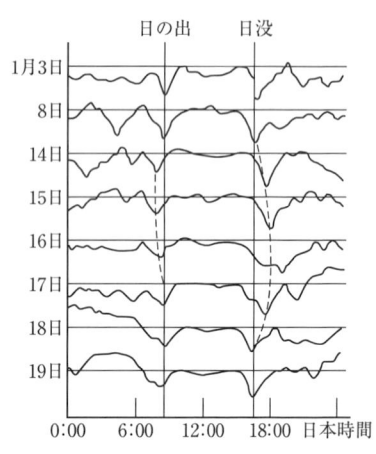

図 4.38 地震発生 (17 日) 前後の受信電波 (10.2 kHz) の波形[36]

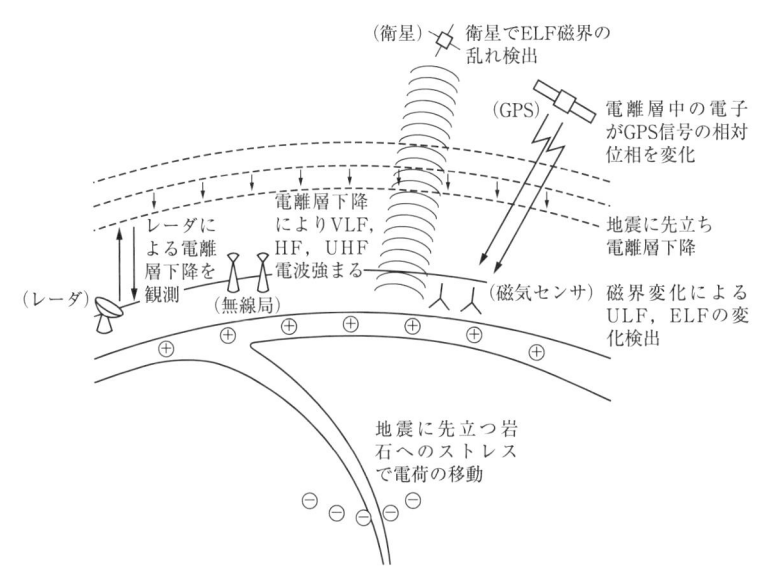

図 4.39 地震発生予知に関連する各種[37]

推測が一般的である．岩石の塊に圧力をかけて内部に小さな破壊が起こさせ，そのときの電位変化を実験的に観測した例がある（図 4.40)[38]．微小破壊面の両側で電離が生じると急激な電位変化を生じ，それが電波の放射の原因となるというものである．このような現象が地下の岩盤で発生し，電波を放射すると考えられる．

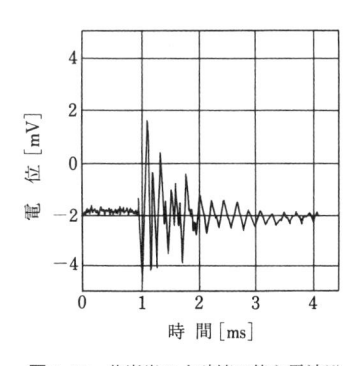

図 4.40 花崗岩の小破壊に伴う電波[38]

演習問題

4.1 情報を探り出すのに電波のどのような性質が利用されているか，要点を説明しなさい．
4.2 パルスレーダには電波のどのような性質が利用されているだろうか．
4.3 パルスレーダの探知距離，および分解能（方位，距離）を決める要素は何で

あろう.
4.4 パルス幅 1 [μs] の電波を発射したとき,探知できない距離は何 [m] か.
4.5 連続波レーダの原理とその特長を説明しなさい.
4.6 合成開口レーダとはどんなものか.また,どのように使われているであろう.
4.7 電波を使って地中の物体を探知するにはどのような方法があるだろう.また,どのように役立っているだろうか.
4.8 レーダポラリメトリとはどんな技術であろう.
4.9 双曲線航法とは何なのか,そしてその代表的な例をあげ,それぞれ概略を説明しなさい.
4.10 衛星を利用した測位システムにはどのようなものがあるだろう.その測位精度を向上するにはどんな方法があるだろう.
4.11 電波干渉計とはどんなもので,どのように利用されているだろう.
4.12 VLBIとは何だろう.どのように利用されていて,何に貢献しているか考察してみよう.
4.13 電波を利用する天文学,すなわち電波天文学には,光による天文学と違った特長がある.それは何であろう.また電波天文学の意義は何か考察してみよう.
4.14 電波天文に利用されるアンテナにはどのようなものがあるか.
4.15 ミリ波天文学の役割は何であろう.
4.16 マイクロ波イメージングとは何だろう.その原理と特長を述べなさい.
4.17 地震予知に電波の利用が研究されている.どのような現象が利用に検討されているだろうか.

[参考文献]

1) 電子情報通信ハンドブック,第19編第1部門レーダ.電波航法,オーム社 (1988).
2) 小西,村上:電子応用,第3章,コロナ社 (1988).
3) 電子情報通信学会編,アンテナ工学ハンドブック,p.672,オーム社 (1980).
4) 1) pp.1514-1515 および 2) pp.175-176
5) 1) pp.1486-1488 および 2) pp.173-175
6) 1) pp.1488-1489 および 2) pp.169-173
7) 加藤 進:宇宙気象とレーダの話,信学誌,71,5,pp.507-509 (1988).
8) 古浜,岡本,益子:人口衛星によるマイクロ波リモートセンシング,p.113,および第3章,電子通信学会 (1986).
9) 松尾,山根:レーダホログラフィー,p.42,電子通信学会 (1980).
10) 増田,須藤:地下埋設物探知技術,信学誌,72,1,pp.110-112 (1989).
11) 山口芳雄:こちら波動情報研究室,p.3,SAWS (15),Winter 2002,菊水電子工業(株)

12) 山口芳雄ほか：ハイテク遺跡調査，信学誌，p. 71，(82) 1 (1999)
13) 堀松，一津屋：実用化を迎えたミリ波レーダシステム信学誌，(87) 9, pp. 756-759 (2004)
14) 藤瀬雅行：ミリ波ITS通信システム，同上，pp. 744-745
15) 5) p. 105
15) 5) p. 106
17) 吉村和昭ほか：電波のひみつ，p. 107，技術評論社 (2002)
18) ITS情報通信システム推進会議編：これでわかったGPS，森北出版 (2005)
19) 衛星通信年報 (17)：pp. 231-235，およびp. 239，KDDIエンジニアリングアンドコンサルティング (2005)
20) 同上 p. 235
21) 18) p. 19
22) 19) pp. 236-239
23) 18) p. 19
24) 日置幸介：VLBI技術とその応用，信学誌，74, 1, pp. 66-73 (1991).
25) 石黒正人：天体の計測技術 [II]，信学誌，73, 1, pp. 50-52 (1990).
26) 徳丸仁：光と電波，pp. 160-164，森北出版 (2000)
27) 野辺山宇宙電波観測所ホームページ
28) 同上 その2 No. 2
29) 同上 その5 No. 14
30) 同上 "電波ヘリオグラフとは"の写真
31) アタカマ大型ミリ波サブミリ波干渉計（ALMA），東京国立天文台 (2001)
32) 水野浩司：ミリ波帯パッシブイメージング技術，電子デバイス研資，EDD-15-40，電気学会 (2005)
33) 水野浩司：ミリ波帯イメージング—ミリ波帯カメラ—，信学誌，(79) 2, p. 177 (1996)
34) 26) p. 28
35) IEEE Spectrum, pp. 17-21, Dec. 2005
36) 尾地和夫：電波により地震を探る，信学誌，68, 5 (1985)
37) Yoshino T. and Tomizawa I.: Observation of Low Frequency Electromagnetic Emissions as Precursors to the Volcanic Eruption at Mt. Mihara during Nov. 1986, Physics of Earth and Planetary Interiors, 57, pp. 32-39 (1989).

［参考図書］
a. 赤羽，海部，田原：宇宙電波天文学，共立出版 (1998)
b. 畑中武夫：電波天文学，恒星社 (1964)

第5章　電波の作用の利用

　電波の利用は情報を送ったり，あるいは情報を探る以外に，物質に作用する効果を利用する場合がいろいろある．たとえば，家庭では電子レンジがあり，電波により食品を加熱したり調理したりする．マイクロ波を身体の患部に照射して加温し治療を行う利用もある．また工業的には木材の乾燥やプラスチックを接着するなどの利用等がある．さらに素粒子に電波を照射して加速させる原子核実験や核融合研究の装置に使われている．素粒子加速は実用的には癌の治療や食器の殺菌等へ利用される．これらは，電波のもつエネルギーを物質の分子や原子等，物質を構成する粒子に与え，運動させることによるものである．

5.1　電波の作用がなぜ利用できるか

　電波を誘電体に当てると温度が上がる．誘電体とは何か．物質には，電流を流す金属のような導体(conductor)やプラスチックのような電流を流さない絶縁体とがある．このような絶縁体を誘電体(dielectrics)と呼ぶ．非金属の固体や油のような液体がこれに含まれる．電波を照射すると誘電体内の電界が分子に作用し，分子を運動させる(図5.1)．分子の運動すなわち分極が電界の速い変化に追随できないと抵抗を生じ熱を発生する．この場合，電波のエネルギーは熱に変化し損失となる．このような損失を誘電損という．物質を温めるのはこの誘導損による．誘電体に高周波電界をかけ，分極の遅れがあるとき電界との間に位相のずれを生じ誘電率は複素誘電率($\dot{\varepsilon}_r = \varepsilon_r' - j\varepsilon_r''$)で表される(図5.2)．すなわち誘電体の特性を表すのにε_r'と誘電損を表すε_r''もしくは$\tan\delta$が使われる．$\tan\delta$は誘電正接または損失係数という．誘電損により発熱す

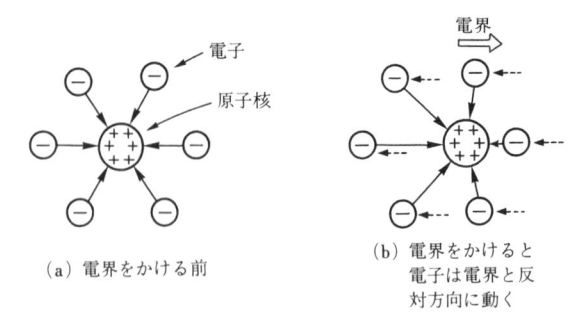

図5.1 物質内の電子の動き

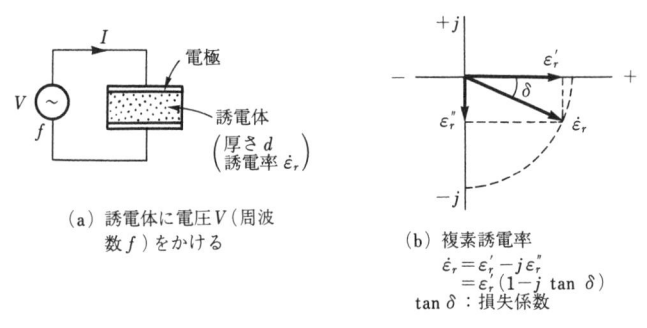

(a) 電界をかける前

(b) 電界をかけると電子は電界と反対方向に動く

図5.2 誘電体損失

(a) 誘電体に電圧V(周波数f)をかける

(b) 複素誘電率
$\dot{\varepsilon}_r = \varepsilon'_r - j\varepsilon''_r$
$= \varepsilon'_r(1 - j\tan\delta)$
$\tan\delta$:損失係数

るのは,電気の伝導の因となる電子やイオンが少ない物質である.電界を加えたとき電流が流れる場合は誘電損ではなく,伝導電流によるオーム損による発熱となる.

誘電体ではなく,金属などの導電体に高周波の磁界を加えても発熱する.これは誘導加熱と呼ばれる.この場合は金属導体内にうず電流を生じ,その抵抗損失によって発熱する.

電波の作用は,これらのほか,プラズマを発生したり,加熱するのに利用される.物質には,固体,液体,気体の3態がある.ところがネオンや水銀灯等の放電管の中では電子(負に帯電)とイオン(正に帯電)[*]が分離した電離気体状

---

[*] 電子とは別に運動する正の電気をもつ粒子.化学でいう水溶液中の陽イオン,陰イオンとは違う.

態で固体や液体などと違う様相を呈している．これはプラズマ(plasma)と呼ばれる状態で，正電荷と負電荷がほとんど同じ密度で分布していて，電気的にほぼ中性である．オーロラ，稲妻，太陽等にもプラズマ状態が存在する．このような気体プラズマは，電波を気体に照射しイオン化させることにより発生できる．

もし 10^7 K 以上の高温プラズマが実現できれば，太陽や恒星における高温プラズマ状態を地球上に現出できる．そして新しいエネルギー源として利用できるのでそれを現実にするため核融合反応の実験が各国で行われている．

電子や陽子など荷電粒子に電波を照射するとそれらを加速できる．加速の度合は電子の得たエネルギーでその大きさを表す．1 V の電圧で加速した電子が得るエネルギーは1 eV(電子ボルト)で，これは$1.6×10^{-19}$ J である．1 eV のエネルギーを得た電子（質量 $m=9×10^{-31}$ [kg]）の真空中での速度 v は 590 [km/s] である*．このエネルギーが大きいほど加速の度合は大きい．粒子の速度が大きいほど，作用も大きくなるので，種々の加速器が開発され，実用面に応用されている．エネルギーと温度を結び付けるボルツマン定数($k=1.6×10^{-19}$ J/eV $=1.38×10^{-23}$ J/K)を使うと $kT=1$ eV になる絶対温度は 11,600 K となる**．目安として 1 eV は約 1 万 K に相当すると考えてよい．すなわち電子やイオンを 1 V の電位差で加速したとき粒子が得る 1 eV のエネルギーは，温度が 1 万 K に達する気体粒子のもつ平均エネルギーに匹敵する．

粒子の加速は超高速，したがって超高温にして核融合反応を起こさせる加熱への利用と，超高速，したがって高エネルギーにした粒子の衝突により新しい粒子の創生や物理法則の探究などへ利用する加速の 2 面がある．

---

* $E=\frac{1}{2}mv^2$ から．($E=1.6×10^{-19}$ [J])
** 温度とは，運動の激しさ，つまり速さである．速度の 2 乗（運動エネルギー）に比例する値が温度である．粒子の速度を表すときは，一般的に電子ボルト [eV] を使う．粒子などを扱う温度は通常 1 万度以上で絶対温度 [K] と摂氏温度 [℃] の差（273 度）は無視して扱う．

5.2 基本的技術は何か

5.2.1 誘電加熱[1)]

電波を誘電体に照射したとき，電波の電力が誘電体中で熱に変わる電力損失 P [W/m³]は，加える電界の強さ E [V/m]，電波の周波数 f [Hz]，物質の比誘電率 ε_r，損失係数 $\tan\delta$ に関連し，

$$P = 0.556\, fE^2 \varepsilon_r \tan\delta \times 10^{-10} \quad [\text{W/m}^3] \tag{5.1}$$

これを毎時，単位体積に発生する熱量 Q [cal]に換算すると

$$Q = 0.476\, fE^2 \varepsilon_r \tan\delta \times 10^{-8} \quad [\text{cal}] \tag{5.2}$$

周波数が高くなると，電波は物質内に入りにくくなる．誘電体に吸収されるからで，電波の浸透する深さは電波のエネルギーが誘電体の表面の値に対して $1/2$ または $1/e$ に減衰する深さ $d_{1/2}$ または d_e [m]（図5.3）で表す．

$$d_{1/2} \fallingdotseq 3.32 \times 10^7 / (f\sqrt{\varepsilon_r} \tan\delta) \quad [\text{m}] \tag{5.3a}$$

または

$$d_e \fallingdotseq 9.56 \times 10^7 / (f\sqrt{\varepsilon_r} \tan\delta) \quad [\text{m}] \tag{5.3b}$$

$d_{1/2}$ を半減の深さという．

ε_r，$\tan\delta$ の大きい物体の深いところまで熱するには周波数を低くしなければならない．発生する熱量は，周波数と誘電体の損失係数（$\sqrt{\varepsilon_r}\tan\delta$）に比例する（表5.1）[2)]．実際には，この式で示される電力以外に，伝導，対流，放射などによる熱損失や回路的な電力の損失もあるので，加熱の際はこれらの損失を考慮に入れて大きめの電力を供給する．

加熱するには電波を直接照射する方法と閉じた空間の中で物体に電波を照射する方法とがある．レーダ用のマグネトロン* により高い周波数

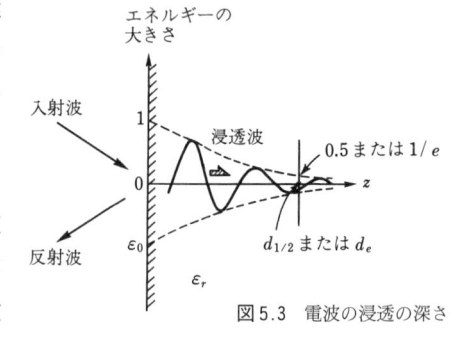

図5.3 電波の浸透の深さ

* マイクロ波の発振管．

表5.1 各種物質の ε_r, $\tan\delta$, $d_{1/2}$[2)]

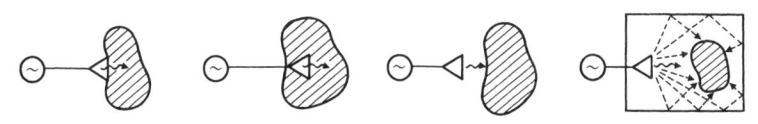

物質		915 MHz			2450 MHz		
		ε_r	$\tan\delta$	d[cm]	ε_r	$\tan\delta$	d[cm]
氷	$-12°C$			1600	3.2	9×10^{-4}	780
水	25°C			9.0	76.7	1.6×10^{-1}	1.3
	55°C		3×10^{-2}	16.0		7×10^{-2}	2.3
	85°C			24.0	56.5	5.5×10^{-2}	3.9
ポリエチレン		3.5			3.5	2×10^{-4}	
テフロン		2.2			2.2	2×10^{-4}	
紙		2.7	6×10^{-2}		2.7	6×10^{-2}	
ガラス		5.1	1×10^{-2}		5.1	1×10^{-2}	
陶磁器		5.6	1.45×10^{-2}		5.6	1.5×10^{-2}	
牛肉	4.5°C		7×10^{-2}	1.7	40.0	3×10^{-1}	1.8

(a) 表面直接　　(b) 内面直接　　(c) 間接(開いた空間)　　(d) 間接(閉じた空間)

図5.4 アプリケータによる電波の当て方

で大きな出力が得られるようになったのでマイクロ波による誘電加熱が盛んに利用されるようになった．電子レンジはその代表的な例である．電波を物体に照射するために使う電波放出部をアプリケータ(applicator)と呼ぶ．アプリケータは物体の表面または内部に直接，あるいは間接的に開いたまたは閉じた空間内で当てて使う(図5.4)．

周波数を高くすると発熱効果は大きくなるが，電波は物体の中に浸透しにくくなる(式(5.3))．したがって厚みのある物体はマイクロ波により中心部を温めるのが難しくなる．重量 m [g] の物体を t 秒間に $\varDelta T$ [°C] だけ温度上昇させるのに必要な電力 P_T [W] は

$$P_T = 4.2\,C_p m\varDelta T/(\eta\cdot t) \quad [\text{W}] \tag{5.4}$$

ここで C_p: 物体の比熱 [cal/(g・°C)]，η: 効率={(加熱に寄与した電力)/(加えた電力)}×100 [%] である (通常 $\eta\fallingdotseq70\sim80\%$)．食品などの加熱時間は図表化されたものがある．比熱がわかれば加熱するものの重さ [g] に対し

てマイクロ波の電力［W］と加熱時間［分］が求められる（図5.5）。

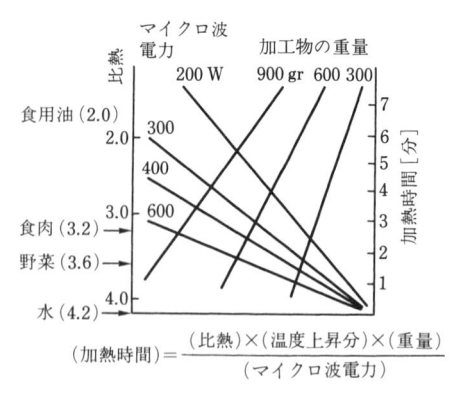

電波を当てて治療や組織の凝固といった医療面での電波利用がある．電波を当てれば組織が発熱する，したがって加熱による治療ができ，血流やリンパ液の流れをよくして炎症産物の吸収を促し，鎮痛ができる．加熱による場合は，温熱作用による治療と昇温による細胞（癌など）の死滅などができる．

$$(加熱時間) = \frac{(比熱) \times (温度上昇分) \times (重量)}{(マイクロ波電力)}$$

図5.5 食品の加熱時間計算図表[3]

生体の組織は損失のある誘電体（比誘電率 $\varepsilon_r = \varepsilon_r' - j\varepsilon_r''$）で透磁率 μ_r は真空中の $\mu_0 (= 4\pi \times 10^{-7}\,[\mathrm{H/m}])$ にほぼ等しい．人体内の組織には水分が多く含まれる筋肉や皮膚などと，水分の少ない骨や脂肪などがある．水分の多い組織の中では電波の減衰が大きく，つまり吸収が大きくて発熱しやすい．水分の多い組織の誘電率は水分の少ない組織に比べ10倍程度大きく，発熱も大きくなる．しかし，誘電率は周波数によって変わり，周波数が高いほど小さくなる（図5.6, 図5.7）[4][5]．一方，電波が生体内を伝わる際の伝搬定数 k は

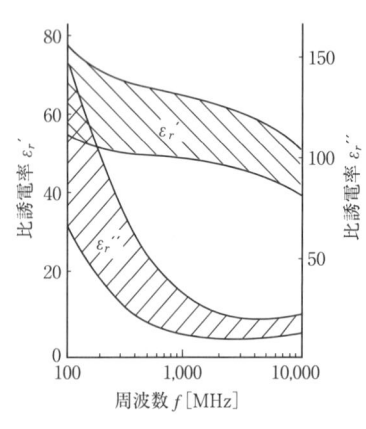

図5.6 生体組織の誘電特性（筋肉や皮膚など）[4] 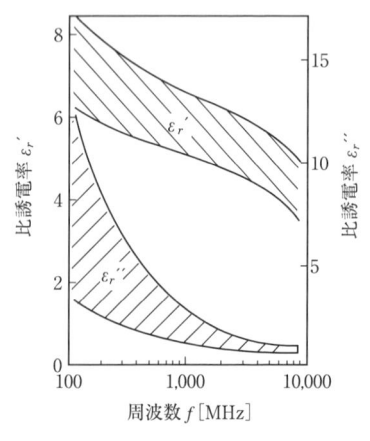　　図5.7 生体組織の誘電特性（脂肪や骨など）[5]

5.2 基本的技術は何か

$$k = k_0 \sqrt{\varepsilon_r} \tag{5.5}$$

$$= \beta - J\alpha \tag{5.6}$$

$$\beta = 1/2 \{ \omega^2 \mu_0 (\sqrt{(\varepsilon_r'^2 - \varepsilon_r''^2)} + \varepsilon_r') \}^{1/2} \tag{5.7}$$

$$\alpha = -j(1/2) \{ \omega^2 \mu_0 (\sqrt{(\varepsilon_r'^2 - \varepsilon_r''^2)} - \varepsilon_r') \}^{1/2} \tag{5.8}$$

電波が組織内に浸透する深さ d は，エネルギーが 37% に減る深さとすれば

$$d = 1/(2\alpha) \tag{5.9}$$

これから電波の周波数（角周波数 ω）が高くなるほど組織内に浸透し難くなり（図5.8），筋肉や皮膚では高々 5 cm 程度であることがわかる．周波数が低いほど組織内に浸透させることができるが，今度は患部に集中して電波を当てるのが難しくなり，局所的な加熱が難しくなる．

電波利用を周波数の面からみると，吸収される電力は周波数に比例し，加える電界強度の2乗に比例する（式(5.1)）．したがってマイクロ波，ミリ波を使うと同じ電界強度でも，たとえば 28 GHz では 2.45 GHz の 10 倍以上の加熱効果が期待される．波長が短いと電波は収束も容易なので照射の範囲を狭く，それだけ電界強度を強く加熱できる利点がある．マイクロ波，ミリ波の利用はいろいろある．

28 GHz を用いた加工装置も商用化されており，Al_2O_3 や Si_3N_4 などのバルク材の焼結や，薄膜の形成にも電気炉より低温でミリ波加工が行われている．

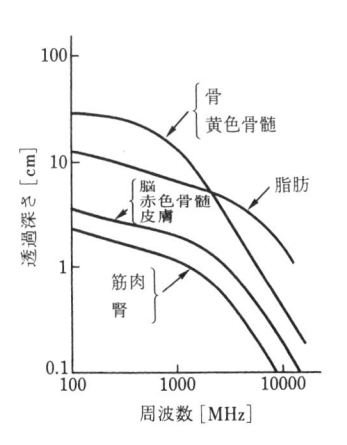

図5.8 電波の浸透の深さ[8]

マイクロ波加熱の特長は
① 熱を直接物体に加えて加熱するのでなく，分子運動を起こしその発熱を利用する．物質内部から発熱，加熱するため発熱効果が大きい．
② 伝導によらないので物体を一様に温めることができる．
③ 加熱が清潔にできる．排ガスの心配がない．環境の汚染が少ない．
④ 火を用いないので火災や火傷を起こす危険性が少ない．
⑤ 食品調理，加工等家庭でも容易に使える(電子レンジ)．

⑥ 金属箱など閉じた空間で加熱を行う場合は，内部の条件(温度，圧力，真空度など)を適当に設定しながらできる．

⑦ 物質の誘電体損の分布により，部分的な加熱ができる(医療用等)．

その効果として多くの事柄があげられる．

① 反応時間の短縮，条件の緩和(加熱温度を下げるなど)
② 工程を簡略にする(乾燥，殺菌など，同時に)
③ 収率を高め，あるいは純度を上げる
④ 新物質の合成，新材料の開発，新しいプロセスの開発
⑤ 作業環境を改善する(有害ガスを出さないなど)
⑥ プラントを小さくする(装置の小形化などによる)
⑦ 省エネルギー化
⑧ 廃棄物質を削減する(生成物の再利用など)

5.2.2 プラズマ加熱

(1) プラズマプロセッシング

プラズマ状態には電子とイオン，中性原子素子など重い粒子が存在する．電子の温度 T_e と重い粒子の温度 T_r の温度がほぼ等しいとき高温プラズマ(平衡プラズマ)といい，$T_e \gg T_r$ のとき低温プラズマ(非平衡プラズマ)という．高温プラズマは主に熱源に使われ，溶接，切断などのほか，金属酸化物の合成やエネルギー資源としての核融合によるエネルギーの取出しなどに使われる．低温プラズマの利用は広範囲で，各種合成，反応，分解，加工，そのプロセスの高速化，低温化などに利用される．

(2) 加熱(核融合反応への利用)[6)7)]

水素などの軽い原子核同士が衝突して融合し重い，原子核になる反応を核融合反応という＊．太陽の表面では4つの水素がくっつき合ってヘリウムになる核融合反応が行われている．その過程では莫大なエネルギーが発生している＊＊．そこで地上で同じように核融合反応を起こさせ，その過程で発生する膨

＊ 核分裂反応とは違う．ウランなど多数の陽子と多数の中性子でできた重い原子核に中性子を当てて分裂させる反応が核分裂反応である．原子力発電はその際発生するエネルギーを使う．

＊＊ 太陽の中心の温度は1500万度で，それが100億年続く．核融合反応により，たとえば重水素とトリチウム1グラムの核融合反応により石油8トン分のエネルギーを発生する．

大なエネルギーをうまく人間の手で制御し，徐々に取り出せれば地球上に新しいエネルギー源をもたらすことができる．今そのような発想から世界各国でいろいろ実験が進められている．

核融合反応を起こさせるには，まず高温のプラズマをつくり，その温度を1億度以上にする．その超高温プラズマで核融合反応を起こし，莫大なエネルギーを発生させる．この膨大なエネルギーを熱に変え，それを電力に変えて利用する．

プラズマの温度を1億度以上にするのは，原子核の周りを雲のように取り巻く電子雲をはがして他の原子核と衝突しやすくするためである．まず電子をはずすために1万度くらいに加熱し，さらに原子核を超高速（秒速1千km程度）に加速して温度を2〜3000万度にする．そこからさらに高温にするには，高周波の電波を入射するか，あるいはプラズマビームより高速（秒速5千km程度）のイオンビームをプラズマ中に注入する．

高周波の電波を入射するのに3つの方法がある．プラズマの粒子は磁界を加えると磁力線に巻き付いて進む（サイクロトロン運動）（図5.9）性質がある．その回転の速さは磁界の強さに関わり，磁界が強いほどその周期は速くなる．その周波数（サイクロトロン周波数）と同じ周波数の電波を外部から加えると電波のエネルギーが吸収されてプラズマの運動が早くなり温度が上がる．このような加熱を，電子の場合は電子サイクロトロン共鳴加熱（ECRH），イオンの場合はイオン共鳴加熱（ICRH）という．周波数は，ECRHの場合，かける磁場が1T（テスラ）のとき28 GHz，5Tのとき140 GHzである．ICRHの場合，1Tのとき7.6 MHz，5Tのとき38 MHzである．別に電子とイオンの双方に関わる共鳴もあり，低域混成波周波数加熱（LHRF）といい，その周波数は1 GHz程度である．

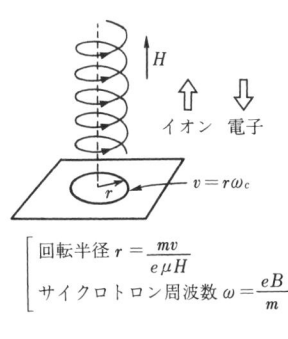

回転半径 $r = \dfrac{mv}{e\mu H}$
サイクロトロン周波数 $\omega = \dfrac{eB}{m}$

図5.9 プラズマ粒子の回転運動

高速のプラズマは粒子の衝突まで保持しなければならない．そのためには磁界をかけて磁界に巻き付くプラズマの性質を利用する．電波の注入，あるいは

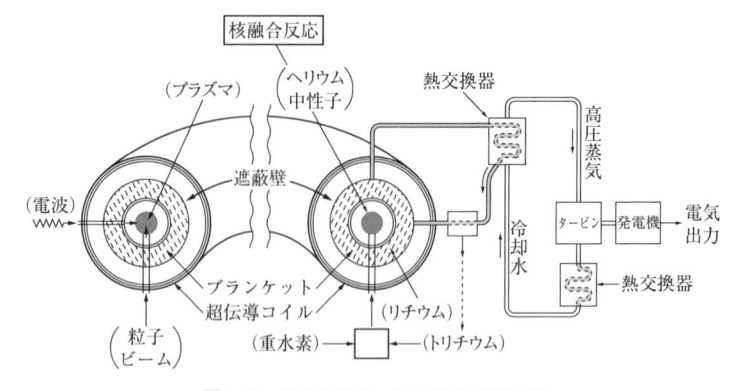

図5.10 核融合反応による発電の仕組み[8]

　高速の粒子ビームの注入でプラズマを加速し，温度をさらに上げ，核融合反応を生じさせる．その出力の80%は中性子の運動エネルギーになり，20%はヘリウムの運動エネルギーになる．磁場の影響を受けない中性子の大部分はブランケットと呼ばれる壁に進入し，ブランケットの構成原子を高温に熱する．この熱は冷却水を熱し，高温高圧の蒸気として外に取り出され，それがタービンを回して発電する（図5.10）[8]．一方のヘリウムの原子核（アルファ粒子）は磁力線に巻き付いて残り，プラズマの加熱や新しく加わる水素の加熱に使われ，後に排出される．

　核融合のエネルギー利用では，核融合で発生するエネルギーより少ないエネルギーで反応を起こさせなければならない．発生する時間当たりのエネルギーと反応を起こさせるに必要な時間当たりのエネルギーとの比をエネルギー増倍率（Q値）という．Qが1の場合を臨界プラズマ条件と呼んでいる．Q値は（プラズマの密度）×（閉じ込め時間）と温度に依存する．閉じ込め時間とはプラズマの中の温度が平均何秒で外に出るかをいい，温度が1/3に下がる時間が使われる．プラズマの密度が高いほど，また閉じ込め時間の長いほど粒子の衝突の頻度が高くなり，核融合反応が起こりやすくなる．よってQ値をできるだけ大きくする努力がなされている．

　高周波加熱には大きな電力を必要とする．そのために使うマイクロ波発振管でよく用いられるのはクライストロンである．

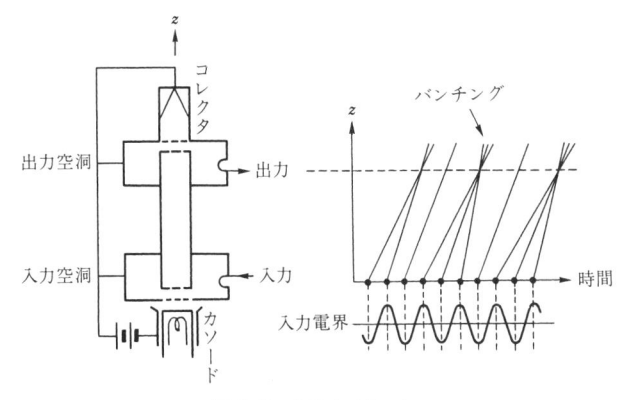

図 5.11 クライストロン

　クライストロンはマイクロ波における増幅や発振に使用する電子管である（図 5.11）．陰極から放出された電子の速度は入力空洞の間隙で入力信号に応じて加速あるいは減速され（速度変調），先に通過した電子に追い付いたり引き離されたりして（集群作用）出力空洞のところでは電子の密度が粗密になる（密度変調）．出力空洞には通過電子の粗密に応じて出力電圧が誘起される．これは直進形クライストロンと呼ばれ，主に増幅に使用される．電子を集める電極の位置に反射電極をおいて速度変調を受けた電子を逆方向に加速して戻すと，空洞間隙で集群作用を起こす．最初に存在した電界と後に誘起した電界が同位相になると発振を起こすので，このような反射形クライストロンはマイクロ波の発振に使用される．

　粒子の加速は，原子核や素粒子の研究以外に，工業，医療，農業等いろいろな分野で利用されている．たとえば牛乳の殺菌など意外に身近なところで使われている．

　しかし，100 GHz 以上のミリ波で安定した大電力の発振にはジャイロトロン（図 5.12）[9]が使われる．ジャイロトロンでは，電子を電子銃から放出し，静磁

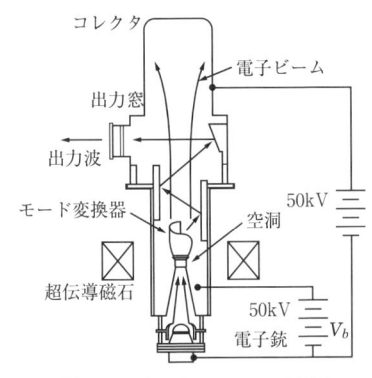

図 5.12　ジャイロトロンの構造[9]

界中で電界により旋回運動をさせながら空洞に入れる．電子ビームは空洞の共振周波数とほぼ同じ周波数で高速回転しながら，空洞の横方向の電界との相互作用（サイクロトロン共鳴）で円周方向に集群する．この集群した電子群が管内で誘導放出をし，反射板によりミリ波の大電力を出力する．

5.2.3　粒子加速[10]

　粒子の加速には，高速に加速して衝突させ，物質の究極を探る素粒子物理に関わる場合と，光速に近い速さの粒子の曲げで生じる放射光に関わる場合との2面がある．前項のように加熱の場合もあるが，粒子の加速と技術的に大きな違いがある．それは，加熱の場合は一般的に keV（10^3 eV），あるいは MeV（10^6 eV）単位の加速であるが，粒子加速では GeV（10^9）単位の大きい加速である．しかし逆に粒子の数が非常に少なく，加熱の場合に比べ何万分の一である．

　電波を使って粒子を加速する方法として，直線状あるいは円形状の加速管を用いる2種類が代表的である．それぞれ線形加速器(linear accerelator)と円形状加速器と呼ばれる．

　線形加速器による電子や陽子の加速は，直線状にいくつか並べた空洞（共振状態）の軸上で粒子にマイクロ波の大きな電界を与えることにより行う．共振空洞内に形成した加速電波（軸方向だけ電界をもつ TM 波）の位相速度と粒子の速度を同じにすれば粒子に次第に大きなエネルギーが与えられ速度を増す．電子の場合は質量（静止）が小さいため，比較的小さいエネルギーの加速により光速に近い速さが得られほぼ一定になる．空洞内では，電波の位相速度と粒子の速度を合わせるために管内波長の 1/2 あるいは 1/3 に等しい間隔でしぼり（丸い穴のある円板など）を入れる（図 5.13）．マイクロ波源としては，クライストロンやマグネトロンが使われる．空洞内の電界 E_c は空洞の良さ Q，空洞内の損失 P [W]，共振角周波数 ω_0[rad/sec] とすると

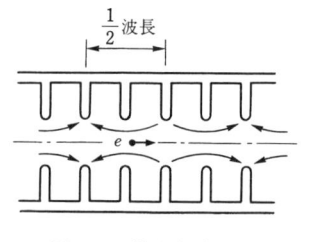

図 5.13　線形電子加速器

5.2 基本的技術は何か

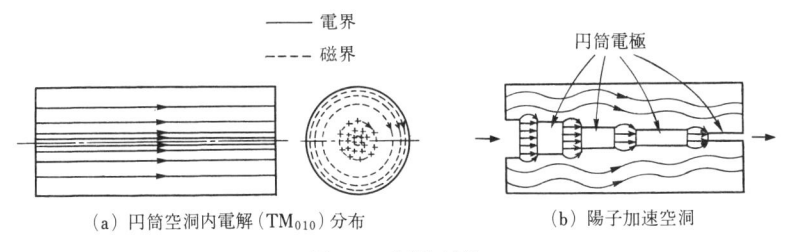

(a) 円筒空洞内電解 (TM$_{010}$) 分布　　(b) 陽子加速空洞

図 5.14　線形加速器

$$E_c \propto \sqrt{2QP/\omega_0} \tag{5.10}$$

ここで $Q = W$(空洞内に蓄えられたエネルギー [J]*$)/P$(損失) である．Q を大きくすれば高い電界を発生し大きく加速できる．そのため損失の小さい超電導空洞を使えば非常に大きい Q が得られる．

陽子の線形加速器の場合は，Q の高い円筒型共振空洞(半径 $r = \lambda/2.61$ として基本モード TM_{010} (図 5.14(a)) で波長 λ に共振の軸に沿って円筒電極を並べてその間隙で加速する(図 5.14(b))．空洞内の電界は軸方向だけなので，空洞内電界が逆向きのとき粒子が円筒内(電界零)にあり，順方向のとき間隙にあるようにして粒子が間隙を通過するたびに加速を受けるようにする．

円形状加速器では，磁界によって粒子を円軌道上で回転させ，軌道に沿って電波照射を繰り返し粒子の速度を大きくする．すなわち磁界により円軌道上に粒子を閉じ込め，電界により加速する．回転半径 r [m] の円運動をしている電荷 q [C] の粒子に磁束密度 B [T] の磁界(半径方向に垂直)をかけた際の運動量 M は

$$M = qBr \tag{5.11}$$

電子や陽子のように $q = 1.6 \times 10^{-19}$ [C (クーロン)] の場合，$M/q = 300\,Br$ [MeV] となる．磁界を大きくするため超電導磁石を用いたりする．超電導磁石製作技術は年々進歩しているが，磁束密度を 10 数 T(テスラ)程度以上得るのは難しいので，大きい加速を得るためには r を大きくする．質量(静止)m_0，速度 v の粒子の運動量 M は

---
* たとえば，1 GHz で共振している $Q = 5000$ の空洞に 1 mW のマイクロを投入すると約 10^{-9} [J] のエネルギーを蓄える．

$$M = m_0 v / \sqrt{1-\beta^2} \tag{5.12}$$

なので，半径 r の円運動をしている場合，その角周波数 ω は $\beta(=v/c) \ll 1$ とすると

$$\omega = v/r \fallingdotseq qB/m_0 \tag{5.13}$$

したがって，磁束密度が一定であれば ω は運動エネルギーに関係せず一定の値になる．これを利用して固定周波数，一定磁界で粒子を加速するのをサイクロトロン(cyclotron)という．粒子の円運動の周期に合わせて高周波の磁界をかけて加速するのをシンクロトロン(synchrotron)，磁界の変化により生じる誘導電界を利用して加速するのをベータトロン(betatron)という．シンクロトロンでは粒子がいつも一定半径の軌道上を回る．粒子加速器は，原子核や素粒子の実験に欠くことのできないものであるが，実用面でも加速した粒子を照射して癌を治療する医療用利用のほか，食品の殺菌，腐敗防止，微細加工など多くの工業的利用がなされている．

5.2.4 プラズマの計測

電波によりプラズマを発生し，加熱や加速もできるが，発生したプラズマの密度や温度はどのようにして知るのであろうか．非常に高い温度なので温度計など挿入するわけにはいかない．それで間接的に知るために電波を使う．プラズマ中に電波を照射すると電子が運動し電波を再放射(散乱波)する．その電波の周波数(スペクトル)は電子の運動によるドップラー偏移を受けて照射した電波の周波数を中心として連続的に分布する．電子やイオンの温度，密度などに関係して散乱波の角度分布や周波数分布が変わるのでこれらを測定する．使う電波の周波数はマイクロ波帯であるが，サブミリ波の使用が増えてきている．またプラズマに電波を照射するとその偏波が磁界の強さに比例して回転する(ファラデー回転)．このようなことからプラズマの中の電波の散乱や偏波の回転などを測れば磁界の強さやプラズマ内の電流分布を知ることができる．他にも種々の方法があるが電波によるプラズマの計測も大切な応用の1つである．

5.3 電波の作用の応用[1)]

5.3.1 加温・加熱の利用

誘電加熱・誘導加熱を利用した電波の作用の応用はいろいろある(表5.2).電波による加温,加熱の利用や,プラズマの発生,加速,加熱等の主なものは次のようである.

(1) 電子レンジ(microwave oven)

調理に使われている電子レンジは,2.45 GHzを使う誘電加熱電化器具で,家庭用で500 W程度,業務用で1~2 kWの電力のものが多い.火熱を使わ

表5.2 誘電加熱,誘導加熱の利用

		調理 解凍	乾 燥	接着 溶融	加工 成形	殺菌 滅菌 防ばい	破 砕	医 用
誘電加熱	マイクロ波・ミリ波	電子レンジ 食品解凍 発泡 (センベイ)	木材 セラミック 石膏 砂型 インスタント食品 茶葉 和紙	木材 プラスチック ガラス製造 鋳造 産業廃棄物	木材曲げ 発泡成形 ゴム加硫 染色の定着 重合固化	アンプル 殻物 害虫駆除 食品 パン 牛乳 菓子	岸磐 コンクリート	温熱治療 (ハイパーサーミヤ) 脱水 乾燥
	高周波		木材		木材 プラスチック 合成皮革 ベニヤ板 スキー	畳のダニ		温熱治療
誘導加熱				高周波炉 鋼管 パイプ製造	焼き入れ 鍛造			

ず，材料の内部から加温するので調理の時間が短く清潔でもあるので重宝されている．電波の発生にはレーダに使われているマグネトロンを用い，小さいアンテナで金属箱の内部に電波を放射する(図 5.4(d) 参照))．普通，金属箱の一辺は数波長の長さがあるので電波の強さが金属箱内部で強め合ったり弱め合ったりするところができ，調理にむらが生じる．そのため食器をおく台を回転するなどしてむらをなくす工夫がなされている．

(2) 殺菌・防ばい・解凍など[11]

マイクロ波の照射により菓子や食品などの殺菌やかびを防ぐ効果があり，食パン，かまぼこ，鶏肉，牛乳などにマイクロ波処理が行われている．たとえば包装した食パンにマイクロ波を照射し，60℃以上に短時間加熱するとかびの胞子を殺し，日もちを長くする．またかまぼこの調理加工にマイクロ波照射を利用すると殺菌を行うので日もちが長くなる．これらのほか食品の解凍，せんべいの発泡などがある．

(3) 乾燥・接着・加工など[12]

木材の乾燥や接着など比較的大きいものの加熱には，3～20 MHz 程度，ビニールの接合や加工等には 30～100 MHz 程度の周波数が使われている．木材の接着では，接着剤を塗って圧力をかけたまま電波を照射して加熱すると，損失係数の大きな接着剤が選択加熱され，短時間で強い接着ができる．この方法は量産に適し，特殊な形状の成形もできるので楽器や，スキー等の製造に使われている．

マイクロ波による木材の乾燥例(図 5.15)では，マイクロ波を照射するのと同時に熱風をかけると乾燥は速い．木材内部がマイクロ波で加熱され，そのとき表面に出る水蒸気が熱風で除かれるので温度が効率良く高められるからである．

これらのほか，茶葉や絹，繊維製品，セラミック，陶磁器等の乾燥を行うマイクロ波装置もある．

茶葉の乾燥では，マイクロ加熱により乾燥の際の成分の損失を抑え，ビタミンの残存量を多く，貯蔵に耐え，日持ちをよくするなどガス熱風乾燥ではできない多くの利点がある．

木材を接着する場合は電波の照射により木材の内部を急速に温めると同時に

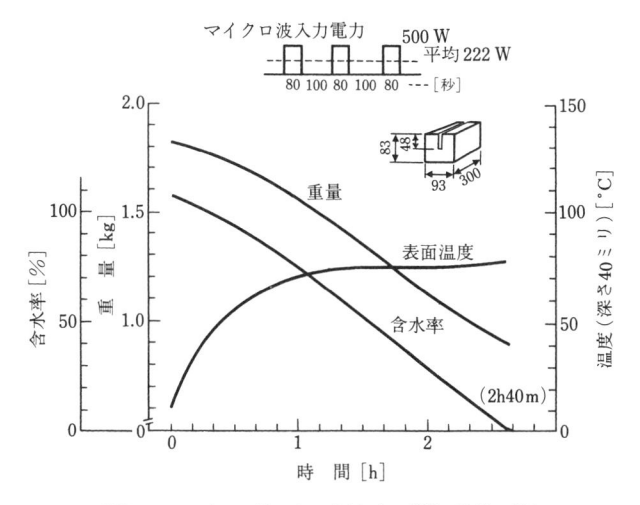

図5.15 マイクロ波による木材（エゾ松）乾燥の例[6]

接着材(ユリア樹脂等)も加温すると硬化を速め短時間に接着ができる．周波数2.45 GHz，出力640 Wのマイクロ波で加熱し単板のフィンガージョイントを65秒間で行った例やソリッド材の接着など多くの例がある．

マイクロ波は木材の曲げ加工にも利用される．木材内部の発熱を利用するので短時間で変形できる．その加熱作業は簡単で，火熱によらず電気的装置だけなので作業環境が良い利点がある．

また違った面で木材質の熱交換，たとえば活性炭の生産や，バイオマス資源（古紙，植物繊維，種子など）の熱分解への利用がある．熱分解では，水素，メタン，エタンなどの可燃性ガスやメタノール，アセトンなどの液体が得られる．これらは石油や石炭などの代替資源として有用である．

(4) **溶融・破砕など**[13]

粉体をマイクロ波加熱炉に入れてこれを溶かす利用がある．ガラス原料の粉末などは空気の含有量が大きく熱伝導が良くないため加熱溶融に長い時間を要した．しかしマイクロ波によれば物質内部から加熱するため熱伝導によらず効率良く加熱溶融ができる．マイクロ波加熱炉は構造が簡単であり，寿命が長くまた排ガスが容易などの利点がある．温度制御もやりやすく，加工時間も短い特長がある．

またマイクロ波の強いエネルギーをコンクリートや岩盤に照射して破砕する利用もある．マイクロ波の照射により内部を加熱し急激な発熱で熱的ひずみを起こさせて亀裂を生じさせ，破砕するものである．火薬や機械力に比べ破壊エネルギーの効率は大きい(火薬1〜5％，機械力15〜20％，マイクロ波50〜70％)．

(5) 有機・無機合成[14]

有機化学反応系にマイクロ波を照射すると反応が超高速で進行し，目的とする生成物が高い収率で得られる．ハロゲン化ビニルにマイクロ波を照射すると1分以内に反応が進行し，目的の生成物，(E) 臭化ビニルおよび (Z) 臭化ビニルが高収率で選択的に合成される．溶媒を使うとさらに反応は進められ，溶媒の温度上昇が反応を促進する．

一方，無機合成にも応用され，大幅な反応促進効果，および反応条件の緩和などができる．たとえば均一ナノ粒子の迅速な合成ができ，酸化ニッケルをエチルグリコール内でマイクロ波加熱するとナノ寸法（7 nm 程度）でニッケルコロイドができる．金属酸化物ナノ結晶，薄膜の合成，固相の合成などに応用される．

(6) セラミックプロセッシング[15]

焼結物は，ゆっくり時間をかけて焼成するほどよいとされている．外部から熱をかける方法では表面からの熱伝導で熱エネルギーが内部に伝わるので，温度勾配が不均一の場合，むらが生じ，ひずみや割れを生じることがある．それに対し，マイクロ波による焼成では周波数を高く（28〜84 GHz）することにより，均一な焼成ができるようになる．また，低い周波数（2.45 GHz）でも熱流の研究の結果，熱ひずみ小さく，速く焼成できる方法も開発された．通常炉と比較して焼成後のひずみが1/3，同じ仕上がり精度に対しての加工時間も1/3 に短縮されている．

マイクロ波の応用により，従来の電気炉で10 時間程度を要した焼結が，昇温，降温を含めて2 時間以内に短縮でき，しかも加熱の均一化により，ムラをなくすることができた例もある．

セラミックだけでなく銅，チタンなどの金属粉末のプレス体にも応用され，金属バルクが形成できるようになった．

5.3.2 医療・ハイパーサーミヤ[16]

癌の組織を構成する細胞は正常の組織細胞より熱に対して弱い．それで生体内部を加温することによりガンの治療を行うハイパーサーミヤ(hyperthermia)に電波が利用されている．超短波治療器，電気メス，マイクロ波治療器等も，生体の加熱による組織への作用を利用したものである．超短波治療器は，40～50 MHz の高周波電流を患部に流して加温する．マイクロ波治療器(図 5.16)は，2.45 GHz を使用し，アプリケータを人体に当てて電波を体内に浸透させ，局部的に加温するもので，抗癌剤と併用して肝臓癌の治療に効果を上げた例が報告されている．癌細胞は 42.5 ℃以上で死滅するといわれ(図 5.17)，集中して電波が当てられればその効果が得られる．しかし，電波を集中させるには高い周波数が好ましく，といって周波数が高くなるほど人体の中に電波が入らなくなる(図 5.8) ので，体内深部の癌細胞だけに電波を当てるのは難しい．患部を集中して加温するのに細いアプリケータを直接体内に挿入する侵襲式の方法もある．直径 1 mm 程度の同軸の先端部にスロットを設けてその放射（ISM バンド 2.45 GHz）により局部加熱を行うものである（図 5.18(a)）．治療する腫瘍の大きさや形に応じて挿入するアプリケータの本数や位置を決める．たとえば腫瘍の大きさが数 cm 程度のときは 4 本のアプリケータを使えば十分な治療効果が得られる．放射線療法を併用すると一段と治療効果が高まる（図 5.18(b)）[17]．

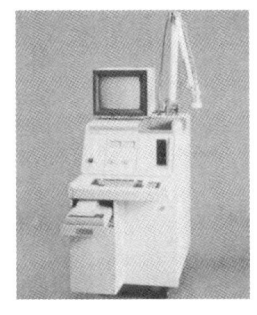

図 5.16 マイクロ波治療器

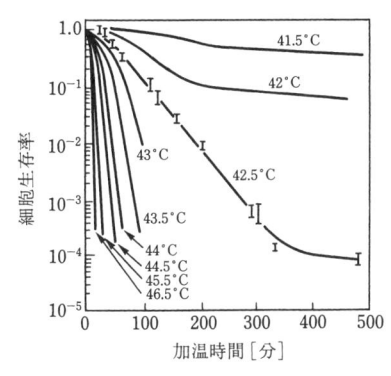

図 5.17 温熱による細胞の生存率[7]

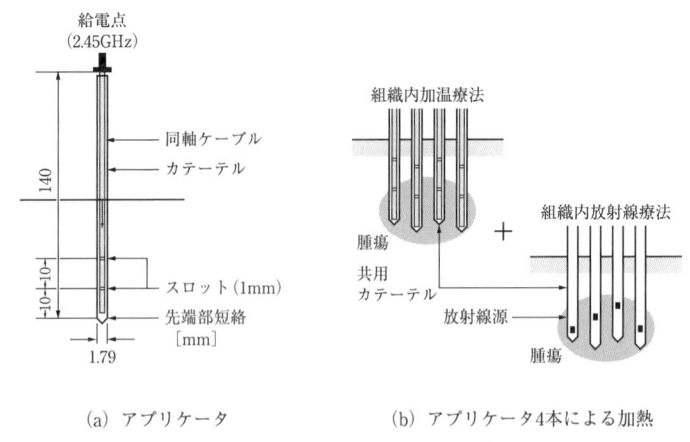

(a) アプリケータ　　　　(b) アプリケータ4本による加熱

図 5.18　侵襲式アプリケータ利用の例[17]

5.3.3　プラズマの利用[18]

プラズマの利用は多岐にわたる．
① 高温プラズマ　加熱（溶接，切断，核融合など）
　　　　　　　　加温（高温気体の製造など）
② 低温プラズマ　合成（炭素材料の合成，ダイヤモンド，フラーレン，カーボンナノチューブなど）
　　　　　　　　分解（フロン，排気ガス，ダイオキシンなど環境汚染ガス，および廃棄プラスチックなどの環境廃棄物）
　　　　　　　　加工（高速加工，シリコン薄膜形成，高速エッチング，塗装の密着性向上など）

(1) 合　成

マイクロ波による励起プラズマは各種合成や分解反応に用いられる．減圧した気体にマイクロ波を当てると低温プラズマが得られる．炭素系材料の合成や環境汚染ガスの分解への利用は，新素材の開発や環境保全のために役立ち，重要である．

気相プラズマ反応では，メタンからアセチレン/水素が生成され，カーボンナノチューブの選択的生成ができる．炭素系材料では，異種元素の添加で電気

的特性や耐高温酸化性の改善ができる．とくに窒化炭素はダイヤモンドを凌ぐ体積弾性率をもつ材料を合成できるとされ，ダイヤモンドやグラファイトなどDJC（diamond like carbon：ダイヤモンド状炭素膜）材料の合成にプラズマCVD（chemical vapor deposition：化学気相成長）法が利用されている．

より高い電子密度（$\sim 10^{-15}$），低い電子温度（$\fallingdotseq 1\,\mathrm{eV}$）のマイクロ波励起大気圧非平衡プラズマCVD法はカーボンナノチューブやフラーレンの合成に利用される．

(2) 分　解[19]

熱平衡プラズマを利用したフロンの分解はすでに稼動している．非熱平衡プラズマを用いても可能で，大気圧のArあるいはNを流通させている管内でマイクロ波を照射してプラズマを発生し，そこにガスを通すと分解する（図5.19）．フロン133やトリクロロエチレンなどの分解に使用される．

プラスチックの分解実験の例がある．放電管にマイクロ波を照射してプラズマを生成させ，その中にH_2Oガスを入れてプラスチックを挿入すると分解する．分解時間は約3分で，分解に伴ってエタノール，メタノール，アセトンなどのほかアルコール，アルデヒド，ケトンなどの生成物が得られている．

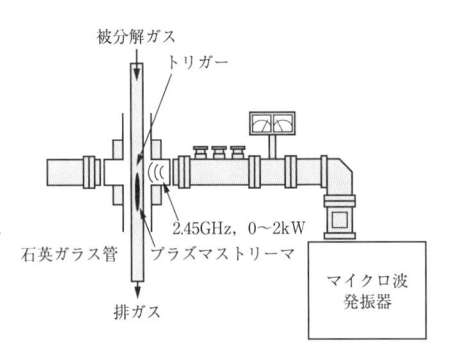

図5.19　環境汚染ガスの気相分解装置（マイクロ波誘起プラズマ利用）[20]

(3) 核融合反応[6][7]

核融合反応におけるプラズマの加速，そして過熱に対するのに電波が使われ

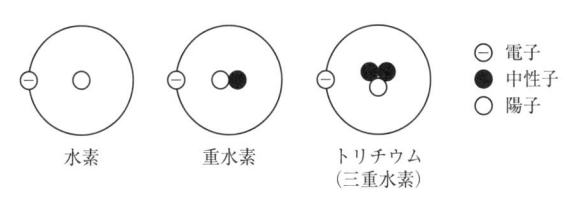

図5.20　水素原子3種

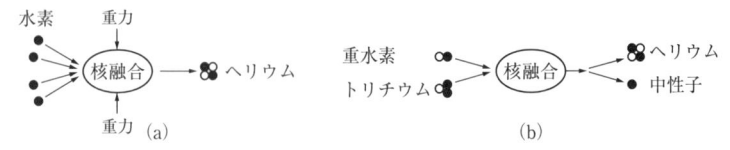

図 5.21　核融合反応

る．地上での核融合反応には水素の同位元素である重水素 D（deuterium）と三重水素 T（トリチウム：tritium）が使われる（図 5.20）．太陽の核融合反応は水素であるが（図 5.21(a)），地球上では格段に燃えやすい重水素を使う（図 5.21(b)）．重水素は普通の水の中の水素の 5 千分の 1 を占めている．核融合反応では 1 グラム当たりのエネルギー生成量は非常に大きく，地球上の水中に含まれる重水素から取れるエネルギーの総量は無尽蔵といってよい．トリチウムは自然界には少ないが，これはリチウムに中性子を当ててつくる．リチウムは海水からも取れる．実はリチウムを核融合反応炉の壁（ブランケット）に入れておくと，核融合反応で生じた中性子がブランケット内に入った際反応してトリチウムに変換する．トリチウムは核融合反応の際，自己生産される．

　これら水素（D と T）を超高温に熱すると原子核と電子からなる超高温のガス状態，すなわちプラズマ状態になる．このプラズマを数億度に加熱すると核融合反応が起き，中性子とヘリウムに変化する．その際発生する巨大なエネルギーを制御しながら少しずつ取り出して利用する．高温プラズマをつくってそれを保持するには，プラズマが磁力線にからんで進む性質（図 5.9）を利用し，磁場の中に閉じ込める．閉じ込めて壁に当たらないようにするにはドーナツ状にプラズマを形成する．そのドーナツには太さがあるので磁力線をドーナツに沿って捻り（図 5.22）[21]，プラズマ中の電子や原子核（イオン）が離れないようにする．このとき，磁力線をつくるコイルをドーナツに沿って捻る（ヘ

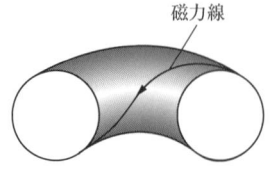

図 5.22　ドーナツ状プラズマに沿って磁力線をひねる[21]

図 5.23　ヘリカルコイルによる磁力線のひねり[21]

リカル状）方法（図5.23）[20]と，プラズマの中に電流を流し，それによってできる磁場とドーナツに沿った磁場との合成で捻り磁力線を生じさせる方法（図5.24）とがある．前者はヘリカル型の磁場閉じ込め装置，後者をトカマク型磁場閉じ込め装置という．

トカマク型とヘリカル型は代表的な加熱装置であるが，他にタンデムミラー型がある．これは円形のコイルを2つ並べて直線状の円筒に磁場をつくる．コイルの近くでは磁場は強く，中間では弱い．磁力線に絡みながら運動するイオンや電子は磁場の強いコイルの近くでちょうど光が鏡で反射するように反射して中央部に戻り，中に閉じ込められる（図5.25）．

トカマク装置では，ドーナツに沿った磁場と同じ方向にプラズマ電流を流し，かつ，垂直に磁場を加えて平衡を取りプラズマを安定して長時間保持する．1965年に旧ソ連で装置が発表されて以来世界で多くのトカマク装置ができて研究が進んだ．代表的なのはJFT（EU），TFTR（米国），それとJT-60（日本）である．JETでは，短時間ながら16 MWの出力を得ており，JT-60（茨城県那珂町）では超高温5億2千万度を達成している．

図5.24　トカマク装置の概念図[22]

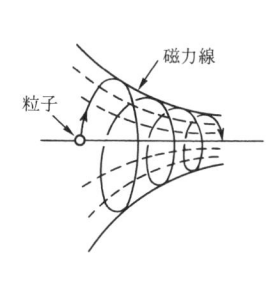

(a) 磁界強度変化による粒子の運動

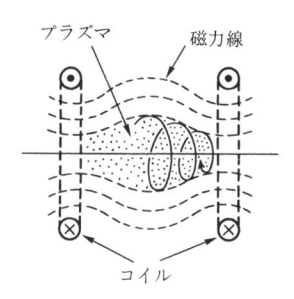

(b) ミラー型によるプラズマの閉じ込め

図5.25　プラズマ閉じ込めの例

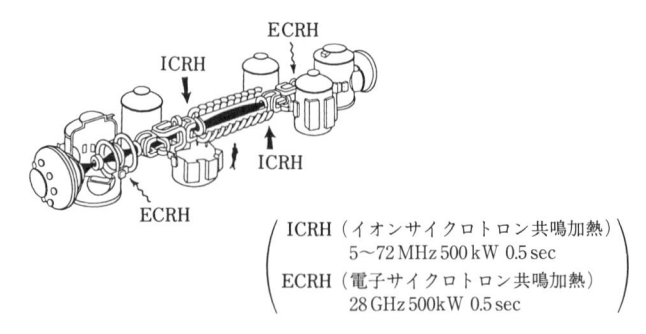

ICRH（イオンサイクロトロン共鳴加熱）
5〜72 MHz 500 kW 0.5 sec
ECRH（電子サイクロトロン共鳴加熱）
28 GHz 500 kW 0.5 sec

図 5.26　ガンマ 10（全長 27 m）とその加熱

タンデムミラー装置で代表的なのはガンマ 10（筑波大学，図 5.26）で，ICRH（5〜72 MHz）と ECRH（28 GHz）を用い，超高温イオン（1億度）と超高温電子（5億度）を実現している．

各国の成果を踏まえて 1988 年から，日，米，EU，ロシアの各国共同による国際熱核融合実験炉 ITER の計画が始まった．50 万 kW の出力を目標にしている．

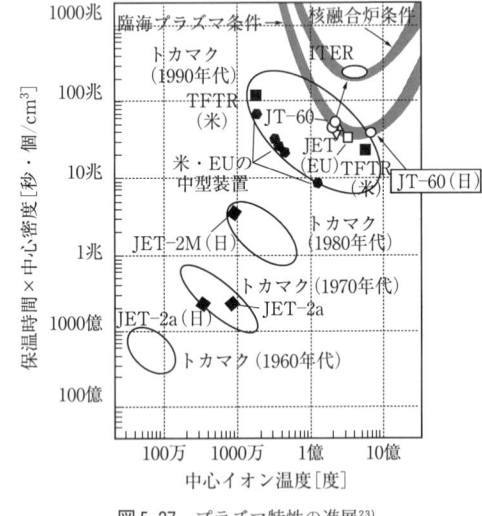

図 5.27　プラズマ特性の進展[23]

核融合の特性は，（プラズマの密度）×（閉じ込め時間）×（温度）の三重積で評価される．今までの進展（図 5.27）[23]では，JT-60 が 177 で最も大きい値を出しているが，ITER は 1000 程度を目指している．

5.3.4　粒子加速装置[24]

粒子加速には 2 面がある．1 つは超高速に粒子を加速してターゲット（標的）に衝突させ，あるいは粒子同士を正面衝突させて反応を観測する，あるいは発生した粒子の挙動を調べて物質の構造や基礎的な法則を調べるというの

と，今ひとつは，放射光の利用である．放射光とは，光速近くまで加速した粒子の向きを磁石などで曲げると発生する電磁波のことをいう（図 5.28）．使う磁石によって赤外線から X 線までの連続した波長の光や輝度の高い特定の波長の光が発せられる．放射光は材料分析など物質科学，医療，その他広い範囲で利用される．

図 5.28 光速に近い電子の動きの向きを磁石で変えると放射光を出す

前者の代表的な装置は，KEKB 加速器（つくば市，(独)高エネルギー加速器研究機構）である．日本で最初の電子，陽電子加速器として最高エネルギーを出した TRISTAN を引き継ぎ，B 中間子の研究に取り組む Belle 実験が進められている．多量の B 中間子，反 B 中間子を生成するようにつくられているため B ファクトリとも呼ばれている（図 5.29）．世界各国の研究者が集まり，共同研究が行われている施設である．

後者の代表的なのは Spring-8（兵庫県，西播磨）で，世界最高輝度の放射光を発生する装置であり，ここも国内外の多くの研究者が集まり共同研究が進められている．

(1) 加速装置
① KEKB[24]

KEKB 加速装置は地下 11 m に掘られた周囲長約 3 km のトンネルの中に，2 つの円形加速リングが置かれており，それぞれのリングに電子ビームと陽電

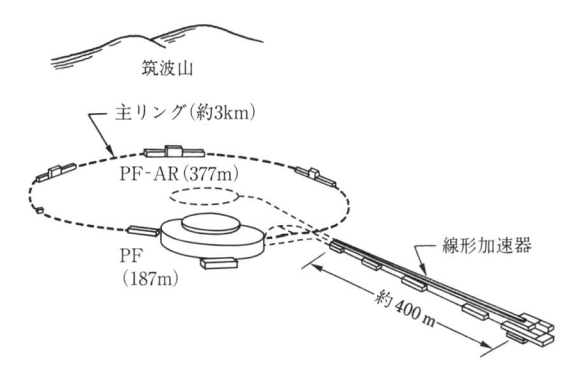

図 5.29 TRISTAN の概念図

子ビームを高速に近い速さで逆方向に回らせている．2つのビームは一点でだけで衝突するように設計されており，Belleと呼ばれる測定器でこの衝突により生じたB中間子の挙動を探り，CP非保存*を観測する（図5.30）．

電子（e^-）は高エネルギーの加速リング（HER）で8 GeV，陽電子（e^+）は低エネルギーの加速リング（LER）で3.5 GeVに加速をされる．加速の周波数は508.887 MHzで1〜1.2 MWのクライストロンを用いる．電子と陽電子のエネルギーに差があるのは，衝突で生まれるB中間子の崩壊までの時間を観測しやすくしてCP非保存の測定ができるようにしたためである．B中間子の観測にはできるだけ多くの数が必要で，そのためには衝突によってできるだけ多くのB中間子が発生するようにする．B中間子は，電子と陽電子の衝突によって生じる$\varUpsilon$中間子から生まれるので，$\varUpsilon$中間子の数をできるだけ増やさなければならない．それには大量の電子と陽電子を衝突させ，衝突の回数を増加する．

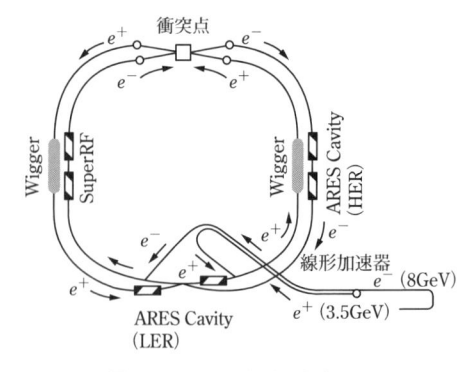

図5.30 KEKB加速器概念図

単位面積，単位時間当たりに衝突する粒子の数をルミノシティ（limonosity）といい，加速器における粒子の衝突頻度評価の目安にする．KEKBのルミノシティは世界最大で，2005年6月には$1.6\times10^{34}\,[\mathrm{cm^{-2}\,s^{-1}}]$を達成し，なお向上が図られている．因みにライバルであるPEP-II（米国Stanford大学）は$1.0\times10^{34}\,[\mathrm{cm^{-2}\,s^{-1}}]$である[25]．

このような大きいルミノシティを達成するにはかつてない大きなビーム電流をリング内に蓄積しなければならない．そのため，LERには特殊な常伝導加速空洞ARES Cavity 16基（クライストロン8本使用）を，HERには超電導加速空洞SCC Cavity 8基（クライストロン8本）とARES Cavity 10基（ク

---

* CP非保存：C，電荷の符号の向きや粒子のもつ固有の値（電荷共役対称），P，空間軸の向き（parity対称性），他にTは時間の向き（time）に関して，これらの符号が逆転するのを変換というが，変換の後に物理的法則が成り立たないとき，対称性が破れた（非保存）といい，CとPを同時に変換したとき物理法則が変換前と同じにならない場合，非保存という[24]．

ライストロン5本）を用いている．

KEKBは，2001年にCP非保存の確認をした．この実験の過程では新しい粒子が次々と発見された．CP非保存の確認だけでなく，標準理論から予測できなかった結果を得ることにも成功している．実験研究はまだ続いている．

② 外国における加速装置[26]

世界一大きい加速装置はLEP（スイス，素粒子物理学研究所：CERN）である．装置は地下175 mから75 mの間に周囲長27 kmのトンネルに構成していて，電子と陽電子を1つのリングに反対方向に加速し，4箇所で正面衝突させていた．2000年に実験を終了し，その後にLHC（大型ハドロンコライダ）が建設されている．2本のビームを反対の向きに粒子同士を加速し，1秒間に400万回の衝突を起こさせる計画である．

テバトロン（フェルミ研究所）は，2 TeVという高い衝突エネルギーで1994年にトップクォークを発見していた．

(2) 放射光利用

① Spring-8[27]

Spring-8は1 GeVに加速する線形加速器と，その加速器から出た電子ビームを8 GeVに加速するシンクロトロンと，そのビームを円形の軌道にのせて蓄積する蓄積リング（周囲長1436 m）から成る．発生するのは，軟X線（光エネルギー300 eV）から硬X線（300 keV）までの広いエネルギー範囲で，輝度は世界最高である．さらに1.5〜2.9 GeVの高エネルギーのガンマ線や赤外線も利用できる．放射光の明るさは従来のX線発生装置から得られる光の1億倍もある．細い，強いビームで物質の構造を探ることができるので，従来のX線できなかった多くの事象が観測できる．

線形加速器の加速周波数は2.856 GHzで26本の加速管を使う．最大80 MW級のクライストロン13本を使用し，パルス（幅1 ns〜40 ns）運転をしている．クライストロン1本で2本の加速管にパワーを供給している．

シンクロトロンの加速周波数は508.58 MHzで，加速は，5セルの空洞が8個あり，クライストロン（1 MW，CW）を2本使ってそれぞれ4個の加速空洞にパワーを供給している．

蓄積リングは周回する電子が磁場で曲げられるたびに放出する放射光を取り

出して利用する装置である．加速周波数は508 MHzで，電子ビーム（電流100 mA）が放射光を出して失うエネルギー（1周につき約0.7％，10 MeV程度）を補うために，加速ステーションを4箇所設置している．3ステーションに3本のクライストロン（1 MW，CW），他の一箇所に1本のクライストロン（0.5 MW，CW）を使用している．蓄積リングには電子の軌道を保つために電磁石が88台あるが，そのうちの24台は赤外線からX線までの放射を得る偏向電磁石で，38台は輝度の高い特定の放射光を得るためのアンジュレータ（電子を蛇行させるよう磁石を配列）である．これらはすべて同時に利用できる．

利用面では医用，物質科学，生命科学，地球科学，宇宙科学，そのほか産業，工業利用など非常に広い範囲にわたる．実用に結び付いた利用例として，Liイオン2次電池の開発がある．電極材料の結晶構造を調べ，充放電との関係を突き止めることにより，電極材料が改良，開発され実用化された．LSIや記録媒体の分野にも利用されている．この施設では国内外の研究者による共同研究が進められている．

② フォトンファクトリ[28]

筑波にも放射光を利用できるリングが2つある．フォトンファクトリPFとPF-AR (advanced-ring) である．PFでは電子を2.5 GeVに加速し，PF-ARではTRISTAN（1996年終了）の後の蓄積リングを利用して6.5 GeVに

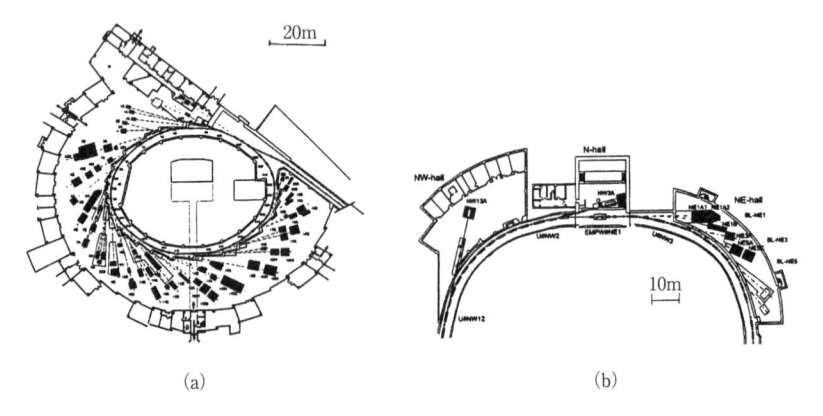

図5.31　フォトンファクトリPF (a) とPF-AR (b)[28]

加速する．PFには61箇所の実験棟があり，PF-ARには6棟ある．実験棟の2/3は硬X線を用いる研究専用で，残りの1/3はVUVと軟X線による研究用である（図5.31）．PFの周囲長は187 mで，加速周波数は500.1 MHzである．PF-ARの周囲長は377 mで，加速周波数は508.6 MHzである．原子物理学，生物科学，半導体や計測など工学関連，地球科学など多面の利用がなされている．

5.3.5 その他

(1) 環境対策への応用[29]

熱平衡プラズマを利用してフロンなど環境汚染ガスの分解ができる．非熱平衡プラズマでも大気圧のArあるいはNガスをキャリアとして用い，環境汚染ガスのマイクロ波誘起プラズマ分解をする装置がある．

廃棄プラスチックの分解もいろいろ研究され，マイクロ波放電H_2Oプラズマにより分解した実験結果がある[30]．この場合，分解によってメタノール，エタノール，アセトンなどの生成物が得られ，この再利用ができる利点がある．

有毒ガス（自動車の排気ガスやダイオキシンなど）の分解も研究され，その可能性は確かめられているものの，実用化には至っていない．たとえば，自動車にマイクロ波装置をいかにして設置するかなど問題が未解決である．

(2) 質量分析

質量分析にも利用される可能性が高い．プラズマ中に資料を入れて溶液化し，酸化物の形成，気化・分解による原子化を経てイオン化し，質量分析器にかけて検出する．電熱ヒータに比べて約1/10の時間で分解できるし，密封状態で分解するので外部からの汚染や揮発性成分の揮発が抑えられる利点がある．

演習問題

5.1 電波の作用が誘電体の加熱・加温に利用される原理は何だろう．
5.2 電波の作用が利用されている主な分野を3つあげ，それぞれについて簡単に説明しなさい．
5.3 誘電体の深いところを加熱したい．発熱効果と誘電体の特性（誘電率と損失

5.4 マイクロ波を使って加熱するにはどのような技術が必要であろうか．またマイクロ波加熱にはどのような特長があるだろうか．
5.5 プラズマを高温にするのにどのような方法があるか，そしてそれが実際にどのように使われているか説明しなさい．
5.6 電波による粒子の加速の方法と，それが実際にどのように使われているか，また何に役立っているか考察してみよう．
5.7 電波はプラズマの状態(温度，密度など)の測定にも使われる．どのような例があるか．
5.8 電波による加熱，加温が食品に関連して利用される例をあげ，考察してみよう．
5.9 電波により加熱，加温する工業的応用にどんな例があるだろうか．
5.10 電波による加熱，加温が医用にどのように利用されているか考察してみよう．
5.11 ハイパーサーミヤとは何だろうか．電波はどのように役立っているだろうか．
5.12 電波の作用は環境対策にも利用されている．代表例をあげて，どのように役立っているか考察してみよう．

[参考文献]
1) 柴田長吉郎：工業用マイクロ波応用技術，電気書院，第1章，および第9章 (1986).
2) 同上, p. 9.
3) 同上, p. 242.
4) マイクロ波応用技術研究会編：マイクロ波技術, p. 201, 工業調査会 (2004)
5) 同上, p. 202
6) 太田 充：飛躍の軌跡・核融合，ERC出版 (2006)
7) 狐崎, 吉川：新核融合への挑戦，講談社 (2003)
8) 吉川庄一：核融合への挑戦，講談社 (1984)
9) 4) p. 56
10) 横山広美：素粒子の基本と仕組み, pp. 30-38, 秀和システム (2006)
11) 4) pp. 196-198 および 1) p. 78
12) 4) pp. 193-196, pp. 137-145 および 1) pp. 101-180
13) 1) pp. 169-193
14) 4) pp. 100-119
15) 4) pp. 120-145 および 1) pp. 155-163
16) 4) pp. 200-211 および 1) pp. 205-219
17) 千葉大学伊藤公一教授提供
18) 4) pp. 158-190

19) 4) pp. 166-169
20) 4) p. 167
21) 7) p. 36
22) 杉浦, 谷本：核融合, p. 87, オーム社（1989）．
23) 7) p. 51
24) Arai K. et. al：RF system for the KEK B-Factory, Nuclear Instrument and Methodology in Physics Research, A 4, pp. 45-65（2003）
25) 10) pp. 53-74
26) 22) p. 116, p. 148
27) 放射光施設「Spring-8」で見えないものが見えてくる, pp. 75-80, NIKKEI ELECTRONICS, 12.6（2006）
http://www.spring8.or.jp/ja/
28) 5.1 Photon Factory：KEK Annual Report, pp. 51-50, Institute of Material Structure Science（2002）
http://pfwww.lel.jp/
29) 4) pp. 226-246
30) 4) pp. 175-176

第6章　電波で電力を送る

6.1　基本技術

　電力を無線で輸送するというのは電波利用の観点では今までの考え方とまったく異なる．その試みがなされたのは1890年代，電波がまだ通信に利用されていない時代であった．誘導変圧器を発明したテスラ（クロアチア共和国）は，何度か実験を行った後，大電力送信所を建設して無線通信や放送を行おうとし，その設備で電力をも無線で遠方に送ろうとした[1)2)]．しかし，研究所の焼失などで実現しなかった*．わが国でも電力会社や通産省の研究所などでいくつかの試みはあった．最も古いもので1926年に発表されたものがある**．

　米国では1975年に，パラボラアンテナを使い，連続して30 kWを1.6 km離れたヘリコプタで受電するのに成功している．

　無線による電力の伝送は基本的には送電アンテナと受電アンテナに開口アンテナを用い，それを正面方向で向かい合わせ電力の授受をする（図6.1）．この場合，送電アンテナの開口面上の電界または電力分布を最適に選び，受電アンテナの開口から電波の漏れがないように設計して電力を受ける効率を高める．

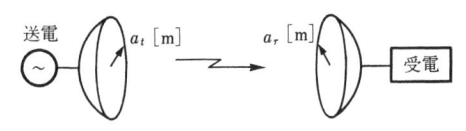

図6.1　電波による電力の伝送とその効率[5)]

---

* テスラは研究所を再開し，40 km離れて電波を受信することに成功している．そして模型ボート無線操縦にも成功している．電力の無線輸送のはしりといえよう．

** 第3回汎太平洋科学会議において発表された．
「On the Feasibility of Power Transmission by Electric Waves」by S. Uda and H. Yagi.

その試みの1つとして宇宙空間から地上に大電力を伝送する研究がなされている。太陽の放射エネルギーは 10^{24} kW といわれているが、地球上で利用されているエネルギーはそのうちわずか 1.8×10^{14} kW 程度にすぎない。そこで宇宙ステーションを設け、そこに太陽電池を設置して太陽エネルギーを電力に変え、これを地上に送り、地上で受電して利用しようというものである。宇宙から太陽エネルギーを電力に変えてマイクロ波で地上に送るというアイデアである。SSPS (solar satellite power system) と呼ばれている。

6.2　SSPS あるいは SPS[3)4)5)]

太陽エネルギーを使おう、それには宇宙でそれを電力に変え地上にマイクロ波で送り返そう、という遠大な計画である。無尽蔵で、CO_2 が発生しないクリーンなエネルギーなのでこれからの地上のエネルギー危機を救う1つの方法として注目されている。

1968年に P. Glaser が提案したもので静止衛星を打ち上げ、そこに巨大な太陽電池を置いて太陽エネルギーを電力に変換し、それをマイクロ波で地上に送る、という宇宙太陽発電所 SSPS（または SPS (solar power system)）の構想である（図6.2）。地上では降り注ぐ太陽エネルギーの 1/4 程度しか利用できないが、宇宙での発電の方は効率よく行える。その後、各国で実験、検討され、種々システムが提案されている。

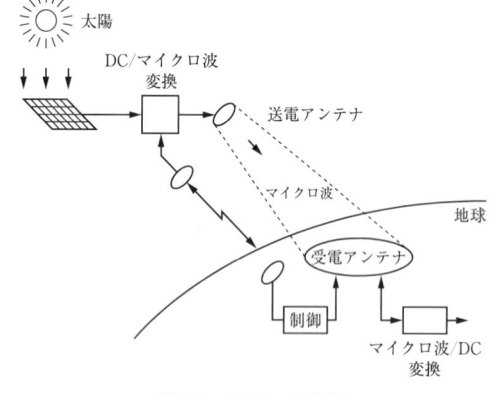

図6.2　SSPSの概念図

SSPS にはいろいろな利点がある。
① 無尽蔵のエネルギーを利用できる。
② 衛星では常時太陽光を受光・変換できる（春分、秋分時の地球食のときを除く）。

③ 蓄電しないで常時送電できる．
④ エネルギー比＝(発生エネルギー)/(建設・運転・保守に必要なエネルギー) が大きい（分母は本質的に 0）．資本投下は大きいが，宇宙発電が長寿命であれば地上の発電方式より有利．
⑤ 汚染が少ない（大気，水，廃棄物等の汚染がない．発電時 CO_2 など有害ガスが発生せず，クリーンなエネルギー）．
⑥ 安全性が高い（電波の伝送電力密度を小さくすれば生体等に対する影響は小さい）．

最も大事な技術的要素は太陽電池の開発で，軽量，低価格，長寿命で高い効率のものが必要である．マイクロ波の伝送では，巨大なアンテナの実現が鍵を握る．アンテナにはフェーズドアレイが使われる．アンテナには，送受電の際，狭いビームで受電アンテナ方向に正しく向ける制御と，受電アンテナで送電電力を漏れなく受電する開口分布の制御を要求される（図 6.2）．大電力が空中に放射されるから生体や通信機器，大気などへの影響がないよう環境問題も考慮しなければならない．地上でのアンテナの大きさや設置条件(場所，地形等)など重要な設計パラメータである．発電から電力利用まで次のような 4 段階のエネルギー変換があり，おのおので効率を高くすることを考えねばならない．

① 太陽エネルギー→直流電力(太陽電池)
② 電力(直流)→マイクロ波電力(マイクロ波発振器)
③ マイクロ波電力送電→受電(空間伝送)マイクロ波電力出力
④ マイクロ波電力→直流電力(変換)

米国のエネルギー省が NASA の協力を得て 1979 年にまとめた提案では，静止衛星に $50\,km^2$ の太陽電池（70 GW 相当のエネルギー入射）により 9 GW（電池効率 13%）の発電をし，それをマイクロ波（2.45 GHz）の電力に変換して直径 1 km のアンテナから地上に向けて送電する．地上では開口が 10 km×13.2 km（楕円）のアンテナで受電し，それを DC に変換して 5.8 GW の電力を得る．電力収集の効率を 87% としている．（図 6.3）

使用周波数は，当初 ISM バンドの 2.4 GHz が考えられていたが，最近では 5.8 GHz が検討されている．それは，波長を短くすると，アンテナが比較的

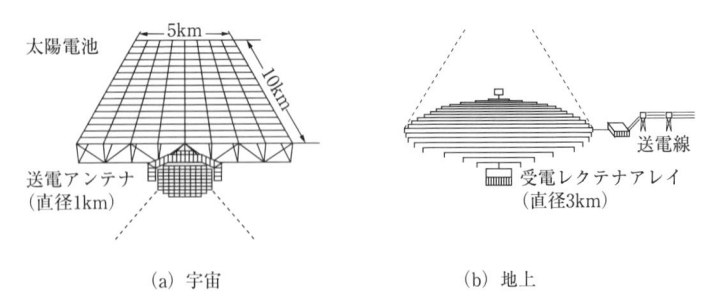

図 6.3 SSPS の構成

小形で高利得にでき，機器も小形化できる利点があること，とくに常時展開しているアンテナの占有面積はできるだけ狭いのが望ましいので高い周波数の方が好ましいからである．受電には，アンテナに直接ダイオードを装荷してマイクロ波を整流する回路をもつレクテナ（Rectena：rectifier antenna）（図6.4）を広い面積にわたり多数配列する（図6.3(b)）．

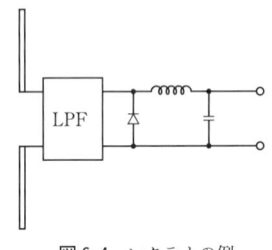

図 6.4 レクテナの例

最近検討されている SSPS システムの概要は，周波数 $5.8\,GHz$，送信アンテナ直径 $1\,km$，レクテナ配列直径 $3.4\,km$，最大電力密度 $26\,mW/cm^2$，電力収集効率 86%，などである[7]．

演習問題

6.1 電波で電力を送るための基本的な技術は何であろう．効率的な送電方法を考察してみよう．

6.2 宇宙太陽発電所とマイクロ波送電の意義について考察してみよう．

6.3 電波で電力が送れればリモコンやリモートセンシングなどいろいろな利用が考えられる．具体的にどのような例があるかあげてみよう．

［参考文献］

1) Popovic V.：NIKOLA TESLA, Life and Work of Genius, Yugoslav Society for the Scientific Knowledge "Nikola Tesla"（1976）
2) 新戸雅章：超人ニコラ・テスラ，筑摩書房（1993）
3) 柴田長吉朗：工業用マイクロ波応用技術，電気書院（1986）

4) Glaser：Power from the Sun：its future, pp. 857-866, Sience, (162) 22 (1968)
5) 橋本弘蔵ほか：宇宙太陽発電とマイクロ波送電
6) 篠原, 松本：マイクロ波無線電力伝送, 信学誌, (86) 6, pp. 439-441 (2003)
7) 松本　紘：SSPSの現状と課題, 2004信学総合大会, SBC-1-5, S9-S10 (2004)

[**参考図書**]
a. Robinson W. J.：Wireless Power Transmission in a Space Environment, J of Microwave Power, (5)(1970)
b. Brown W. J.：The Technology and application of Free Space Power Transmission by Microwave Beam, Proc. IEEE, (62) 1 (1974)

第7章　電波の有効利用

7.1　電波を有効に利用するには

　電波利用の発展は著しい．エレクトロニクスの進歩とともに，まだまだ，限りなく利用は広がっていく．応用の範囲が広まり，通信や計測，制御，探索，加工といった専門分野における利用だけでなく，家庭など身近な利用が増えてきた．これからの傾向の1つとして，情報伝達の面で個人あるいは個別に情報をやりとりする利用が増加しよう．とくに微弱な放射電力を使う電波の利用が多くなる．電波は，いつでも，どこでも，誰とでも，何とでも，といういわゆるユビキタス環境を実現する大きな役割を果たすメディア（媒体）である．情報を探る利用では，高度な技術，知能技術などを取り入れた高精度化が進む．と同時に機器の小形化，機能化，そしてその個別利用が進むであろう．

　電波利用の著しい増加に対し，空間で使用する電波の周波数には限りがある．周波数は有限の資源なのである．電波を使う際に干渉を起こしてどちらか，あるいは双方とも使えなくなる場合がある．それである時刻にある地域で1局が使用する電波は1周波数だけになる．そのため，ある地域で互いに妨害しないで電波を使おうとするとその周波数の数に限りがある．電波の利用は互いに妨害しないよう秩序よく行わなければならない．

　秩序よく電波を利用するため，使える周波数は国際的に割当てが決められている．世界的には，3地域に分けられ（図7.1），地域ごとに割当てが決められている．わが国は第Ⅲ地域に属する．目的別にも割当ては大まかに決められている（巻末付表1）．

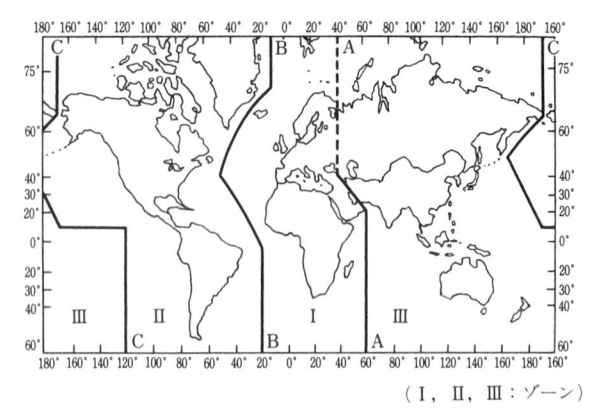

図7.1 国際的な周波数割当てゾーン（I，II，III：ゾーン）

　周波数帯によって特長のある使い方がされている．たとえば，低い周波数帯（LF，MHなど）では地表上遠距離の伝搬をするので，船舶などの電波航法や水中通信に利用される．この周波数帯では，多くの情報量を送れないので，搬送波の位相や時間を情報として利用するとか，加熱などに使う場合が多い．中波帯や短波帯では，比較的中距離の音声や電信の情報伝送に使われる．それで放送や業務用通信によく使われる．VHF帯になると，伝送の距離は短くなるが，送れる情報量が増えるので品質の良い放送や移動通信などに利用される．また画像も送れるのでTV放送にも利用される．さらに高い周波数帯（UHF，SHF）になると，電波の回折が少なく，直進性が必要なレーダなどに用いられるようになる．また，送れる情報量も著しく増えるので，マイクロ波通信や衛星通信による大容量伝送に利用される（巻末付表1）．

　電波を使用する際は，その秩序を保つために電波法に従わなければならない．通常，無線設備をもち，それを操作する場合は免許を必要とする．しかし，電波を出す電力が小さい微弱無線局や市民バンド，ならびに電力が0.01W以下の小電力無線

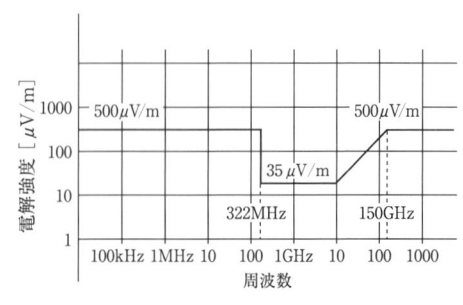

図7.2 電界強度規制値

7.1 電波を有効に利用するには

表7.1 ISMバンドの周波数

周波数(MHz)	許容偏差（括弧内は日本）
13.560	±0.05%（±6.78 kHz）
27.120	±0.6%（±167.72 kHz）
40.68	±0.05%（±20.34 kHz）
433.92	±0.2%
915	±13 MHz
2450	±50 MHz
5800	±75 MHz
24125	±125 MHz

局は免許を要しない．微弱無線局は3mの距離を離れて電界強度が，322 MHz以下では500μV/m以下，322 MHz以上から10 GHz間では35μV/m以下などに規制されている（図7.2）．小電力無線局は微弱コードレス電話，ワイヤレスマイク，自動車の無線キーなどで，特定小電力無線局も含んでいる．市民バンドの周波数は26.9～27.2 MHzで，無線局は空中線電力が0.5 W以下で，技術基準適合証明を受けていなければならない．特定小電力無線局は，小電力データ通信用無線局，PHSやETCの移動局などである．テレメータ，テレコントロール用（クレーン，ロボット，リモコン，医療用など）無線呼出し，ミリ波レーダ，センサなどである．また，工業用，科学用，医事用機器に対してはISMバンド（Industry, Science, Medical bnad）がある（表7.1）．このバンドを使用する場合，放射をできるだけ抑制する条件で電界強度の制限がない．2.4 GHz帯にはアマチュアバンドもあるが，ISM帯の運用により生じる混信を容認する必要ありとされている．

このように割り当てられた周波数も，電波利用の増加につれて数が不足してくる．このような状況で電波を互いに妨害せず，かつ，品質を落とさずに利用できる数を増やすにはどうすればよいのだろうか．その主な方策としては次のようなものがある．

① 周波数割当ての数を増やす：　使われていない周波数帯に割当てをする．また割当て間隔（チャネル間隔）を狭くする．

② 電波が使われる地域を空間的に分ける：　ゾーン方式とし，地理的に離れた別のゾーンで同じ周波数が使えるようにする（周波数再利用）．

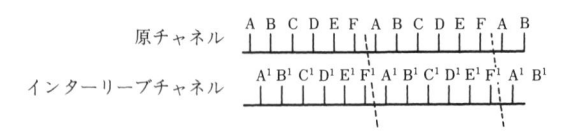

図7.3　インターリーブチャネル配列

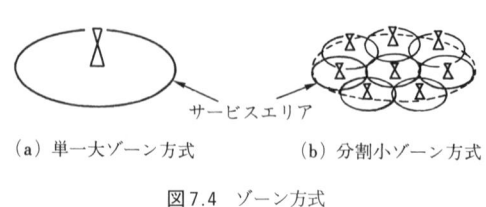

図7.4　ゾーン方式

③ 同地域で同じ周波数が同時に使えるよう時間的に，あるいは符号による分割方式とする：（ディジタル方式あるいは符号方式）．
④ 通信路を分割して多元接続方式とし，マルチチャネルアクセスを行う：多元接続方式における空きチャネル利用を効率的に行う．

(1) **周波数割当て**

使われていない周波数帯への割当てでは今まで，たとえば移動通信用に 30 MHz → 60 MHz → 150 MHz → 400 MHz → 800 MHz → 1.5 GHz → 2 GHz → 5 GHz のように順次高い周波数帯に移ってきた．

また，割当て間隔も，50 kHz → 25 kHz → 12.5 kHz のように，半減が続けられ，チャネル数を2倍ずつ増加してきている．携帯電話システムでは，チャネルの間隔の間に別のチャネルの中心周波数を割り当てるインターリーブ（またはスプリット）チャネル配置を行ってチャネル数を2倍にしている（図7.3）[1]．この場合，側波帯が一部重なるために周波数は地理的に離して配置する必要があるのでゾーン方式による周波数配置を行っている（図7.4）[2]．

周波数間隔を狭くするためには，変調波の側波波の広がりを小さくする必要がある．そのため GMSK や π/4 シフト 4 PSK などの変調方式が使用されている．また送・受信機の周波数安定度を高くしたり，受信機の選択度を高くする必要がある．

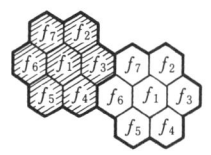

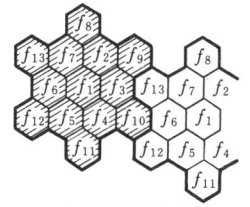

(a) 3周波方式　　(b) 7周波方式　　(c) 13周波方式

図7.5　ゾーンの周波数割当てパターン
(斜線部はクラスタを示す)

(2) ゾーン方式

電波が使用される空間を分割してゾーンに分け，距離をおいて別のゾーンで同じ周波数が使えるようにする（周波数再利用）と割当て周波数に対して運用できるチャネル数が増加する．ゾーンは取扱い上幾何学的に六角形状と考え，N個のゾーンを単位（1群）として繰り返すとする（図7.5）．広い領域でf_1，…，f_m（周波数間隔f_s）のm無線チャネルが割り当てられている場合，たとえば$N=7$のゾーン繰返しを1群（クラスタ）として全面積の中を35ゾーンに分けたとすると，使用できる全チャネル数は$(35/7) \times m = 5m$になる．これはその領域で移動局が5倍運用できることを意味する．

周波数の利用効率を考えてみよう[3]．周波数繰返しゾーン数がNでそれがある地域内でn群使われるとする．（1ゾーンの面積をA_zとすると1群の広さはNA_z，面積Aの地域内には$A/(NA_z)=n$群，ゾーン全体の数はnN）．この地域に割り当てられている無線チャネル数をm（周波数帯域$F=mf_s$）とすると，1つの繰返しゾーン（1群）内ではmチャネルが使われるので，地域内で使用できる全チャネル数はnmである．地域での呼量全体をSとすると，無線1チャネル当りの容量をcとして

$$S = cnm = c(A/NA_z)(F/f_s) \tag{7.1}$$

これを書き換えると

$$S/(AF) = 1/(NA_z) \cdot c \cdot 1/f_s = \eta \tag{7.2}$$
$$= \eta_s \cdot \eta_t \cdot \eta_b \tag{7.3}$$

ηはエリアの面積a当たり，および割り当てられた帯域幅F当たりの効率である．

ここで，$\eta_s = 1/NA_z$，$\eta_t = c$，$\eta_b = m/F = 1/f_s$ で，η_s はある地域（エリア）をゾーン（セル）に分けて空間を有効に使う利用効率，η_t はチャネルをどの程度使うかの時間的な利用効率，η_b は割り当てられた帯域幅をどのように有効に使うかの帯域利用効率をそれぞれ意味する．全体の効率を高めるにはそれぞれを大きくする設計をする．

たとえば，η_s を大きくするには，ゾーン面積 A_z を小さくする，η_t は通信容量 c を大きくする，η_b はチャネル帯域幅 f_s を狭くするなどである．通信容量に関しては，多元接続方式にしてマルチチャネルアクセスを行うことや，チャネル全体がムラなく使用されるよう，ゾーンごとの利用の不均一さ（空間分布に依存する）の解消などがある．しかしゾーンの設定には全面積，形状，地形，予想される通信量，環境などの考慮が必要である．帯域幅の減少には，狭帯域変調方式の採用や変調速度，隣接チャネルの干渉などを考慮に入れる．

(3) 時間分割・符号分割

複数の周波数を共用し，空いたチャネルを随時使用するマルチチャネルアクセス方式は，1チャネル当りの収容可能局数を増加させる効果的な方法である[4]．移動局がいくつかの無線チャネルをもち，どのチャネルでも空いていれば使えるようにし，そのうえチャネル使用時間を制限すると，多くの利用者が同一地域で使用できるようになる．

すなわち，1チャネル当りの収容局数を大きくとれる．たとえば呼損失* が0.03の場合，無線周波数（チャネル数）が1であれば，呼量** は0.0309アーラン*** (表7.2) なので，いま1移動局の呼量を0.01アーランとすると，この無線ゾーンでは移動局を3台しか収容できない．しかし，無線チャネルが

表7.2 アーラン損失表
（n : チャネル数，B : 呼損失）

n \ B	0.01	0.03	0.1
1	0.0101	0.0309	0.1111
5	1.3608	1.8752	2.8811
10	4.4612	5.5294	7.5106
15	8.1080	9.6500	12.4838
20	12.0306	13.9974	17.6132
25	16.1246	18.4828	22.8331
30	20.3373	23.0623	28.1126
40	29.0074	32.4118	38.7874
50	37.9014	41.9327	49.5621
100	84.0642	90.7939	104.1098

---

　* （呼損失）=（呼び出せなかった回数）/（呼び出しの回数）
　** （呼量）　=（呼び数/時間）×（平均回線占有時間）
　*** アーラン : 1回線を1時間中使用しているときの呼び量

10 あれば全体で約 5.53 アーランの通信容量（呼量）があるので，1 移動局の呼量を同じ 0.01 アーランとすると，10 チャネルを共有して運用できる全移動機は 553 台になる．

このようにマルチチャネルアクセス方式は，広い地域で多くの移動局が効率的に周波数を利用できる方式である．

同じ地域で同じ周波数の電波を同じ時間に使用すれば干渉を起こして使用できなくなる．これを時間分割，あるいは符号分割により同時に他の電波を使用しても目的の通信が行えるようにする方策として TDM，TDD，CDM などの方式利用がある．

(4) 多元接続[5]

1 つの通信路を分割して複数の無線局が通信路を有効に利用（アクセス）できる仕組みにした方式である．通信路では使う周波数帯を分割したり，ディジタル化して信号の時間帯を分けたり，信号を符号化して符号別にしたり，また，通信エリアの空間を分割したりして回線（チャネル）を構成する．これらはそれぞれ，FDMA (frequency division multiple access)，TDMA (time division multiple access)，CDMA (code division multiple access)，および SDMA (space division multiple access) などという．この方式により，1 つの通信エリア内に多数の無線局が収容できる．

チャネルの数は利用者の数だけ準備する必要はない．全ユーザが一斉に同時に通信する確率は非常に低いので，実際に通信される統計的な頻度から準備する．すなわち，設定するチャネル数はユーザ数より少ない．この場合，チャネルの割り当てはマルチチャネルアクセス方式による．ユーザは空いているチャネルを探して使用する．空きがなければ空くまで待つ．このようなチャネルの割り当ては主に基地局の制御による．マルチチャネルアクセス方式は，多くの利用者を少ない回線数で接続する役割を果たしている．

① FDMA（周波数分割多元接続）

無線周波数帯域を一定の帯域幅で分割し（$f_1 \sim f_n$），多数のユーザが随時にどれかの帯域（チャネル）を使って通信する（図 7.6）．衛星通信の例（図 3.47(a)）では，地球局に周波数を割り当て，衛星局にある中継局で同時に多数局を中継する．地球局にはじめから周波数を割り当てて使用する場合と，空

いている周波数を随時割り当てて（制御回線による）使用する方式の2様がある．FDMAはアナログ方式の衛星通信，自動車・携帯電話システム，コードレス電話などで用いられていた方式である．

② TDMA（時分割多元接続）

1つの無線周波数内で時間をスロットに分割し（$t_1 \sim t_n$），複数のユーザがどれかの時間帯のスロット（チャネル）を使って通信する方式である（図7.7）．スロットをユーザに固定して割り当てておく方式と，ユーザが随時空いているスロットを探して使用する方式とがある．図3.47(b)の衛星通信は，前者の方式の例で，各地球局のディジタル化された信号の送出時間を割り当て（$t_1, \cdots, t_n$），中継局で受信した多数の信号に送り先の符号をつけ，並び替えて対する宛先に送る．地球局では，自局宛の信号だけを取り出し受信する．

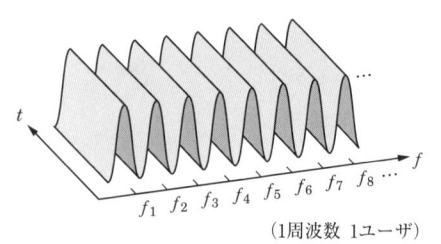

図7.6　FDMAの概念図（周波数による）

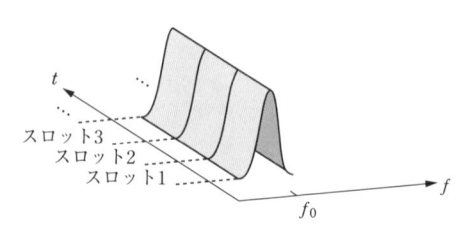

図7.7　TDMAの概念図（スロットによる）

移動通信では送出時間は割り当てられないので，後者の方式を利用する．チャネル割り当てはマルチチャネルアクセス方式による．

TDMA方式では，送信と受信と違う周波数帯を使用するTDMA/FDD (frequency duplex) 方式と，同じ周波数帯を使用するTDMA/TDD (time division duplex) 方式とがある．ディジタル携帯電話システム（第2世代）ではFDDを用い，PHSやディジタルコードレス電話ではTDDを採用している．

③ CDMA（符号分割多元接続）

各ユーザに特定の符号（$C_1 \sim C_n$）を割り当て，符号による多重化を行ってチャネル割り当てを行う方式である（図7.8）．信号は一次変調（PSKなど）した後，直交した拡散符号で二次変調して送り出す．受信した信号は送信に用いた符号と同じ拡散符号で逆拡散して自局宛の信号だけを復元する．

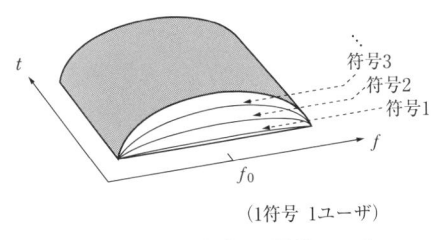

図7.8 CDMA の概念図（符号による）

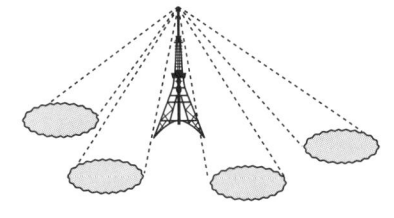

図7.9 SDMA の概念図（アンテナビームによる空間分割）

CDMA では，全チャネル同じ周波数が使えるので周波数の有効利用の利点がある．

④ SDMA（空間分割多元接続）

狭いビームを放射するアンテナを用いて無線ゾーンを空間的に分割し（図7.9），同じ周波数，同じタイムスロットの信号を同時に多数使用できるようにして多くのユーザが効率よくチャネルを使用できるようにした方式である．この方式は，WiMAX のシステムや PHS で採用されており，アダプティブアンテナ（2.5.5(d)参照）を基地局に採用して運用している．

以上のように，電波を有効に利用するには，周波数，空間，時間等を適当に割り振り，あるいは適当な変調方式を選択する，等があることがわかった．これらの要素はシステム，利用者の数，通信の量，通信品質等に応じて，相互に干渉を起こすことなく有効に利用できるよう設計する．関連して次節の電波環境問題も重要である．

7.2 電波環境と電波利用

7.2.1 電波雑音

電波を利用する場合，空間に存在する種々の雑音（ノイズ：noise）の影響を受ける．雑音とは*，音に限らず，情報信号と同じ物理的性質を有し（電波に対しては電波，光に対しては光，など），情報に影響を与える（妨害したり，

---

* 雑音の本質は，物理的には不規則な電荷の動き（電流）である．（図7.13のように観測される．）

情報を消滅したりする）信号をいう．たとえば音声の場合，会話に妨害となる他人の音声は雑音である．音に対して電波や光は妨害にならないので雑音にはならない．空間を伝わる電波を利用する無線通信では種々の電波雑音の影響を受けやすい．有線通信ではその可能性は低く，大きな特徴的な違いである（表3.1参照）．

電波雑音は，自然雑音と人工雑音に分けられる（図7.10，表7.3）．これら雑音は周波数により空間に存在する分布が違う（図7.11）．マイクロ波・ミリ

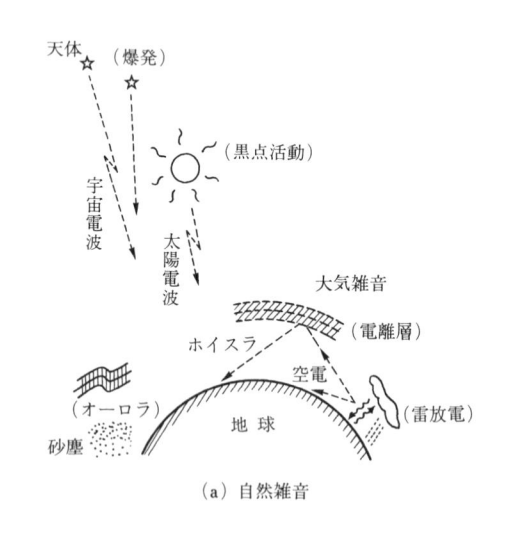

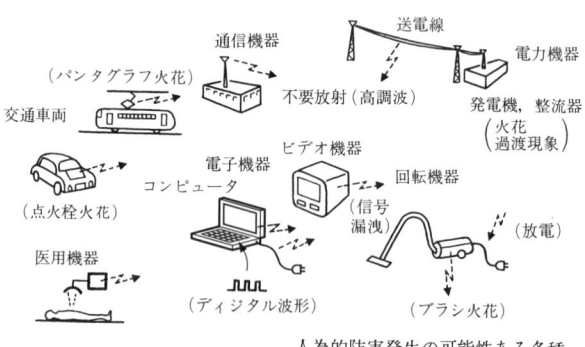

(a) 自然雑音

(b) 人工雑音

図7.10 電波雑音

表7.3 電波雑音

	種類		内容	備考
自然雑音	宇宙雑音		天体が発生する電波，銀河系恒星，電波星（パルサー，クエーサーなど），星雲	電波天文に利用
	太陽系雑音		太陽の発生する電波	黒点活動に大きく依存する
			惑星，月	太陽雑音の反射
	大気雑音		空電：雷に伴う電波（ヒス，ホイスラ） 沈殿雑音：雨滴や砂塵の衝突による放電	
人工雑音	その他放電による雑音		熱雑音，雨，雲，大気ガス，大地 火花(自動車点火栓，モータブラシ，パンタグラフなど) コロナ（送電線，オゾン発生機など） グロー（蛍光灯，ネオン灯など）	温度による 交通車両電化機器など 都市雑音の主な要素になる
	スイッチ雑音		半導体制御装置	
	持続振による雑音	パルス波	パルス回路，ディジタル回路等より発生する高調波	コンピュータ AV機器など
		正弦波	送信機からの不要放射，電磁誘導 高周波利用設備・機器	無線機器
	都市雑音		都市内で観測される電子機器，電化機器等あらゆる雑音の合成	人口に比例して増加

波の領域（3〜300 GHz）になると大気中の酸素や水蒸気などの分子による吸収で電波が大きく減衰する周波数帯がある（図7.12）．

雑音には時間的に連続なものや不連続のものがあり，それが規則的に変化するものと不規則性のものとがある（図7.13）．連続的で不規則性の雑音はランダム雑音（random noise）と呼ばれる（図7.13(a)）．一般的に回路で発生する熱雑音や宇宙雑音等がこの例である．先鋭な波形は衝撃波（インパルス：impulse）雑音（図7.13(c)）と呼ばれる．自動車の点火栓から発生するのは

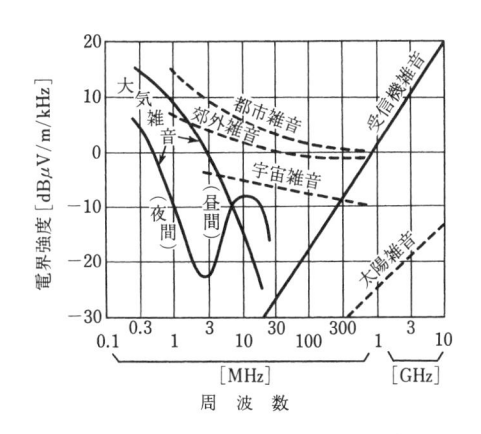

図7.11 電波雑音の周波数に対する分布

この例で時間的には周期的である（同図(d)）．先鋭な波形の雑音の周波数成分（スペクトラム）は数 GHz 近辺までひろく広がっているので，自動車などではエンジンから出る雑音が無線機器に妨害を与えないよう対策がとられている．ディジタル回路などでたとえば短いパルス幅の方形波列を使うと，その周波数成分は大きい広がりをもっている（図 3.15 参照）ので注意が必要である．広い周波数成分のうち，周波数によっては回路から結合，誘導あるいは放射により近くの回路や他の機器に結合し混入して影響を与える場合がある．

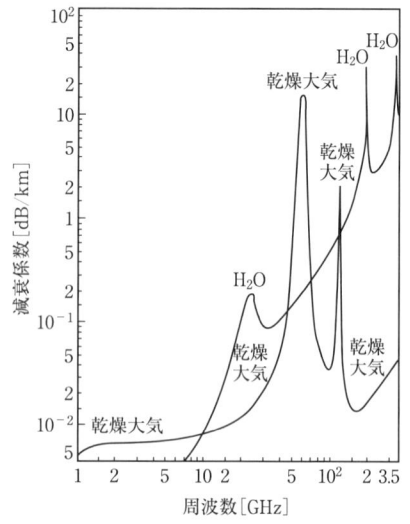

図 7.12 地上における大気の減衰係数

気温：15℃
気圧：1013hPa
水蒸気密度：7.5g/m^3

$50\,\text{GHz} \pm 10\,\text{GHz}$ では酸素分子による吸収帯があり，電波は大きく減衰する．この現象を逆に利用する向きもあり，車載レーダなどその一例である．それは，速く減衰すればエリアが狭くなり，またこの周波数帯では放射のビーム幅を狭くできるので互いに妨害が少なく多くの電波が使えるからである．

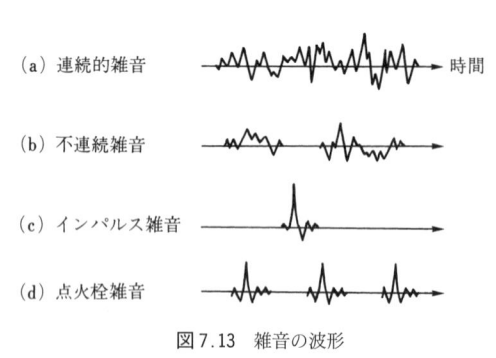

図 7.13 雑音の波形

(a) 連続的雑音
(b) 不連続雑音
(c) インパルス雑音
(d) 点火栓雑音

7.2.2 電磁環境

(1) 電磁妨害

電磁機器を使用する際，他の電波の影響を受けないよう，また逆に他の機器に妨害を与えないよう考慮しなければならない．電波や電磁界の存在する環境

を電磁環境と呼ぶが，その中で動作するいくつかの機器や装置が相互に支障なく共存して使用できるようにするのが電磁環境共存性（EMC：electro-magnetic compatibility）の考え方である[6]．電波源，あるいは電磁界の源から妨害となる強い電磁界を発生しないよう対策をとるだけでなく，電磁界の存在する環境におかれた機器も妨害に対する耐性，すなわちイミュニティ（immunity）を大きくし，妨害に対する感度，すなわちサセプティビリティ（susceptibility：感受性）を小さくする．

電磁妨害が伝わるのは，放射，誘導，伝導などによる（図7.9）[7)8)]．伝導は導体を直接雑音が伝わり（図7.14，発生源A），誘導は近傍電磁界の結合によって雑音が伝わる現象である（図7.14，発生源B）．放射は雑音が電波となって伝わるもので（図7.14，発生源A），これは必ずしもアンテナから出ていく電波だけでない．たとえば同軸ケーブルの外導体や無線機器の金属部分等に高周波電波が流れていればそれが放射の源となる（図7.15，図2.43(b)参照）．妨害の度合によっては機器が誤動作し，場合によっては損傷を与えたり，社会システムに大きな損害を与える可能性がある．また電磁環境中に生体があるとき，電磁エネルギーにより生体が影響を受けること

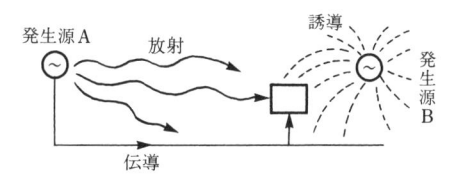

図7.14　妨害の伝わり方

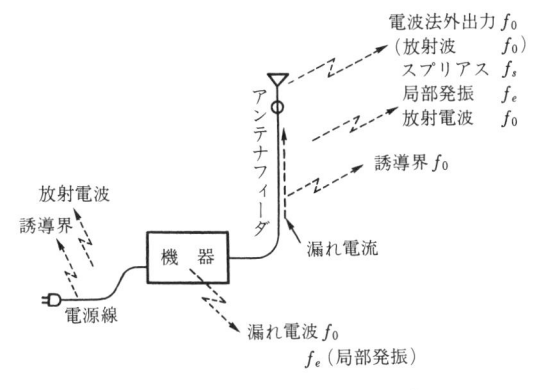

図7.15　アンテナ以外からの不要放射

がある．電磁エネルギーが生体に何らかの作用を与えるのを生体効果といい，発熱や温度上昇を伴う熱効果とそうでない非熱効果とがある．

生体に対する熱効果については高周波のエネルギーによる火傷や白内障の発症など例があり，逆に発熱を利用して治療を行う温熱療法（ハイパーサーミヤ，5.3.2）もある．非熱効果による作用は，それほど大きくない電磁エネルギーでも生体の機能や行動に変化を生じさせる現象である．たとえば人体内にある細胞に作用して影響を与えるといわれているが，まだ解明されていない事柄が多くある．

(2) **電磁環境に関する規制**

機器から発生する電波雑音により他の機器に干渉，妨害を与えるのは EMI (electromagnetic interference) と呼ばれる．他の機器に障害を与えるような不要放射をする可能性があるのは無線通信機器や高周波利用設備などのほか，ディジタル機器や医療機器などがある．高調波成分があり，それが他に影響を及ぼすほどの強さで機器から外に出ているような場合，妨害の源となる．このような妨害の抑制や防止のために国際的に調査，研究が行われ，電磁環境の測定方法，使用測定器，その規格などが定められ，また各種機器の不要電波の放射に関する許容値などが規定されている．

わが国でも従来から電気用品取締法によってラジオや TV などに妨害を与える機器の規制を行ってきていた．その内容は CISPR* による国際規格に従っている．一方，種々の電子機器が多く使われるようになり，非無線機器に対する妨害が無視できなくなってその規制もなされるようになった．しかし，この規制は VCCI** によるもので，自主的であり法律ではない（とはいえ軽視するべきではない）．その内容は CISPR の規制値とほとんど同じである．

VCCI では機器が使用される環境を 2 種類に分けて規制値を定めている．第 1 種は業務用（商工業地域），第 2 種は家庭用（住宅地域）で，業務用の場合は家庭用に比べゆるい値になっている．それは加害者も被害者も同一事業所内にあることを想定し，必要なら自分で対策を取れるから，という理由である．

---

* Committee International Special des Perturbations Radioelectriques：国際無線障害特別委員会
** 情報処理装置等電波障害自主規制協議会

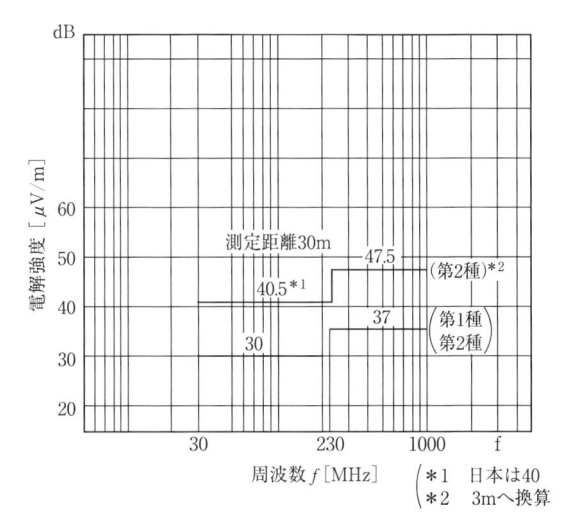

図 7.16　放射ノイズの規制値

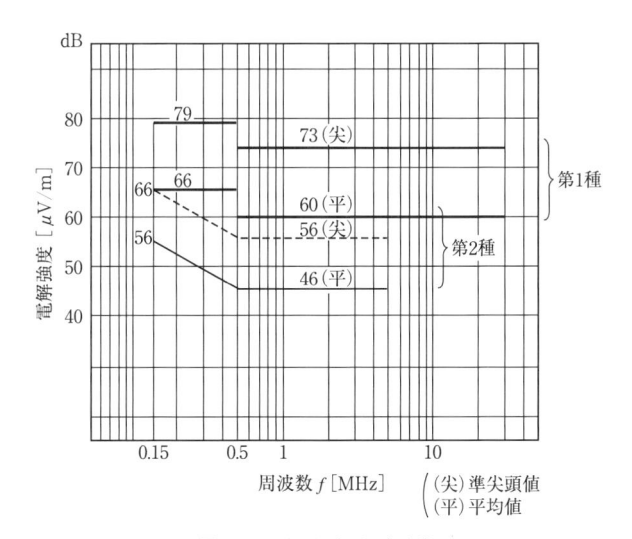

*1　日本は40
*2　3mへ換算

図 7.17　電源妨害電圧規制値

(尖) 準尖頭値
(平) 平均値

VCCI の規制内容には放射ノイズに関する妨害電界強度と，電源線を伝わるノイズに関する電源妨害電圧の2種類がある．放射ノイズは空中を伝わるノイズ（図 7.15）で，電源線を伝わるノイズは，機器から電源線を介して同じ電源を

使う他の機器に伝導する（図7.9）ノイズで30 MHz以下の妨害ノイズをいう．30 MHz以上の高周波ノイズはどちらかというと放射になる．放射のノイズの規制値は距離によって3 m法，10 m法，30 m法の3種類が定められており，第1種に対しては30 m法，第2種に対しては10 m法が適用される（図7.16）．電源妨害電圧にも1種，2種の区別がある（図7.17）．第2種の規制に適合した機器にはVCCIのマークが張られる．

(3) 電磁妨害の対策

電磁妨害を発生させない対策は種々ある．それは発生源の強さを抑えること，妨害となる周波数（高周波など）の電波を発生させないこと，もし発生していれば，その強さを弱めること，さらに伝導，放射あるいは電磁・静電結合等で妨害が別の回路や機器に伝わらないようにすること，などである．そのた

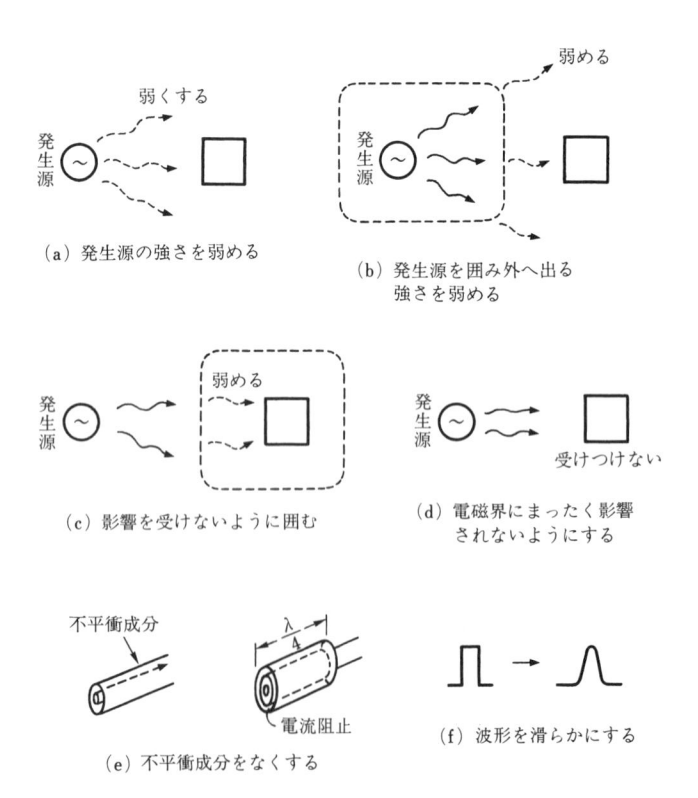

図7.18　電磁妨害の対策

め，発生源を電磁的に囲ったり（遮蔽），妨害となる電流の不平衡成分を除いたり（図7.18(e)，図2.43(c)参照），信号波形をなめらかにして高周波成分を少なくしたりする（図7.18(f)）．不平衡成分の存在は見逃される場合が多く，高周波回路や線路にその成分が発生しないよう，その構成に気をつけなければならない．

電磁妨害を受けないようにするためには遮蔽する，結合を生じないようインピーダンスを低くする，妨害の源から伝導電流が流れないよう回路を工夫する，不平衡回路をつくらない，等がある（図7.18）．

(4) 電波吸収体[9]

電波を吸収して不要電波や妨害電波の影響を小さくするような電磁環境を形成するのに電波吸収体が使われる．電波吸収体は，電波が入射するとその中で電磁エネルギーが熱に変わり，電波として外に出て行かない，つまり吸収される．周囲の物に電波が当たり反射して妨害になるような環境では，その物に吸収体を装着し，表面の反射をなくす．

吸収体の構成は大きく分けて3種類ある．

① 導電性吸収材を用いる場合：金属板に厚さ1/4波長の誘電体板（誘電率 ε_r）を保持材として張り，その表面に抵抗膜，抵抗皮膜などを張る（図7.19(a)）．導電電流による吸収を利用する．

② 誘電性吸収剤を用いる場合：誘電体（発泡ウレタンなど）にカーボンなどを抵抗値の大きい材料を混入して吸収材料とし，それを1層，あるいは多層（誘電率 ε_{r1}，ε_{r2}，…）にして構成する（図7.19(b)）．ゴムを基材にする場合もある．平板でなくピラミッド型もある（図7.19(c)）．多層にするのは広帯域にするためである．

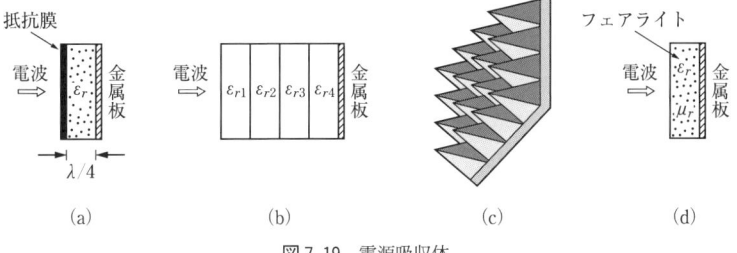

図7.19 電源吸収体

③ 磁性吸収剤を用いる場合：フェライトの自然共鳴による大きい磁気的損失を利用する．帯域広く，また薄くできると特徴がある（図7.19(d)）．VHFやUHF帯で数mmという薄い吸収体ができる．

壁表面で反射がないというのは，壁面のインピーダンス Z が空間のインピーダンス Z_0（$=120\pi$）に整合しているということである（図7.20）．吸収体の設計は必要な周波数帯でそのような整合条件を満足する構成にする．

アンテナの特性測定にも吸収体を使う．周囲から関係のない電波が来ると測定の邪魔になるのでそのような電波のない環境をつくる．室内の場合は，部屋の壁からの反射などがあると測定の誤差を与えるので反射電波をなくする，あるいは，許される強さの反射しか生じないよう壁に吸収体を張る．このような部屋は，音の無響室になぞらえて電波無響室，あるいは光を入れない暗室に例えて電波暗室

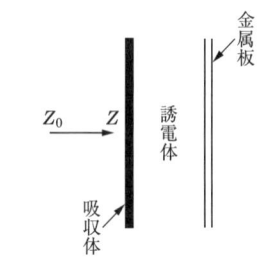

図7.20 壁表面での整合（電波吸収体）

表7.4 電波吸収体の各種

用途	周波数帯	目的	吸収体	備考
電波暗室用	30 MHz	電波反射のない環境	発泡ウレタン/カーボン 誘電体/金属繊維 フェライト/カーボン フェライト金属	ピラミッド型 平板型 多属型 薄型
高層建造物壁面用	100 MHz以上	TVゴースト防止対策	フェライトタイル 誘電体/フェライト コンクリート/フェライト	薄型 建材
レーダ用	9.4 GHz	レーダ偽像防止対策	焼結フェライト ゴムフェライト 不織布/金属繊維	柔軟性
電磁障害防止用	2.4 GHz 5 GHz 5.8 GHz	電子レンジの電波漏洩防止 WLAN ETCなど	ゴム/フェライト 樹脂/フェライト 誘電体/カーボン 発泡材料/導電材料 導電性塗料	
電子回路用	10～5000 MHz	ノイズ対策	磁性材料/導電性材料 ポリマー絶縁体/フェライト フェライト板	シート状

と呼ぶ．壁全面でなくても，反射を生じると考えられる壁面により，反射の影響を少なくする．

種々の無線システムの利用が急激に増えてきているので，環境による電波障害，あるいは無線機器相互の妨害を抑制するため，電波吸収体も目的や用途に応じて各種ある（表7.4）．高速路の料金所でETCシステムを設置しているところでは，反射電波による誤動作がないよう，要所に電波吸収体が張られている．

非常に薄い吸収体ができるようになり，その利用が増えている．フェライトを使った吸収体はVHFやUHF帯で数mmの薄い，柔軟性のある構成にできるので，局所的に電波漏れを防ぐのに用いられる．電子レンジやプリント基板などでみかけられる．また最近はメタマテリアルの利用，機能的吸収体など新しい試みがなされてきている[10)11)12)]．

7.2.3 電磁環境と生体[13)14)]

生体に関する電磁エネルギーの作用に関しては多くの実験，研究がある．電磁界の生体への作用は主に次のようなものである．

① 神経，筋などの細胞を刺激し，収縮や痛みを生じさせる．
② 電磁エネルギー吸収により熱を発生し，温度を上昇させる．
③ 分子，細胞に影響し，変異や成長変化を生じさせる．

神経細胞や筋細胞の膜の両側の電位差がある値を超えると興奮し，感覚器で痛みを感じたり，心筋や呼吸筋の動作が異常になったりすることがある．また生体組織は，0.1〜1［S/m］の導電性をもつので電磁波の吸収により熱を発生し，過度になると眼の細胞を損傷したり，体内に熱傷を生じる．分子，細胞レベルの作用につ

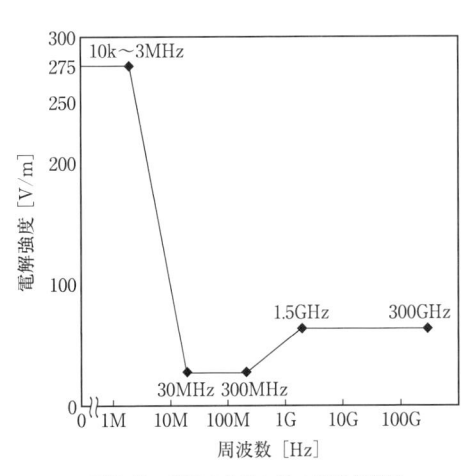

図7.21 電波の人体に対する安全基準

いては，まだはっきりした影響がわかっているわけではないが，電磁環境問題の1つである．人体にとって安全と考えられる電磁界の強さについては国際的にも各国で研究がなされてきている．国際保健機構（WHO）では電磁的暴露が健康と環境に及ぼす影響を評価する国際的なプロジェクトをもち，研究，調査を行い，その資料を提供してきている．WHOや国際労働機関（ILO）と協力関係にあるICNIRP*は，300 GHz以下の電磁界に適用する指針を出している．ドイツはこれに準拠する強制的な規制を行っている．イギリスでは法的には強制力はないが任意規制の指針を出している．米国ではFCC（連邦通信委員会）が法的に強制力のある規制を出している．（図7.21）

わが国では，電波が人体に対して安全であるための電波防護基準が定められていて，「基礎指針」と「管理指針」とがある．「基礎指針」は刺激作用や熱作用など生体へ直接影響を及ぼす電波の強さを表す物理量を定めていて，その値を超えてはならないという制限値としている．熱作用による場合は全身平均SAR**が4 W/kg以下であること，そしてこの10倍の安全率を考慮して0.4 W/kgとしている．しかし，この値は体内の量であるため，測定はできない．そこで「管理指針」は実際に測定できる量として，「電磁界強度指針」および「局所吸収指針」の2種類を定めている．「電界強度指針」は全身が電波で均一に暴露され，全身で電波の吸収が最大になる条件を仮定して換算した電波の強さ（電界強度，磁界強度）を基準値としている（表7.5）．一般環境における「電界強度指針」は，国際的ガイドラインと同等である．

一般の基準値（公衆に対する）では，全身SAR値が0.4 W/kg（6分間平均値）になるような電波の強さを推定し，5倍の安全率を入れた値としている．「局所指針」では電波が全身の局所に集中して吸収されるような場合の基準値としている．一般の基準値（公衆）の場合，SARは2 W/kg（手足4 W/kg）である．

携帯電話は顔に接して使用するので，出力はそれほど大きくなくても頭への

---

* 国際非電離放射防護委員会：Non-Ionizing Radiation Protection
** specific absorption ratio：比吸収率＝（吸収電力）/（入射電力） ［W/kg］
単位質量に単位時間に吸収されるエネルギーをいう．
$$SAR = \sigma |e^2|/(2p)$$
（e：入射電界強度 ［V/m］，σ：媒質の導電率 ［S/m］，p：媒質の密度 ［kg/m³］）

表7.5 電磁界の人体への安全基準（6分間平均値）

	周波数	電界強度の実効値 [V/m]	磁界強度の実効値 [A/m]
職業人の場合	10 kHz〜30 kHz	614	163
	30 kHz〜3 MHz	614	$4.9/f(\mathrm{MHz})$ $(163〜1.63)$
	3 MHz〜30 MHz	$1842/f(\mathrm{MHz})$ $(614〜61.4)$	$4.9/f(\mathrm{MHz})$ $(1.63〜0.163)$
	30 MHz〜300 MHz	61.4	0.163
	300 MHz〜1.5 GHz (1500 MHz)	$3.54\sqrt{f(\mathrm{MHz})}$ $(61.4〜137)$	$\sqrt{f(\mathrm{MHz})}/106$ $(0.163〜0.365)$
	1.5 GHz〜300 GHz	137	0.365
一般人の場合	10 kHz〜30 kHz	275	72.8
	30 kHz〜3 MHz	275	$2.18/f(\mathrm{MHz})$ $(72.8〜0.728)$
	3 MHz〜30 MHz	$824/f(\mathrm{MHz})$ $(275〜27.5)$	$2.18/f(\mathrm{MHz})$ $(0.728〜0.0728)$
	30 MHz〜300 MHz	27.5	0.0728
	300 MHz〜1.5 GHz (1500 MHz)	$1.585\sqrt{f(\mathrm{MHz})}$ $(275〜61.4)$	$\sqrt{f(\mathrm{MHz})}/237.8$ $(0.0728〜0.163)$
	1.5 GHz〜300 GHz	61.4	0.163

（f：周波数）

影響が懸念される．その影響ははっきりあると確認されてはいないが，安全のために規制されており，無線設備規則で規格に合致することが義務づけられている（平成14年6月から）．その規制値は局所吸収指針の一般環境の基準値 2 W/kg を適用している．この値は ICNIRP が長期間にわたって科学的に研究した結果を厳密に評価して，年齢や健康状態に関係なくすべての人の安全を確保するために十分な安全率をとり策定されたものである．その測定では，人体頭部のモデル（ファントム）を使用して携帯電話の使用状態で頭部モデル内部における電波の吸収電力を求める．

電波防護基準を満足している携帯電話には技術基準適合証明のマークが張られる．

長年にわたる研究の結果から防護指針は定められていて，通常の電子機器や無線機器の使用に関しては安全と考えてよい．WHO も生体に対する電波の影

響，たとえば健康を害する，癌を誘発しやすい，人の寿命を短くする，細胞を変化させるなどを結論づける科学的な根拠は得られていないとしている．しかし，問題は完全に解明されているわけではないので，今もあらゆる面で生物学的な実験や，疫学的な調査・研究が世界各国で行われている．強力な電波を長く続けて浴びる，などは避けた方がよい．

演習問題

7.1 電波の用途は周波数帯別にだいたい決められており，周波数帯により特徴のある使い方がされている．それはどのような使い方であろうか．

7.2 割り当てられている周波数を有効に利用するためにはどのような方策があるか．

7.3 無線の利用回線数を増加するための方策の1つとしてどのような方法があるであろうか．そのために技術的に解決しなければならない要素は何だろうか．

7.4 電波の有効利用にスペクトル拡散方式がどのように利用されているか考察してみよう．

7.5 雑音とは何だろうか．物理的に何か，そして電気的にどのように扱われるか説明しなさい．

7.6 電波雑音にはどんなものがあるか，いろいろ取り上げてみよう．

7.7 方形パルス波形の信号電流が流れている機器は，不要信号が機器から洩れないように注意する必要がある．この場合の不要信号とは何であろうか．また機器から洩れる不要信号を小さくするにはどのような対策をとればよいであろうか．

7.8 EMCとはどのような概念か．

7.9 電磁妨害は，その源からどのように伝わって生じるか主要な原因をあげ，電磁妨害を発生させないようにする代表的な方策について考察してみよう．

7.10 電波が生体に及ぼす作用にはどのようなものがあるか，推定される代表例をあげてみよう．

7.11 電波の吸収体は，どのようなものが，どのような場所に，どのように使われているか，それぞれ例をあげて考察してみよう．

[参考文献]
1) 進士昌明編：移動通信，pp. 150-152，丸善（1989）
2) 同上，pp. 127-147
3) 笹岡：移動通信，pp. 83-85，オーム社（1998）
4) 進士昌明ほか編：移動通信辞典，pp. 88-89，および pp. 195196，丸善（2000）

5) 同上，pp. 78-82
9) 畠山賢一：電磁波の吸収・遮蔽技術，エレクトロニクス実装学会誌，(3)1，pp. 66-73（2000）
10) 葭内　暁：最近の電磁波吸収体，EMC，219，pp. 66-73，コマツコーポレーション（2006）
11) 9)　pp. 55-86
12) 畠山賢一：人工媒質を用いた電磁波吸収・しゃへいの可能性，信学誌，(88)12，pp. 938-942（2005）
13) 大森豊明：電磁気と生体，日刊工業新聞社，p. 11（1987）．
14) 徳丸　仁：電波は危なくないか，講談社（1989）．

演習問題略解

1.1 1.3 節参照．電界と磁界が波動として伝わる現象．
1.2 1.4 節
1.3 電波の性質すなわち，遠方に伝わる，直進する，反射する，干渉する，エネルギーを運ぶ等の性質を利用して次の 4 様の利用がある．
①情報を送る　②情報を探る　③物質に作用する　④電力を送る
代表的なものについては表 1.1 参照．
1.4 （a）30 [cm]　（b）4 [GHz]　（c）$1/\sqrt{2.3}$　（d）60 GHz の電波の場合は 1 GHz の電波の 1/3600
1.5 超高周波技術によるマイクロ波通信への発展，パルス技術の応用による画像伝送の確立ならびにディジタル技術への展開，さらにその発展によるコンピュータ技術への応用等がいえる．1.5 節参照．

2.1 宇宙雑音，大気雑音など．p.18．7.2.1 項 図 7.10，表 7.3，図 7.11 など参照．
2.2 電波は，電荷の高速移動（電流の高周波振動）により発生する．そのためには，電気回路で電気振動を起こし，この電気回路に整合する放射体（アンテナ）を接続する．電気振動は初期の頃は放電によって発生した．今日ではもっぱら電子素子（電子管，半導体等）による電気回路振動（発振）により電磁波を発生させる．量子効果を利用したマイクロ波の自然放出，あるいは誘導放出によっても電磁波は発生する．2.2 節参照．
2.3 2.3.1 項参照
2.4 直接波以外に地表に沿って進む地表波，物体や電離圏で散乱や反射して進む散乱波や反射波，電波の進む経路をさえぎる蔭に回り込む回折波，等がある．2.3.2 項参照．
2.5 市街地等建物，樹木，車両等が密集している場所や地形によっては，電波が散乱，反射，回折などして受信点にいくつかの経路を経た電波が到達する．このような伝搬の現象を多重経路（マルチパス）伝搬という．受信点にいくつかの電波が到達し，移動しながらこのような電波を受信すると位相差による相加，相殺等

を生じ受信レベルが大きく変動しフェージングを発生する．これをマルチパスフェージングという．2.3.2項，p.20参照．

2.6 2.4.1項．負荷から反射して戻ってくる電力がなく，電源から最大の電力が負荷に供給されるとき，負荷と電源は整合しているという．整合の条件は，「電源と負荷それぞれのインピーダンスの抵抗成分の値が等しく，リアクタンス成分の大きさが等しく符号が反対（相殺し合う）」である．式(2.3)．

2.7 p.30．$S=2$のとき，反射係数は0.33，反射電力は入射電力の約10%である．この程度の反射は許容するとして$S\leq2$を使う．

2.8 放射効率はアンテナに入力する電力とアンテナから放射される電力の比．これが80%ということは20%の電力がアンテナに入力されないことを示している．

2.9 84%，17%．

2.10 アンテナの指向特性を示しており，主方向への放射の強さ，主方向以外の方向への放射の程度，その数，角度，等を表している．図2.31．

2.11 指向性利得，放射効率，反射係数（整合の程度），等．式(2.10)．

2.12 2.5(a)および2.5.1項 ダイポールアンテナ，モノポールアンテナ，ループアンテナ，ヘリカルアンテナ，逆Fアンテナなど．特徴を考察しよう．

2.13 2.5.2項．スロットアンテナ，板状逆Fアンテナ，マイクロストリップアンテナなど．

2.14 2.5.2項(3)

2.15 ホーンアンテナ，パラボラアンテナ，レンズアンテナなど．2.5.3項参照．

表1

	大開口アンテナ	アレイアンテナ	備考
アンテナ素子数	1	複数	
利得	大きくできる*	大きくできる	*限界あり
電力容量	大電力（制限がある）	各素子に分配して負担できる	
ビームの鋭さ	鋭くできる	同左	
機能	走査，追尾等機械的制御パターンは一定パターン形成は開口面の成形による	同左電子的制御パターン形成零点形成アダプティブ制御など可能	
コスト	小	大	

2.16 ベバレージアンテナ，ローンビックアンテナ，誘導体棒装荷アンテナ，漏れ波アンテナなど．2.5.4項参照．
2.17 2.5.5項および表1参照．
2.18 2.5.5項 (d) 参照．
2.19 2.6節参照．

3.1 3.1節（図3.1）参照．
　音声を送る例では，音声をマイクロホンに入力すると音波が電気信号に変えられる．その電気信号を，音声の最高周波数の少なくとも2倍以上の周波数の搬送波にのせる（搬送波の振幅あるいは周波数などを電気信号の大きさに応じて変化，すなわち変調する）．変調波を増幅し，アンテナに入力して電波として空間に送出

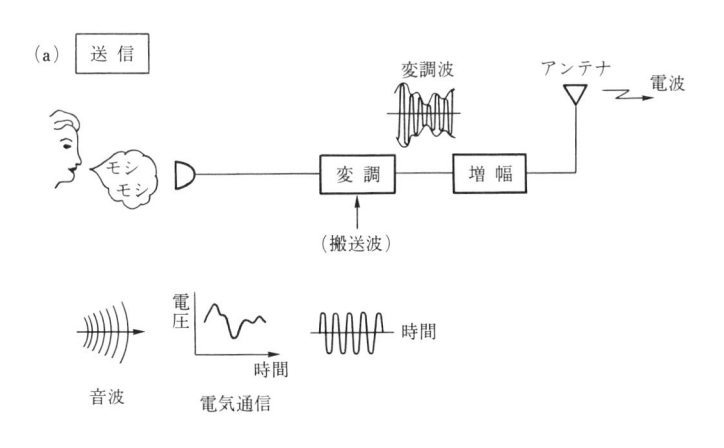

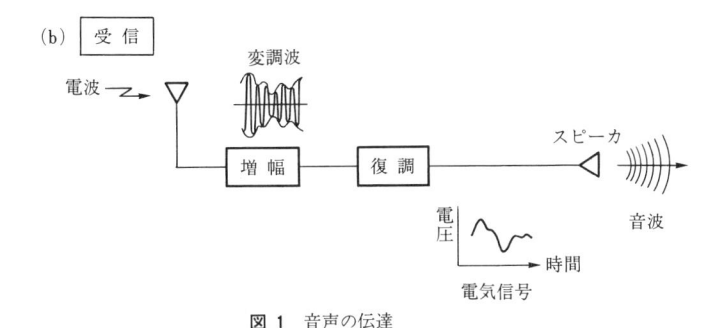

図 1　音声の伝達

する（図1 (a)）．

受信側では，送られてきた電波をアンテナで受け，その出力を増幅して復調し，音声を電気信号に戻す．これをスピーカに入力すれば音波として空間を伝わり，音声が聴ける（図1 (b)）．

3.2　3.2節および表3.1参照．

3.3　3.4節参照．

3.4　周波数変調（FM）では，変調波の振幅は一様であり，雑音が混入して振幅が変化しても周波数に大きな変化を生じないので雑音による情報の変化（ひずみ）は小さい．一方で変調波の周波数成分（スペクトル）は広がり，伝送する際大きい周波数帯域幅を必要とする．しかし広帯域利得により出力S/Nは大きくとれる．
振幅変調（AM）と比較すると，表2のようになる．

表2

	FM	AM	備考
搬送波	周波数変化	振幅変化	
伝送帯域幅	$2F_m(\varDelta+1)$	$2F_m$	式 (3.18)
雑音の影響 S/N	小 $3\varDelta^2$に比例	大 m^2に比例	式 (3.10) 式 (3.21)

伝送帯域幅についていえば，たとえば最高周波数 4 [kHz] の音声を伝送する場合，AMで 8 [kHz] に対し FM では，$\varDelta=5$ とすると 48 [kHz]，すなわち AM の6倍を必要とする．同じ周波数幅では，AM で6チャネル，FM では1チャネルしか送れない．そのため，チャネルの有効利用の観点から FM は好ましくないので，一般的に FM は VHF帯以上の高い周波帯で使われる．

FMの場合，伝送するための周波数幅は大きいが，S/NはAMに比べ大きい．$\varDelta=5$とすれば，$m=1$のAMに比べ75倍のS/Nである．音質を大事にする音響放送などにFMが使われるのは広い帯域を使い，S/N高く伝送できるからである．

3.5　3.4.1項 (4) 参照．FM の場合，奇数番目の上側帯波（$\omega_c+n\omega_m$）と下側帯域波（$\omega_c-n\omega_m$）は互いに逆位相．（図3.9）．AM 信号は出力しない．

3.6　3.4.1項 (4) および図3.9参照．
$\varDelta=0.2, 1, 5, 10$ それぞれの場合のスペクトルは図2 (a), (b), (c), および (d)．

3.7　変調波のスペクトルは，搬送波周波数の上下に側帯波をもつ広がりを示す．もし$f_c \leqq 2F_m$であれば，情報成分が変調波のスペクトルの下側波帯と重なり（図3），

演習問題略解 295

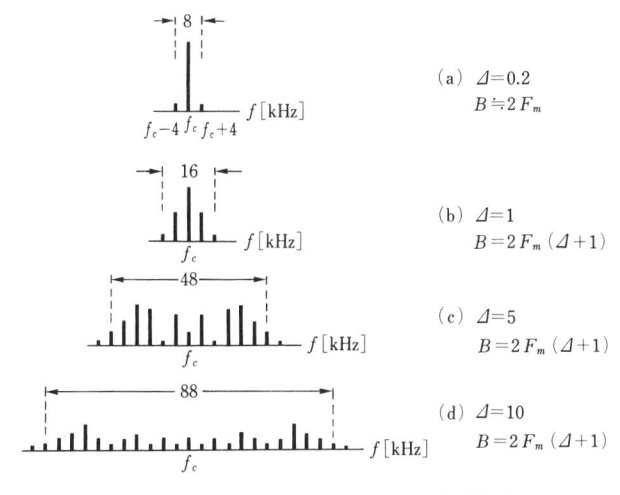

(a) $\varDelta = 0.2$
$B \fallingdotseq 2F_m$

(b) $\varDelta = 1$
$B = 2F_m(\varDelta + 1)$

(c) $\varDelta = 5$
$B = 2F_m(\varDelta + 1)$

(d) $\varDelta = 10$
$B = 2F_m(\varDelta + 1)$

図 2　FMのスペクトル（f_c：搬送波周波数）

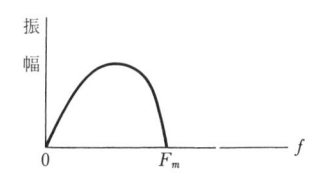

(a) 変調信号（情報）スペクトル

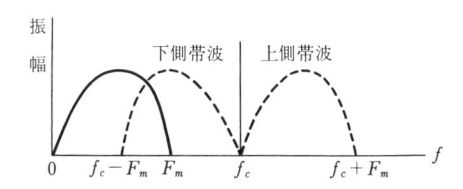

(b) 変調波スペクトルと変調信号スペクトル

図 3　搬送波周波数と変調信号

変調波が乱される．
3.8　3.4.2項 (2) 参照．図 4．
3.9　図 3.16 および図 5 参照．

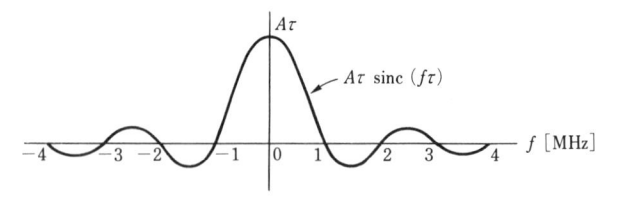

(a) 振幅 A, 幅 $\tau=1\,[\mu s]$ の方形波パルスのスペクトル

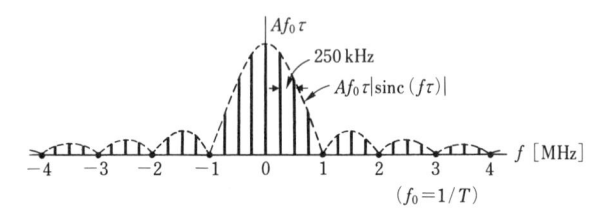

(b) (a) の方形パルス波が間隔 $4\,[\mu s]$ で繰り返すパルス列のスペクトル (振幅を示す)

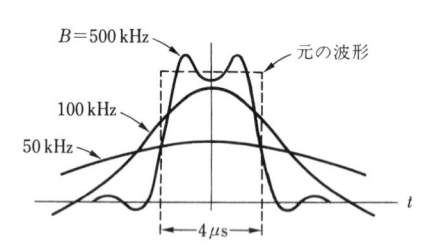

図 4

図 5 方形波パルス (幅 $4\,\mu s$) の LPF (帯域幅 B) 出力波形 (概略)

3.10 3.4.2 (1) 参照. 音, 映像, データなど一元的に扱える. 同種のハードウェアが使える. 波形成形ができるので伝送に際してのひずみが修正可能. 雑音に強い, など.

3.11 広い伝送帯域幅が必要. フィルタの帯域は $1/(2\tau)$ (τ:パルス幅) 以上必要.

3.12 3.4.2 (3), (4), (5) 参照. 特性の比較は図 3.26.

3.13 ディジタル信号に対応する周波数の変わり目の位相を連続にする.
3.4.2 項 (5) 参照. $\beta=0.5$ の場合, MSK 方式, および GMSK 方式がある.

GMSK 方式は MSK 変調器への信号入力をガウスフィルタを通して行うので変調波のスペクトルの広がりは MSK より狭い（図 3.25）．

3.14　アナログ信号を標本化し PAM した信号は，その振幅の大きさに応じて符号化し，PCM として用いる．また時分割多重通信（TDM）に使われる．標本化した信号の空き時間に別のチャネルの信号を入れて伝送する．

3.15　3.4.4 項参照．高い S/N，中継に際して S/N の劣化が小さく伝送できる，等．

3.16　3.4.5 項参照．一次変調の後，符号で二次変調を行い，スペクトルを広げる．符号を使うので復調には同じ符号が必要で，異なる符号の信号は受信しない．スペクトルを広帯域に広げ電力密度を低くしているので干渉を与え難く，また受け難い．符号変調により干渉・妨害に強く，同じ搬送周波数で多チャネルが使える．多元接続にも利用されるので携帯電話など移動通信システムに使われている．（CDMA 方式）

3.17　3.4.6 項参照．

3.18　3.4.6（3）および 3.6.2（2）（d）③ pp.110-113 参照．

3.19　FM，および PCM などディジタル方式について論じる．

3.20　約 31 dB．式（3.29）による．

3.21　$10^3 m^2$．51.4 dB

3.22　3.5.2 項（1）（b）参照．

3.23　3.5.1 項および 3.5.2（1）（b）③参照．

3.24　地球を照射するアンテナビームを半球ゾーン，領域ゾーン，スポットゾーンに分け，さらに直交偏波を使用して多重化している（図 3.49）．

3.25　1 つのアンテナで複数のビームを形成．図 3.49 および図 2.68 参照．1 つのアンテナで複数のチャネルが扱える．インテルサットでは，地上のゾーン方式と同様に周波数を繰り返し利用し周波数を有効に使っている．

3.26　(a)　2.7×10^{-19} W/m^2
　　　(b)　5.3×10^{-16} W

3.27　3.6.1 項．特定の受信者（加入者など）に対して同時に同じ情報を伝送する通信．「放送」の場合，受信者は不特定多数で，情報の受信は受信者の意志による（必ずしも受信しなくてよい）．「同報通信」の場合，一般には受信者は情報を必ず受信する．

3.28　3.6.2 項．音声放送でとくによい音質が要求されなければ，簡易かつ安価な受信機で受信できる AM が使われる．音質良く，雑音混入が少ない放送が望まれる

場合はFMが使われ，それよりさらに高品質ではPCM放送がある．映像情報の放送では，従来のTV放送にはVSBが使われていたが，衛星放送では高品質が望まれるのでFMが使われ，さらにディジタル化されてPCM，そしてOFDMが用いられるようになった．表3.5参照．

3.29　3.6.2 (2) 参照．電波が遠方に到達しやすいことと，機器が比較的簡易かつ安価にできるので多くの人が使いやすいからである．電波が遠く離れた国に到達するのは電離圏の反射によるもので，その反射が利用できる電波は短波帯以下の周波数である．国際放送には遠距離に電波の届きやすい短波帯が使われる．

3.30　3.6.2項 (2) d参照．

3.31　3.6.2項 (1) および (2) (e) 参照．
　　広範囲（一国内あるいは国際規模）の放送を1局で行う．しかも高い品質（よい音質，画像）の放送を大きな地域差なく行える．衛星からみると地上のどこでも距離差が小さく，距離による放送品質に大きな差が出ないことによる．また安定した放送（短波放送のようなフェージングがない）ができる．多量な情報（PCM音声，高精細度TV，多重化伝送など）の放送ができる．

3.32　3.6.2 (2) (a) ③ (pp.110-113) 参照．HDTV放送，多チャネル放送，移動体向け放送，などの他，周波数の有効利用など．

3.33　3.6.2 (4) (p.119) 参照．放送の高品質化，内容の充実，サービスの拡大，など従来の放送にみられない一段の進展がみられる．

3.34　3.6.2 (5) (p.121) 参照．インターネットによる放送，通信衛星による放送，携帯電話端末でのTV受像など．

3.35　3.7.1項 (1) から考察する．

3.36　3.7.1項 (2) 参照．移動に対応する回線設計，マルチパスフェージングの対策，周波数の有効利用など．これらから通信方式やアンテナシステムが選定される．

3.37　3.7.1項 (2) ②参照．ダイバーシチ方式などについて述べる．

3.38　代表的には，携帯電話，MCA，AVM，コードレス電話などについて．
　　3.7.2 (1) (a) (p.130)，(b) (p.136)，(d) (p.138脚注) および7.1 (3) 参照．

3.39　3.7.2 (1) (a) および図3.78参照．第3世代から第4世代へ．音声だけでなく，映像，データの伝送，その高速化．TV受像その他RFIDなど近距離通信システムの機能の付加，など情報端末として進化している．将来，ユビキタス環境に対応する．

3.40　(a)　3.7.2 (1) (i) 参照．図3.87．

(b) p.147 VICS, ETC を例にとり，車と道路インフラストラクチャとの情報（道路，交通，課金，規制など），通信がもたらす効果（安全走行，経済運行，快適運転，自動課金，案内，誘導など）から役割を考えよう．

(c) 安全走行のための障害物検知，自動制御，見えにくい車の接近警告，最短終路誘導，など思いつく事柄を列挙しよう．

3.41 3.7.2 (2) 参照．海上無線システム（漁業，遠洋船舶電話），INMARSAT システムなどについて．他に電波航法システム (4.3.2 (1)) がある．

3.42 航空機電話，INMARSAT などについて．3.7.2 (3) 参照．他に航法，航空管制システムなど (4.2.2, 4.3.2項) がある．

3.43 INMARSAT, ETS-V, MSAT, LMSS などについて．3.7.2 (4), (5) 参照．

3.44 全般的に考察しよう．電波が到達する限り，どこでもいつでも通信できることから，社会のインフラストラクチュアとして重要な要素である．具体例をあげて論じてみよう．

3.45 3.8 (1) 参照．近距離で情報の検知や伝達をするシステムで，物体の存在を知らせたり，その情報を伝えたりする．これらは，案内や展示説明，自動入出門，および改札，物の映像化，などに利用されている．

3.46 3.8 (2)．WLAN は有線 LAN を無線化して移動中でも使えるようにした．WMAN や WiMAX も移動中でも高速のデータ伝送ができるシステムである（表 3.25）．欲しい情報を，任意に，どこでも得られる環境をつくる，これがこれらシステムの主な役割といえよう．

4.1 電波の直進，反射，媒質中の速度などの性質を利用．能動方式に関しては 4.2.1 項，受動方式に関しては 4.3.1 項をそれぞれ参照．

4.2 4.2.1 項参照．

4.3 4.2.1 項，4.2.2 項 (1) 参照．最大探知距離は発射電力，アンテナの利得（アンテナ実効開口面積），使用周波数（波長），などのほか，受信機の雑音電力（受信周波数帯域幅），パルス幅，等により決まる．式 (4.3)．最小探知距離は，パルス幅およびアンテナ放射ビーム幅に関係する．またパルス幅は距離分解能（式 (4.4)），アンテナビーム幅は方位分解能（式 (4.5)）を決める．

4.4 150 [m]．

4.5 4.2.2項 (1) (c) および 4.2.2 (9) (p.204) 参照.

4.6 4.2.2項 (6) (p.195 および図 4.9),および 4.3.2項 (6) (a) (p.217) 参照.

4.7 4.2.2項 (7) 参照.

4.8 4.2.2 (7) 参照.互いに直交する偏波をもつ電波を送り,反射して戻って来る電波の偏波の変化を検出して物標の情報を得る.図 4.14.

4.9 4.3.2項 (1) 参照.ロランについて.

4.10 4.3.2項 (2) 参照.GPS,GLONASS 等について.精度を高めるには干渉測位法 (p.210).

4.11 4.3.2項 (4),(5),および (6) 参照.

4.12 4.3.2項 (4),(5),および (6) 参照.

4.13 4.3.2項 (6) 参照.光では見えない天体現象を観測する.光は主に低いエネルギーで緩やかな電子の動きから放出される波の観測に対し,電波では高いエネルギーの電子が関わる爆発などの天体現象観測が多い.(pp.221-222)

4.14 4.3.2項 (4) (5) および (6) 参照.

4.15 光で見えない,また波長の長い電波で観測できない天体現象を分解能高くきめ細かく観測し,未知の現象を探る.たとえば生成する銀河の探査,宇宙の物質の進化など.

4.16 4.3.2 (7) 参照.

4.17 4.3.2 (8) 参照.

5.1 5.1 節および 5.2 節参照.

5.2 誘電加熱,プラズマ加熱,粒子加速などについて説明.
5.2.1,5.2.2,5.2.3項参照.

5.3 式 (5.3) により論じる.また電力と加熱時間に関しては式 (5.4) 図 5.3.生体については pp.234-235 図 5.6〜5.8 参照.

5.4 5.2.1項参照.高出力のマイクロ波の発生に発振管 (マグネトロン,クライストロンなど) を使う.物体への照射にアプリケータを使う.物体の性質 (誘電率や損失係数など) に応じてアプリケータや照射の仕方を選ぶ.使用周波数,電力,照射時間など適切に設定する.プラズマの加熱は 5.2.2項参照.

5.5 5.2.2項および 5.3.3項参照.核融合反応について説明.

5.6 5.2.3 および 5.3.4項参照.粒子加速器の意義について説明する.

5.7 5.2.4項参照.

演習問題略解　　301

5.8　5.3.1項 (1), (2) および表5.2参照.
5.9　5.3.1項 (3), (4), (5), (6) および表5.2参照.
5.10　5.3.2項参照.
5.11　5.3.2項参照.
5.12　5.3.5項 (1) および5.3.3項 (2) 参照. 廃棄プラスチックの分解, 有害ガスの分解, 生成物の再利用など.

6.1　6.1節 (p.261) 参照. 技術要素はp.263. 効率を高くするのはこれら技術要素の検討, 改善による. たとえば太陽電池の改良, 電波の使用周波数の選択, アンテナやレクテナの合理的設計などである.
6.2　6.2節 SSPSの利点から考えよう. 無尽蔵の太陽エネルギーを無公害で利用することなど.
6.3　電波で電力を送るのは太陽エネルギーばかりではない. たとえば小さい電力であるが, 受動方式のRFID (3.8 (1) (a) 図3.110) がある. 具体的にはICカード, Suicaなど.

7.1　7.1節および巻末付表1参照.
7.2　7.1節 pp.269-270 参照.
7.3　7.1節 p.269 参照. 周波数割当て, 間隔, 多元接続方式, 変調方式, など.
7.4　同じ周波数で多チャネル利用可能. 符号変調による干渉軽減などの利点から移動通信や衛星通信に利用されている. 3.4.5項参照.
7.5　7.2.1項参照. 物理的には電子の不規則運動, 電気的には情報に妨害を与える信号. 図7.13.
7.6　7.2.1項参照. 図7.10, 表7.3.
7.7　p.278. 高調波が不要信号になる. 波形とスペクトル (図3.15) から考えてみよう. 洩れを防ぐには放射, 結合, 誘導などを生じさせない. 図7.14および図7.15.
7.8　7.2.2 (1) 参照.
7.9　7.2.2 (1) および (3) 参照.
7.10　7.2.2 p.280 および7.2.3項参照.
7.11　7.2.2 (4) および表7.4参照.

付表 1　周波数帯別の主な用途

周波数	3 kHz	30 kHz	300 kHz	3,000 kHz 3 MHz	3,000 MHz 3 MHz	30 MHz	300 MHz	3,000 MHz 3 GHz	30 GHz	0.1 THz 300 GHz 1 mm		100 THz 3 μm
波　長	100 km	10 km	1 km	100 m	100 m	10 m	1 m	10 cm	1 cm	3 mm		
名　称	VLF 超長波	LF 長　波	MF 中　波	HF 短　波		VHF 超短波	UHF 極超短波	SHF	EHF		テラヘルツ波	
各周波数帯ごとの代表的な用途	水中通信	無線航法 (ロラン) 船舶、航空機の航行用ビーコン 気象業用通信 RFID	中波放送 ラジオゾイ 船舶、航空機の通信 船舶遭難通信 無線航法(ロラン) 海上保安 標準電波	短波放送 国際放送 船舶、航空機の通信 CB アマチュア無線 海上保安行 国際通信 医療機器 高周波利用設備 RFID		テレビジョン放送、FM放送 移動通信 アマチュア無線 行政、公益事業 その他の業務用の通信 医療機器 工業利用 (加工、加熱) 航空管制	テレビジョン放送、移動通信 携帯電話 航空機無線 簡易無線 パーソナル無線 MCAなど行政、公益事業防災、PHS 公益事業防災 その他の業務用の通信 医療機器 工業利用 (加工、加熱) 食品加工、電子レンジ 物理利用 (加速、核融合実験) RFID	マイクロ波通信 電波天文 各種レーダ 業務用通信 衛星通信 衛星放送 行政、公益事業 その他の業務用の通信 医療機器 (加速、核融合実験、鏡など) レーダ映像	電波天文 各種レーダ 衛星通信 簡易地上通信 宇宙研究 レーダ映像		通信 (超広帯域) バイオフォトニクスセンサ イメージング	

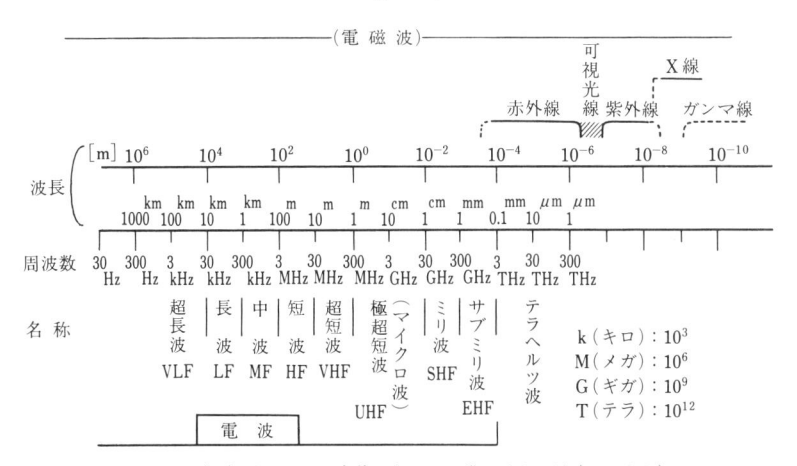

付　録

付図 1　電磁波の分類と電波の領域

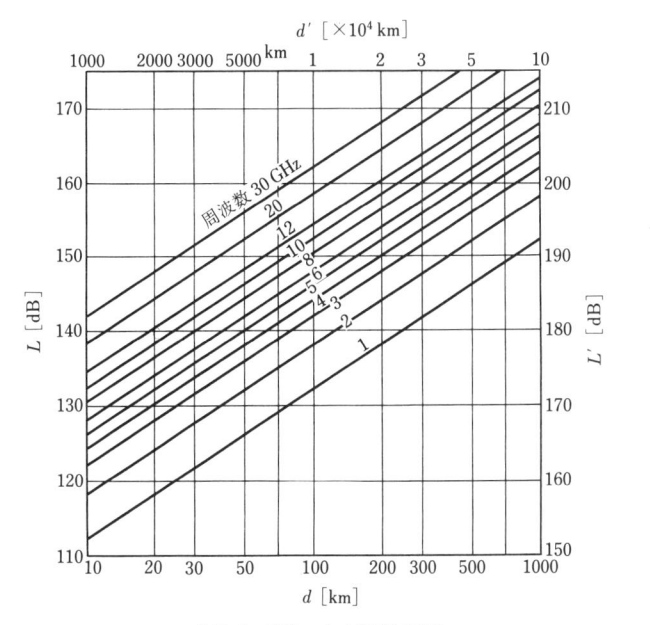

(注) 統一された定義はないが，準マイクロ波 (1～3 GHz)，マイクロ波 (2～10 GHz)，準ミリ波 (20～30 GHz)，ミリ波 (30～300 GHz) などが用いられることがある．
0.1～100 THz（波長 3 mm～3 μm）の範囲はテラヘルツ波帯といわれている．

付図 2　電波の自由空間減衰量

付　録

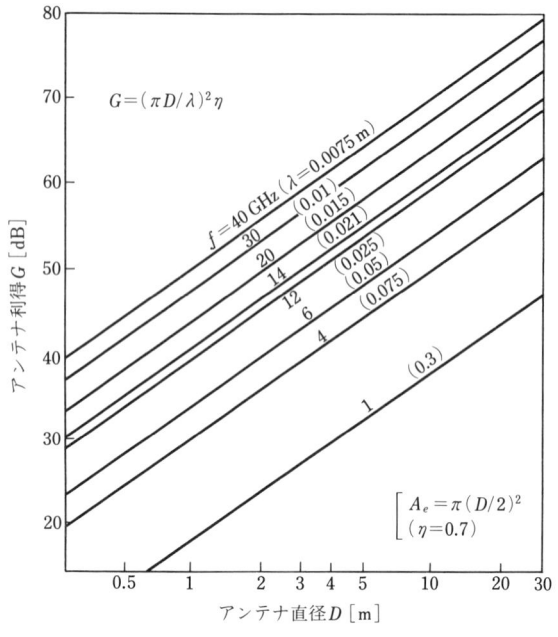

$G = (\pi D/\lambda)^2 \eta$

$f = 40\,\mathrm{GHz}\,(\lambda = 0.0075\,\mathrm{m})$
30　(0.01)
20　(0.015)
14　(0.021)
12　(0.025)
6　(0.05)
4　(0.075)
1　(0.3)

$\begin{bmatrix} A_e = \pi(D/2)^2 \\ (\eta = 0.7) \end{bmatrix}$

付図 3　円形開口アンテナの利得

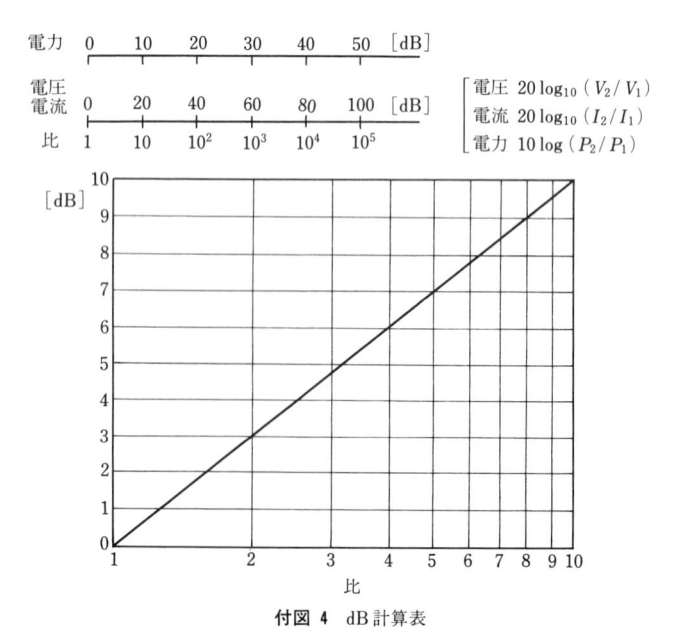

電力　0　10　20　30　40　50　[dB]

電圧
電流　0　20　40　60　80　100　[dB]

比　1　10　10^2　10^3　10^4　10^5

$\begin{bmatrix} 電圧\ 20\log_{10}(V_2/V_1) \\ 電流\ 20\log_{10}(I_2/I_1) \\ 電力\ 10\log(P_2/P_1) \end{bmatrix}$

付図 4　dB 計算表

索 引

〈ア 行〉

アドホックシステム……………………147
アプリケータ………………………233, 247
アーラン……………………………………272
アレイアンテナ……………………………48
　アダプティブ——……………………51
　フェーズドアレイ——………………51
　八木-宇田——…………………………49
アンテナ……………………………………35
　アレイ——……………………………36
　板状——………………………………35
　開口面——……………………………35
　進行波——……………………………36
　線状——………………………………35
　フェライト——………………………36
　誘電体共振——………………………36
　ロッド——……………………………36
アンテナの利得……………………………33
　指向性利得……………………………32
　絶対利得………………………………33
　相対利得………………………………33
　半波長ダイポール比利得……………34
イオン共鳴加熱…………………………237
位　相………………………………………5
位相速度………………………………5, 48
位相変調指数………………………………63
板状アンテナ………………………………41
　逆F——………………………………42
　逆L——………………………………41
　スロット——…………………………41
　低姿勢——……………………………42
　マイクロストリップ——……………43
位置線……………………………………207
移動衛星業務……………………………155
移動通信…………………………………122
移動目標別表示…………………………194
イリジューム……………………………161
イリジュームシステム…………………162

インターネット……………………………58
インターリーブ……………………………86
インテルサット……………………………95
インマルサット…………………………96, 155
宇宙局………………………………………89
宇宙探査機…………………………………11
宇宙通信………………………………89, 98
運輸多目的衛星…………………………178
衛星測位システム………………………208
衛星通信………………………………11, 89
衛星放送…………………………………114
　モバイルHo…………………………115
　BS……………………………………114
　BS-2…………………………………114
　CS……………………………………115
　MBSAT………………………………115
映像国際放送……………………………114
遠隔探知…………………………………185
円形状加速器……………………………240

〈カ 行〉

開口効率……………………………………34
開口面アンテナ……………………………44
　電波レンズ——………………………44
　パラボラ——…………………………44
　ホーン——……………………………44
　リフレクタ——………………………44
海上遭難安全通信システム……………160
回　折………………………………………7
回折波………………………………………19
海洋観測衛星……………………………198
可逆性………………………………………34
拡散信号……………………………………78
角度分解能………………………………214
角度変調……………………………………63
核分裂反応………………………………236
核融合反応………………………231, 236, 249
　ダンデムミラー型——……………251
　トカマク型——……………………251

ヘリカル型――	251
ガードインターバル	85
ガードタイム	85
ガードバンド	82
干　渉	8
干渉測位法	211
完全レンズ	46
気象用レーダ	194
基底帯信号	55
キネマティックGPS	211
ギャップフィラー	118
距離測定装置	154
緊急警報放送	121
近距離通信システム	164
空間波	19
空間分割多元接続	275
クライストロン	238
群速度	5
計器着陸装置	153
携帯電話	128
高温プラズマ	236, 248
航空管制	153
航空機用レーダ	193
航空用無線システム	152
高周波利用設備	280
合成開口FM-CWレーダ	201
合成開口方式	217
光　速	5
国際海事衛星機構	155
呼損失	272
コードレス電話	136
呼量	272
コンフォーマルアンテナ	41

〈サ 行〉

サイクロトロン運動	237
サイクロトロン周波数	237
最大探知距離	190
サイドローブ	31
雑音	88, 275
雑音指数	88
三重水素	250
散乱波	19
残留側波帯変調	63
指向性合成	49
地震予知	223

実効開口面積	34
自動車電話	128
時分割多元接続	274
ジャイロトロン	239
車載用レーダ	203
車々間通信	146
周　期	5
周期構造線路	25
自由空間	6
重水素	250
周波数	5
周波数の利用効率	271
周波数分割多元接続	273
周波数分割多重通信	62
周波数変調指数	63
周波数ホッピングスペクトル拡散	170
周波数割当て	268
準天頂衛星システム	176
小電力無線局	268
磁　流	42
新幹線電話システム	142
シンクロトロン	242, 255
進行波アンテナ	47
導波管側壁スロット――	47
ベバレージ――	47
ヘリカル――	47
メアンダーライン――	47
漏れ波――	47
八木-宇田――	47
誘電体装荷――	48
ローンビック――	47
水中探査レーダ	199
スタティックGPS	211
スーパーバード	98
スペクトル	69
スペクトル拡散方式	78
周波数ホッピング――	80
直接拡散――	80
スペルトップ	37
スロット線路	24
整　合	28
成層圏プラットフォーム	177
生体効果	280
セラミックプロセッシング	246
セルラシステム	129
線形加速器	240

索　引

前後比 …………………………………… 31
線状アンテナ …………………………… 36
　逆 F—— ……………………………… 36
　逆 L—— ……………………………… 36
　ダイポール—— ……………………… 36
　ヘリカル—— ………………………… 36
　モノポール—— ……………………… 36
　ループ—— …………………………… 36
船舶無線 ……………………………… 150
双曲線航法 …………………………… 205
双対性 …………………………………… 42
相反性 …………………………………… 34
ゾーンシステム ……………………… 129
ゾーンビーム …………………………… 96
ゾーン方式 ……………………… 126, 271

〈タ 行〉

大気観測レーダ ……………………… 195
ダイバーシティ ……………………… 127
ダイバーシティ方式 …………………… 50
　空間(スペース)—— ………………… 50
　指向性—— …………………………… 50
　偏波—— ……………………………… 50
多元接続 …………………………… 92, 273
　CDMA ……………………………… 273
　FDMA ……………………………… 273
　SDMA ……………………………… 273
　TDMA ……………………………… 273
多元接続方式 ………………………… 272
多重経路 ………………………………… 20
多重通信 ………………………………… 80
　CDM ………………………………… 80
　FDM ………………………………… 80
　OFDM ……………………………… 82
　TDM ………………………………… 80
縦　波 …………………………………… 7
単側波帯 ………………………………… 62
単側波帯変調 …………………………… 62
短波放送 ……………………………… 105
地球局 ………………………………… 89
地球資源衛星 ………………………… 199
地上ディジタル TV 放送 …………… 110
地中探査レーダ ……………………… 202
チャープレーダ ……………………… 204
中波放送 ……………………………… 105
超基線長電波干渉計 ………………… 215

直進波 …………………………………… 19
直　交 …………………………………… 83
直交周波数分割多重システム ………… 82
ディエンファシス ……………………… 67
低温プラズマ …………………… 236, 248
定在波 ………………………………… 29
ディジタルビームフォーミング ……… 52
ディジタル放送 ……………………… 104
ディジタルラジオ …………………… 118
テラヘルツ波 ……………………… 12, 88
テレターミナルシステム …………… 139
テレビジョン(TV)放送 ……………… 106
電圧定在波比 …………………………… 29
電磁環境共存性 ……………………… 279
電子サイクロトロン共鳴加熱 ……… 237
電磁波 …………………………………… 4
電磁妨害 ……………………………… 279
電子ボルト …………………………… 231
電磁誘導 ……………………………… 165
電磁誘導方式 ………………………… 123
電子レンジ …………………………… 243
伝送帯域幅 ……………………………… 65
電波暗室 ……………………………… 284
電波干渉計 ……………… 16, 213, 217, 218
電波吸収体 …………………………… 283
点波源 …………………………………… 30
電波航法 ……………………………… 206
電波雑音 ……………………………… 277
電波天文 …………………………… 88, 216
電波天文学 ……………………… 185, 216
電波の窓 ………………………………… 91
電波法 ………………………………… 268
電波望遠鏡 …………………………… 217
電波防護基準 ………………………… 286
　管理指針 …………………………… 286
　基礎指針 …………………………… 286
　局所吸収指針 ……………………… 286
　電磁界強度指針 …………………… 286
電波無響室 …………………………… 284
電波レンズ ……………………………… 44
　ルーネベルク—— …………………… 45
　ロトマン—— ………………………… 45
電離圏 …………………………… 19, 20
電離層 ………………………………… 20
電力半値角 …………………………… 31
等価雑音温度 ………………………… 88

等価等方性放射電力 …………………87
同軸ケーブル ……………………21
導波管 ………………………21, 22
等方性アンテナ ……………………30
等方性波源 ……………………………6
同報通信 ……………………92, 102
特性インピーダンス ………………21
特定小電力無線局 …………………269
トランスポンダ ……………………165
トリチウム …………………………250

〈ナ 行〉

ナイキスト間隔 ……………………68
二次監視レーダ ……………………194
ノイズ ………………………………275
野辺山電波望遠鏡 …………………218

〈ハ 行〉

ハイパーサーミヤ ……………12, 247
ハイビジョン放送 …………………109
バス運行管理システム ……………140
バス接近表示システム ……………140
波 長 …………………………………4
バラン …………………………………37
パルス波形 …………………………67
パルス符号変調 ……………………76
反射係数 ……………………………29
反射波 ………………………………19
搬送波 ………………………………55
ビッグバン …………………………18
非平衡プラズマ ……………………236
ビーム ………………………………31
標本化 ………………………………68
標本化周波数 ………………………68
標本化定理 …………………………69
表面波線路 …………………………25
ファラデー回転 ……………………242
ファントム …………………………287
フェージング ………………………20
フォトンファクトリ ………………256
複素誘電率 …………………………229
復 調 …………………………………55
符号分割多元接続 …………………274
不整合係数 …………………………29
プラズマ ……………………………231
プラズマ加熱 ………………………236

プラズマプロセッシング …………236
プリエンファシス …………………67
平衡プラズマ ………………………236
平行平板 ……………………………23
平面波 …………………………………6
ベータトロン ………………………242
ヘリオグラフ ………………………220
ヘリカルアンテナ …………………40
　軸モード―― ……………………40
　ノーマルモード―― ……………40
変位電流 ……………………………16
変 調 ……………………………55, 59
変調度 ………………………………61
偏 波 …………………………………8
　右旋―― ……………………………9
　円―― ………………………………8
　左旋―― ……………………………9
　垂直―― ……………………………9
　水平―― ……………………………9
　楕円―― ……………………………8
　直線―― ……………………………8
　平面―― ……………………………8
偏波面 …………………………………9
ボイジャ ………………………11, 99
方形波列 ……………………………58
放射効率 ……………………………30
放射パターン ………………………30
放 送 ………………………………103
放送用静止衛星 ……………………117
ボルツマン定数 …………………88, 231

〈マ 行〉

マイクロストリップ線路 …………23
マイクロ波イメージング …………222
マイクロ波加熱 ……………………235
マイクロ波高度計 …………………204
マイクロ波散乱計 …………………204
マイクロ波着陸システム …………153
マイクロ波放射計 …………………213
マグネトロン …………………17, 232
マリサット …………………………96
マルチチャネルアクセス ……130, 138
マルチチャネルアクセス方式 …126, 136, 272
マルチパスフェージング ………20, 126
マルチビームアンテナ …………46, 52, 95
ミリ波 ………………………………220

索　引

無線識別 ………………………… *165*
メタマテリアル ………………… *46*
モバイル(移動)放送 …………… *117*
漏れ波 …………………………… *25*

〈ヤ　行〉

誘電加熱 ………………………… *232*
誘電損 …………………………… *229*
誘電体 …………………………… *229*
誘電体線路 ……………………… *24*
横　波 …………………………… *7*

〈ラ　行〉

ラジオメトリ …………………… *212*
陸域観測技術衛星 ……………… *199*
リーダ …………………………… *165*
リターンロス …………………… *29*
リフレクタアンテナ …………… *44*
　カセグレン—— ……………… *45*
　グレゴリアン—— …………… *45*
　パラボラ—— ………………… *44*
リモートセンシング ……… *11, 15, 185*
粒子加速 ………………………… *240*
粒子加速装置 …………………… *252*
　KEKB—— …………………… *253*
　LEP—— ……………………… *255*
　LHC—— ……………………… *255*
　Spring-8—— ………………… *253*
　TRISTAN—— ……………… *253*
　テバトロン—— ……………… *255*
量子化 …………………………… *76*
量子効果 ………………………… *17*
両側波帯 ………………………… *61*
両側波帯変調 …………………… *61*
ループアンテナ ………………… *39*
ルミノシティ …………………… *254*
レクテナ ………………………… *264*
レーダ …………………… *11, 150, 185, 189*
　FM-CW—— ………………… *192*
　一次—— ……………………… *189*
　合成開口—— ………………… *195*
　実開口—— …………………… *195*
　チャープ—— ………………… *192*
　ドップラ—— ………………… *195*
　二次—— ……………………… *189*
　パルス—— …………………… *189*
　連続波—— …………………… *191*
レーダ映像 ……………………… *185*
レーダトランスポンダ ………… *152*
レーダポラリメトリ …………… *201*
列車電話 ………………………… *141*
漏洩同軸ケーブル ……………… *142*
路車間通信 ……………………… *145*
ロラン …………………………… *206*

〈ワ　行〉

ワンセグ放送 …………………… *112*
ワンセグ TV 携帯 ……………… *135*
腕木信号 ………………………… *56*

〈英　名〉

ADSL …………………………… *174*
ALMA システム ………………… *220*
ALOS …………………………… *199*
AM ……………………………… *62*
APK ……………………………… *74*
ASK ……………………………… *70*
AVM …………………………… *140*
BERAS ………………………… *220*
Big Leo ………………………… *162*
Bluetooth ………………… *136, 169*
BS ……………………………… *110*
CDMA ………………………… *274*
cdma 2000 ………………… *80, 132*
cdmaOne 1 x EV-DO ………… *134*
CISPR ………………………… *280*
CS ………………………… *98, 110*
CT-2 …………………………… *137*
D（deuterium）………………… *250*
D 層 …………………………… *21*
DARC ………………………… *106*
dB_i …………………………… *34*
dB_d …………………………… *34*
DBF …………………………… *52*
DECT ………………………… *137*
DGPS ………………………… *210*
DME …………………………… *154*
DSB …………………………… *61*
DSC 受信機 …………………… *151*
DSRC ………………………… *144*
ECRH ………………………… *237*
EGC 受信機 …………………… *151*

EIRP	87	JT-60	251
EMC	279	LCX	142
EMI	280	LEO	161
EPIRB	151	Little Leo	163
ETC システム	147	LOP	207
ETS-VIII	157	LORAN	206
E 層	21	MBSAT	117
F_2 層	21	MCA システム	138
F/B	31	Meo	161
FCC	286	MERS	99
FDM	62	MIMO	52
FHSS	170	MLS	153
FM	63	MSAT	158
FM 放送	105	MTI	194
FMC	136, 172	MTSAT	178
FSK	73	MU レーダ	195
CPFSK	73	NFC	163
GMSK	74	noise	275
MSK	73	NRD ガイド	26
FTTH	174	N-STAR	159
Galileo	208, 212	NTSC	108
G-line	25	OFDM	110
Globalstar システム	162	Orbcom システム	163
GLONASS	208	PAM	76
GLONASS システム	211	PCM	76
GMDSS	155, 160	PF-AR	256
GNSS	211	PHS	136
GPS	135, 208	PIFA	42
GSM	131	PM	63
H ガイド	26	PSK	71
HDTV	103	BPSK	72
HEMT	101	QPSK	72
HSDPA	134	PWM	76
ICRH	237	QAM	74
IEEE 802 11	53, 173	RADAR	189
IEEE 802 16	53	RAR	195
ILS	153	RDS	106
IMT 2000	132	Rectena	264
INMARSAT	96, 155	RFID	135, 164, 165
INTELSAT	95	sampling	68
ISDB	117	SAR	195
ISM バンド	167, 169, 269	SDMA	275
ITS	143	SEASAT	198
JERS-1	199	SECAM	108
JFT	251	SFN	86
JSAT	98	Spring-8	255

SPS	*262*
SS	*78*
SSB	*62*
抑圧搬送波	*62*
LSSB	*62*
USSB	*62*
SSPS	*262*
SSR	*194*
Suica	*135 , 164 , 168*
T (tritium)	*250*
TDMA	*274*
TDMA/FDD	*274*
TDMA/TDD	*274*
UWB システム	*170*
VCCI	*280*
VICS	*147*
VLBI	*215*
VSB	*63*
VSWR	*29*
WCDMA	*80 , 132*
WiMAX	*175 , 275*
WLAN	*53 , 163 , 173*

〈人　名〉

ウィルソン	*18*
ガモフ	*18*
クラーク	*94*
ジャンスキ	*216*
テスラ	*17 , 261*
ド・フォレスト	*11*
プールゼン	*9*
フレミング	*10*
ヘルツ	*16*
ペンジャス	*18*
ポポフ	*4*
マクスウェル	*4*
マルコーニ	*4 , 9*
Glaser	*262*

〈著者紹介〉

藤 本 京 平 （ふじもと きょうへい）

　　1953 年　東京工業大学卒業
　　専門分野　電波通信工学
　　　　　　　前新潟大学工学部情報工学科教授
　　現　　在　筑波大学名誉教授
　　　　　　　工学博士

入門 電波応用〔第 2 版〕

検印廃止

1993 年 2 月 20 日　初　版 1 刷発行	著　者	藤 本 京 平 ©2007
2005 年 10 月 5 日　初　版 7 刷発行	発行者	南 條 光 章
2007 年 6 月 25 日　第 2 版 1 刷発行	発行所	共立出版株式会社

〒112-8700 東京都文京区小日向4丁目6番19号
電　話　03-3947-2511　振替　00110-2-57035
URL http://www.kyoritsu-pub.co.jp/

印刷：真興社 / 製本：関山製本

NDC 547.5 / Printed in Japan

社団法人
自然科学書協会
会員

ISBN 978-4-320-08628-9

JCLS ＜㈱日本著作出版権管理システム委託出版物＞
本書の無断複写は著作権法上での例外を除き禁じられています．複写される場合は，そのつど事前に㈱日本著作出版権管理システム（電話 03-3817-5670, FAX 03-3815-8199）の許諾を得てください．

series
電気・電子・情報系

編集委員：田丸啓吉・森　真作・小川　明

近年，大学の電気・電子工学系教育はコンピュータ，通信，制御などの進展および情報系教育との関連などにより再編成されつつある。本シリーズはこれからの新しい技術に対応するカリキュラムを想定した電気・電子系専門基礎を半期単位で学べるテキストである。

1 システム工学
石川博章 著　システム工学の概要／システム計画と分析／システム設計／動的計画法／ラインバランシング／他‥200頁・定価3045円(税込)

2 電気機器
海老原大樹 著　発電機／変圧器／電動機／直流電動機／同期電動機／誘導電動機／ステッピングモータ‥‥‥‥260頁・定価3780円(税込)

3 集積回路工学
田丸啓吉・野澤　博 著　MOS LSI概観／半導体物性の基礎／MOS構造／MOSトランジスタ／歩留，信頼性／他‥200頁・定価3045円(税込)

4 マルチメディア情報ネットワーク
—コンピュータネットワークの構成学—
村田正幸 著　マルチメディア情報の通信品質と交換原理／他‥‥‥232頁・定価3045円(税込)

5 電波情報工学
近藤倫正 著　電波計測における情報の流れ／情報伝達素子としてのアンテナ／レーダ／航行システム／他‥‥‥‥176頁・定価2730円(税込)

6 電気電子材料
塩嵜　忠 著　導電材料／絶縁材料／抵抗材料／半導体材料／圧電・焦電材料／電気光学材料／磁性材料／他‥‥272頁・定価3990円(税込)

7 半導体デバイス
松波弘之・吉本昌広 著　半導体の電子構造／半導体における電気伝導／集積回路／受光デバイス／他‥‥‥‥224頁・定価3360円(税込)

8 電気回路
森　真作 著　キルヒホッフの法則／抵抗／電源／回路方程式／回路における緒定理／正弦波定常状態の解析／他‥168頁・定価2730円(税込)

9 電力工学
宅間　董・垣本直人 著　電力利用の歴史と今後の展望／電力系統／発電方式／送電／変電／配電／他‥‥‥‥232頁・定価3465円(税込)

10 回路とシステム
浜田　望 著　回路の応答解析／ラプラス変換による回路解析／回路の電力とエネルギー／3相交流回路／他‥‥‥168頁・定価2940円(税込)

続刊項目　★続刊書名は変更される場合がございます

〔基　礎〕
電磁気学／情報理論／電気・電子計測

〔物性・デバイス〕
電子物性／真空電子工学

〔回　路〕
電子回路／ディジタル回路

〔通　信〕
通信方式／信号処理

〔システム・情報〕
コンピュータリテラシー／計算機工学／画像工学／計算機ソフトウェア

〔エネルギー・制御〕
制御工学

【各巻】A5判・168～272頁・上製本
(税込価格。価格は変更される場合がございます。)

http://www.kyoritsu-pub.co.jp/　共立出版

21世紀高度情報化社会をになう光技術のすべて!!

先端 光 エレクトロニクスシリーズ 〈全23巻〉

編集委員：伊賀健一・池上徹彦・荒川泰彦

　来る21世紀の高度情報化社会において，光技術の果たす役割はきわめて重要であり，その発展が大いに望まれるところである。本シリーズは，次世代の光エレクトロニクスの開花を担うことを目指す学生や企業の研究者・技術者が，その最先端技術まで容易に到達できるように，高度な学問的基礎からデバイス・システム技術までバランスよく取上げ体系化した画期的なシリーズである。

① ディスプレイ先端技術
谷　千束著／214頁・定価3360円(税込)
●主な目次　マルチメディア時代の市場環境とニーズ動向／ディスプレイの分類と特性・用途比較／ディスプレイの動作原理と基本技術／用途・市場別ディスプレイ先端開発動向他

② 半導体レーザの基礎
栖原敏明著／270頁・定価3990円(税込)
●主な目次　半導体レーザの概要／電子と光子の相互作用／半導体中における誘導放出と光増幅利得／量子井戸構造における誘導放出／半導体レーザの特性／分布帰還型レーザ他

③ 光スイッチングと光インターコネクション
行松健一著／204頁・定価3360円(税込)
●主な目次　スイッチング，インターコネクションと光技術／スイッチングの機能工学的考察／光スイッチング技術／光インターコネクション／情報通信システムへの応用他

④ 超高速光デバイス
齋藤冨士郎著／202頁・定価3360円(税込)
●主な目次　光半導体デバイスの基本構造／超高速半導体レーザ／モード同期半導体レーザ／利得スイッチ半導体レーザ／超高速光変調器／超高速スイッチ他

⑤ レーザ応用光学
小原　實・神成文彦・佐藤俊一著／290頁・定価4200円(税込)
●主な目次　フォトリフラクティブ効果と位相共役光学／超短パルスのフーリエ光シンセシス／パルス圧縮光学／高強度超短パルスレーザの科学的応用／レーザの医学応用他

⑥ 光波工学
國分泰雄著／290頁・定価4410円(税込)
●主な目次　導入編（光伝搬の基礎・光導波の基礎・干渉と共振器他）／電磁気学による光伝播の記述（導波光学・光ファイバ・ビームの伝搬と集光・基本的な光導波回路)

⑦ 面発光レーザの基礎と応用
伊賀健一・小山二三夫編著／230頁・定価3780円(税込)
●主な目次　面発光レーザとは／面発光レーザの発振条件と動作／面発光レーザ用反射鏡の設計と製作法／極微構造の形成とデバイス製作技術／長波長帯の面発光レーザ他

⑧ 光集積デバイス
小林功郎著／226頁・定価3780円(税込)
●主な目次　光集積の考え方／光集積の要素技術／選択MOVPE結晶成長技術／光通信ネットワークと光集積デバイス／超高速時間多重光通信用の集積光源／集積受光器他

⑨ 光マイクロメカトロニクス
板生　清・保坂　寛・片桐祥雅著／214頁・定価3360円(税込)
●主な目次　光マイクロメカトロニクスの世界／光マイクロメカトロニクスの技術像／光マイクロメカトロニクスにおける間欠位置決め／光ナノメカトロニクスへの展開他

⑩ 光エレクトロニクスと産業
池上徹彦・松倉浩司著／160頁・定価2730円(税込)
●主な目次　光エレクトロニクス研究と産業化／日本の光エレクトロニクス産業の推移と展望／個別分野の推移と展望／市場の変化に対応する光エレクトロニクス研究のあり方他

⑪ 光コンピューティング
谷田貝豊彦著／176頁・定価2940円(税込)
●主な目次　序論／回折とホログラフィ／フーリエ変換，空間周波数フィルタリングと相関演算／空間周波数フィルタリングの拡張／インコヒーレントフィルタリング他

⑫ 光機能デバイス
黒川隆志著／296頁・定価4200円(税込)
●主な目次　偏光の制御／時間位相の制御／波面の制御／導波光の制御／物質と光の相互作用／非線形光学効果／高速光変調器／空間光変調器／光スイッチ／波長制御素子他

⑬ 光ファイバと光ファイバ増幅器
ーますます増大する情報化時代でのその役割ー
須藤昭一・横浜　至・山田　誠著／322頁・定価4200円(税込)
●主な目次　光ファイバとはなにか／光ファイバと光ファイバ増幅器の概要／光ファイバの実用技術の基礎／他

■各巻：A5判・上製本
(税込価格．価格は変更される場合がございます。)

共立出版
http://www.kyoritsu-pub.co.jp/

■電気・電子工学関連書

http://www.kyoritsu-pub.co.jp/ 共立出版

- 電子情報通信英和・和英辞典……………平山 博他編著
- 注解付 電気英語教本…………………二反輪鶴松編
- 電気工学への入門…………………………江村 稔著
- 基礎電気回路論 I・II……………………小川康男監修
- 詳解 電気回路演習 上・下………………大下眞二郎著
- 電気回路………………………………………大下眞二郎著
- 基礎 電磁気学………………………………裏 克己著
- 磁気工学の基礎 I・II (共立全書200・201)……太田恵造著
- 電磁気学……………………………………大林康二著
- 電磁気学……………………………………末松安晴著
- 電磁気学 −基礎と演習−…………………松本光功著
- 電気磁気測定………………………………西村敏雄他著
- 電気材料 改訂4版…………………………鳳 誠三郎著
- エレクトロニクス入門……………………田頭 功著
- 磁気記録工学………………………………松本光功他著
- 基礎から学ぶ電子回路 増補版……………坂本康正著
- 実践電子回路の学び方……………………江村 稔著
- 情報系のための基礎回路工学……………亀井且有著
- 電子回路 アナログ編 新訂版……………尾崎 弘他著
- 電子回路 ディジタル編…………………尾崎 弘他著
- 例題演習電子回路 アナログ編……………尾崎 弘他著
- 例題演習電子回路 ディジタル編…………尾崎 弘他著
- マイクロ波電子回路………………………谷口慶治著
- わかりやすい電気・電子回路……………田頭 功著
- コンピュータ理解のための論理回路入門 村上国男他共著
- PLD回路化のための組合せ論理回路……村田 裕著

- PLD回路設計のための順序論理回路……村田 裕著
- 論理回路工学………………………………久津輪敏郎他著
- ディジタル回路設計………………………江端克彦他著
- 入門 ディジタル回路……………………山本敏正著
- 電子物性 増補版……………………………鈴木昱雄著
- 入門 固体物性………………………………斉藤 博他著
- ナノ電子光学………………………………裏 克己著
- 非同期式回路の設計………………………米田友洋訳
- C/C++によるVLSI設計……………………大村正之他著
- HDLによるVLSI設計 第2版………………深山正幸他著
- アドバンストファジィ制御………………田中一男著
- パワーエレクトロニクス…………………平紗多賀男編
- ディジタル通信……………………………大下眞二郎他著
- 通信プログラム入門………………………南山智之他著
- 入門 電波応用 第2版……………………藤本京平著
- 伝送回路 第2版……………………………瀧 保夫著
- 光通信工学…………………………………左貝潤一著
- カラーTFT液晶ディスプレイ 改訂版……山崎照彦他監修
- 3次元ビジョン……………………………徐 剛他著
- 画像認識システム学………………………大崎紘一他著
- 画像処理工学 −基礎編−…………………谷口慶治編
- 画像処理工学 −応用事例編−……………谷口慶治他編
- Handbook 画像処理工学 −応用編−……谷口慶治編
- ウェーブレットによる信号処理と画像処理 中野宏毅他著
- 信号処理の基礎……………………………谷口慶治編
- パソコンによるランダム信号処理………清水信行他著